KB111837

내 몸 안의 지식여행

인체생리학

흥미로운 인체 탐험

02

신비로운 인체의 원리를 찾아 떠나는 호기심 탐험!!

내 몸 안의 지식여행 인체 생리학

권오길 감수 | **다나카 에츠로** 지음 | **황소연** 옮김

전나무숲

지은이의 글

재미있고 알기 쉽게 풀어 쓴 '우리 몸 이야기'

자연과학 분야는 크게 화학 · 물리학 · 생물학 · 지구과학으로 나눌 수 있다.

19세기는 화학의 시대, 20세기는 물리학의 시대였다. 그리고 21세기는 생물학의 시대, 다가올 22세기는 지구과학의 시대가 될 것이다.

21세기 생물학의 주요 목표는 인체의 기능을 해명하고 모든 유전자를 해독해내는 것이다. 이를 위해선 우선 인체의 기능을 알아야 하며, '인체 생리'를 제대로 아는 것이 바로 그 기본을 아는 일이다.

이 책은 '인체 생리'라는 복잡한 인체의 메커니즘을 누구라도 쉽게 이해할 수 있도록 재미있고 쉽게 풀어 썼다. 또 독자들이 단순히 이해하는 수준에만 그치지 않고, 한걸음 더 나아가 지적 호기심을 자극하고, 궁극적으로는 '인체의 구조와 기능을 알아가는 것이 얼마나 재미있고 신나는 일인지 느낄 수 있게 하자'는 취지에 초점을 맞춰 서술했다.

이 책은 크게 1부와 2부로 구성되어 있다. 제1부는 인체 생리의 기본이 되는 인체 구조와 기능을 주요 테마로 하여 엮었고, 제2부는 임상 생리 중에서 재미있고 흥미로운 테마를 선별해 엮었다.

특히 제2부는 현대인들이 궁금해하는 내용들을 '재미있는 인체 생리'라는 취지에 맞추어 기존의 학문적 틀에 크게 얽매이지 않고 썼다. 어떤 부분들은 쉬운 이해와 흥미를 위해 다소 학문적이고 복잡한 내용은 과감히 생략하기도 했다.

이 책은 정말 신나게, 재미나게 작업했던 것 같다. 톡톡 튀는 아이디어와 재미있는 만화를 그려주신 다카하시 씨, 본문 내용에 딱 맞는 사진을 제공해 주신 도카이대 교수님들, 집필을 도와준 도카이대 다나카 강사를 비롯한 모든 분들의 덕분이다. 이 자리를 빌어 진심으로 감사의 인사를 전하고 싶다.

또 본문에 소개된 X선 사진 가운데는 일본 경제산업성 NECD의 연구 프로젝트 작품 몇 가지가 실려 있다. 이 프로젝트는 일본 국립순환기병센터, NHK, 하마마츠핫닉스, 고에너지 가속기 연구기구, 고휘도 광과학 연구센터, 도카이대 등과 공동 연구로 진행하고 있으며, 이 연구에 함께 참가하고 계신 선생님들께도 감사드린다.

이 책을 읽으면서 부족한 점이나 더 공부하고 싶은 분은 『일러스트로 배우는 생리학』(醫學書院)을 참고해주시길. 분명 여러분도 이 책을 통해 인체 생리의 흥미로운 세계에 매료되리라 확신하는 바이다.

_ 다나카 에츠로

감수의 글

아는 만큼 보인다!

감수를 하는 것도 어렵고 힘들며 의무가 따르는 법이라 '감수의 글'을 쓰는 것이리라. 그래서 사실 요모조모 따지면서 원고를 읽었다. 물론 원서(『好きになる生理學』)와 꼼꼼히 대조하면서. 본인도 이와 유사한 책(『인체기행』)을 썼기에 꽤나 신경을 쓰며 감수했고, 많은 것을 이 책에서 느끼고 배웠다.

특히 만화를 그린 사람의 아이디어가 아주 좋고, 그 만화들이 모두 근래 일본에서 일어나는(우리도 비슷함) 세태를 비유하고 있어 현실감이 돋보였다. 게다가 원서에는 없는 내용을 많이 보충한 것이 눈에 띄었다. 예를 들어 원서에는 위(胃)라고만 써 있지만 이 책에는 위(胃, stomach) 식으로 보완하여 독자들의 이해를 돕고 있다. 한마디로 정성을 다해 만들었다는 느낌을 받았다.

이 책은 1, 2부로 나누어져 있다. 1부에서는 일반적인 인체 생리를 다룬 다음에 각 기관의 특성, 구조, 기능, 역할에 대한 설명을 다루고 있다. 그러면서 곳곳에 만화, 사진을 곁들여서 이해를 돕는다. 일본 사람다운 발상이다. 그리고 글 중간 중간에 내용을 요약해놓아서 핵심을 짚어주고 있다.

저자는 매우 해학적이고 사물을 비유하는 데 능수능란해 책을 읽는 동안 전혀 지루함이 느껴지지 않았다. '위(胃)'에 대한 글 하나를 예로 들어 보자. 우선 위가 하는 일, 위에서 분비되는 소화액 등 위에 대한 일반적인 내용을 설명한다. 그리고 왜 위는 단백질인데 소화(분해)되지 않을까? 과학적인 궁금증이 생기는 대목이다. 단백질을 분해하는 효소가 위에서 만들어지는데 왜 위의 단백질은 분해되지 않느냐는 것이다. 이런 식으로 독자의 지적 호기심을 자극하며 이야기를 풀어나가고 있어 흥미진진하다.

2부에서는 근래 와서 문제가 된 환경 호르몬, 광우병은 물론이고 병원에서 사용하고 있는 여러 가지 의학 기구(CT, MRI 등)의 원리까지도 설명하고 있다. 꽤나 전문적인 내용인데 술술 읽히는 것 또한 이 책의 특징이다.

끝으로 글을 쓰는 작업도 힘든 일이지만(피로 잉크를 만드는 고된 일) 외국어를 번역하는 것도 여간 힘든 일이 아니다. 그래서 '번역은 창조'라고 하는 것이리라. 자료와 요리법이 생판 다른 남의 나라 음식을 먹고 소화시키는 데 어려움이 따르는 것과 다르지 않다. 그런데 아마도 번역한 분이 생물학(의학)을 전공한 분이 아닐 텐데도, 아주 잘 옮겨놨다. 독자들도 번역한 책을 읽으면서 느끼는 이질감을 이 책에서는 조금도 느낄 수 없을 것이다.

이 책을 읽으면 우리 '몸' 구석 구석에 대해 보다 구체적으로 알게 될 것이다. 또 우리 몸 속에서 얼마나 대단하고 엄청난 생물학적 현상이 일어나고 있는지, 우리 몸이 얼마나 대견하고 기특한지 알게 될 것이다. 아는 만큼 보인다! 예쁘고 기특한 우리 몸, 건강하게 지키자!

_ 권오길

)))) 차례

인체 생리

임상 생리

만화의 주인공들

:: 김영철 씨 집 사람들

)))) **불쑥불쑥 등장하는 김영철 씨 집 가족들을 소개하면…….**

아버지(김영철)_ 바둑 기사. 언뜻 보기에는 만사 태평한 호인이지만, 가족을 배려하는 마음은 타의 추종을 불허한다. 요즘 운동 부족으로 배가 불룩!

어머니(박정숙)_ 생리학자이자 산부인과 의사. 두뇌 명석한 슈퍼우먼, 애주가.

형(찬호)_ 의대생. 자칭 꽃미남! 얼굴값(?)하지 않아 부모님들이 안심하고 있다.

남동생(지성)_ 보디빌더가 꿈인 고등학생. '몸 만들기'에 관한 한 자칭 일인자. 유리와는 이란성 쌍둥이.

여동생(유리)_ 산책을 좋아하는 고등학생. 보기에는 가냘픈 소녀 같지만, 만능 스포츠 우먼.

강아지(파블로프)_ 시베리안 허스키. 머리가 좋다?!

* 본문에 등장하는 가족은 픽션으로, 저자의 가정과 아무런 관계가 없음을 미리 밝혀둡니다.

제1부

인체 생리

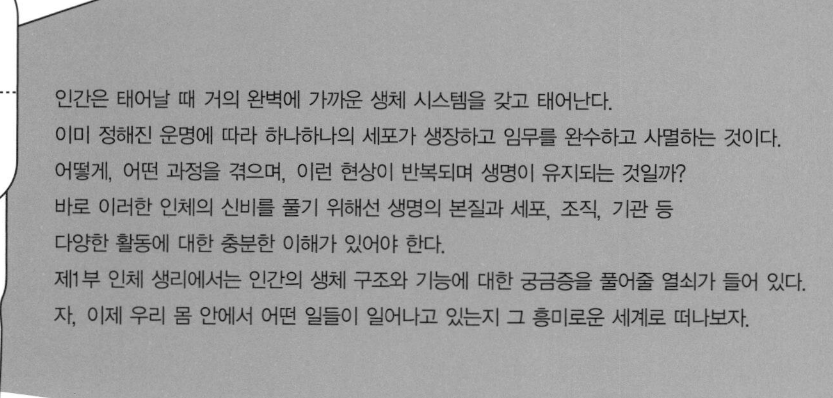

인간은 태어날 때 거의 완벽에 가까운 생체 시스템을 갖고 태어난다.
이미 정해진 운명에 따라 하나하나의 세포가 생장하고 임무를 완수하고 사멸하는 것이다.
어떻게, 어떤 과정을 겪으며, 이런 현상이 반복되며 생명이 유지되는 것일까?
바로 이러한 인체의 신비를 풀기 위해선 생명의 본질과 세포, 조직, 기관 등
다양한 활동에 대한 충분한 이해가 있어야 한다.
제1부 인체 생리에서는 인간의 생체 구조와 기능에 대한 궁금증을 풀어줄 열쇠가 들어 있다.
자, 이제 우리 몸 안에서 어떤 일들이 일어나고 있는지 그 흥미로운 세계로 떠나보자.

physiology  우리 몸의 수분

혈액은 원래 바닷물이었다!

우선, 우리 몸의 기능과 인체 생리를 알아가는 첫 테마로 몸 속에 있는 수분에 관한 이야기부터 시작해보자.

사람은 운동을 하면 땀이 주르르 흐르고, 목이 마르면 자연스레 물을 찾는다. 그런데 우리 몸 속에 있는 물은 과연 어떤 물일까?

잠깐, 본격적으로 물 이야기를 하기 전에 우리 몸을 구성하고 있는 세포에 대한 소개부터 하기로 하자.

세포의 탄생

지구에 아직 생명체가 존재하지 않았던 태곳적 어느 날, 드디어 한 생물이 탄생했다. 자, 그렇다면 여기서 문제! 과연 그 생물이 탄생한 장소는 어디일까?

그곳은 바로 바다 속이다. 그때 그 시절 바닷물의 성분은 지금의 바닷물과 별 차이가 없었다. 주성분은 염화나트륨(NaCl). 다만 농도는 지금(약 3%) 보다 약간 싱거운 약 0.9% 정도였을 거라고 추측하고 있다.

- 옛날 옛적 바닷물의 주성분은 염화나트륨(NaCl), 농도는 약 0.9%였다.

최초의 생물은 하나의 세포로 이루어진 생물, 즉 단세포 생물이었다. 그렇다

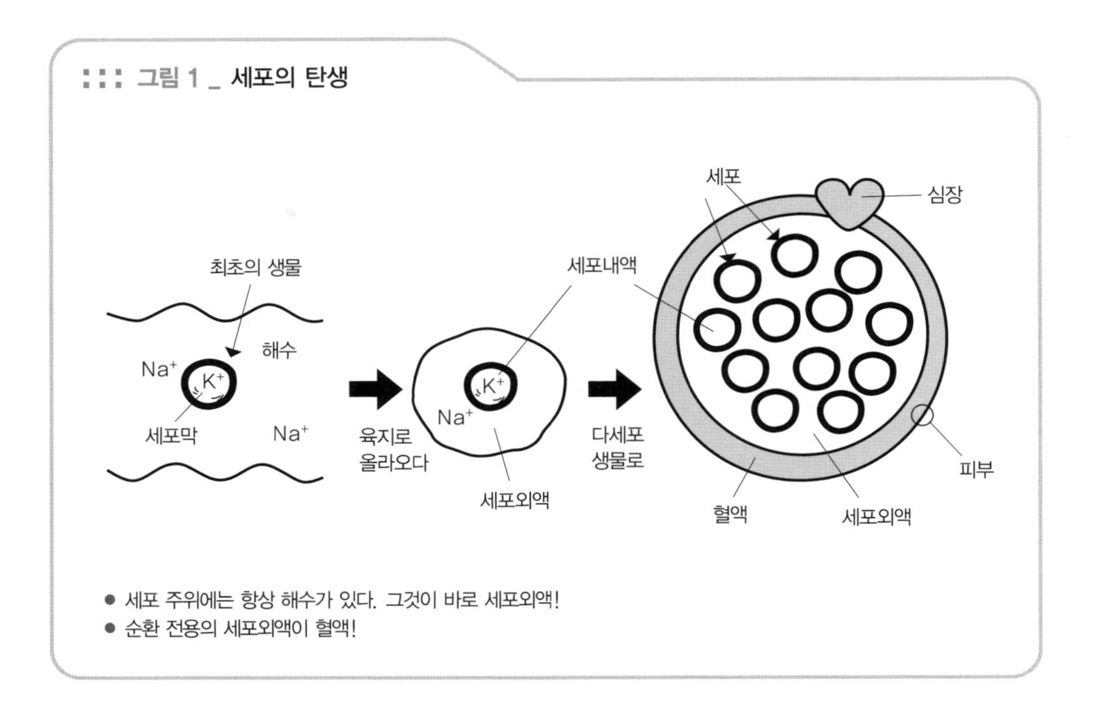

::: 그림 1 _ 세포의 탄생

- 세포 주위에는 항상 해수가 있다. 그것이 바로 세포외액!
- 순환 전용의 세포외액이 혈액!

면 세포 속의 내용물과 바닷물과의 가장 큰 차이점은 무엇일까?

가장 큰 차이점은 세포 속 액체의 주성분은 칼륨(K^+)이고, 바닷물의 주성분은 나트륨(Na^+)이라는 점이다. 요컨대 생물은 나트륨 액 속에 칼륨 액을 꽉꽉 채운 주머니의 형태로 처음 탄생한 것이다(그림 1). 양쪽의 경계가 되는 주머니 막을 '세포막' 이라고 한다.

- 세포의 내부에는 칼륨, 외부에는 나트륨이 주로 들어 있다. 그 경계가 되는 것이 바로 세포막이다.

다세포 생물의 탄생

그런데 이 바다 속 생물이 한 단계 업그레이드해 마침내 육지로 올라와 살게 되었다. 그때까지 바다 속에 살고 있었던 세포 입장에서 보면, 바닷물로 이루어졌던 주변 환경이 하루아침에 공기로 뒤바뀌자, 갑작스런 환경 변화에 적응하기 힘들었을 것이다. 그래서 주위의 짭짜름한 바닷물을 그대로 머금은 채, 즉 주위의 바닷물과 함께 육지로 이사를 가게 되었다. 말하자면 주위의 바닷물을 함께 묶어서 하나의 생물이 형성된 셈이다.

그 결과 육지로 올라온 생물은 세포 안과 세포 밖에 두 종류의 액체를 지니게 되었다. 세포 안은 칼륨 위주의 액체이고, 세포 밖은 예전의 바닷물과 같은 나트륨 위주의 액체이다. 전자를 '세포내액(細胞內液)', 후자를 '세포외액(細胞外液)'이라고 한다.

세포외액은 예전에 살았던 바다 속의 바닷물과 같은 성분이다. 여기에서는 '육지로 올라왔다'고 표현했지만, 하나하나의 세포가 모여 다세포 생물로 진화하는 과정에서 세포는 세포외액을 갖게 되었다. 세포외액을 채운 커다란 주머니 속에 둘 이상의 세포가 들어 있는 것이 다세포 생물이다.

- 세포 안의 액체를 세포내액, 세포 밖의 액체를 세포외액이라고 한다.

자, 그럼 지금까지 한 이야기를 한번 정리해보기로 하자.

세포란 칼륨을 가득 채운 작은 주머니이다. 바닷물을 채운 큰 주머니 안에 이 작은 주머니가 가득 들어 있는 것이 다세포 생물이다.

바닷물의 주성분은 나트륨이고, 작은 주머니의 테두리는 세포막, 큰 주머니의 테두리는 사람으로 치자면 피부에 해당한다.

바닷물을 채운 큰 주머니만 있다면 세포는 공기 속이든, 물 속이든, 예전보다 염분 농도가 진한 오늘날의 바다 속이든, 세계 어디든 갈 수 있다.

- 생물의 존재 환경에 상관없이, 세포 외부는 항상 동일한 성분의 세포외액으로 채워져 있다.

혈액의 탄생

그런데 다세포 생물이 좀더 진화함에 따라 가까이 있는 세포에서 멀리 떨어진 세포로 산소나 영양분, 그리고 노폐물을 효과적으로 운반하기 위해 세포외액 가운데 일부를 순환시키기 시작했다. 이 순환 전용 세포외액이 바로 혈액이다. 혈액은 세포외액과 거의 동일한 성분으로 조성되어 있다.

● 혈액은 순환 전용의 세포외액으로, 주성분은 나트륨이다.

혈액은 세포외액과는 달리 산소나 영양분, 노폐물을 효율적으로 운반해야 할 막중한 책무가 있다. 혈액이 세포외액에는 없는 단백질과 혈구가 있는 오늘날의 모습으로 진화된 것은 바로 이 운반능력을 향상시키기 위해서이다.

요컨대 혈액이란 세포외액에 단백질과 혈구를 첨가한 것이다.

● 혈액 = 세포외액 + 단백질 + 혈구

나트륨과 칼륨

잠깐, 여기서 세포외액과 세포내액의 성분 차이에 주목해보자.

나트륨의 경우, 세포외액에는 많지만 세포 안에는 거의 없다.

세포의 경계선인 세포막에는 작은 구멍이 많이 나 있다. 비닐 막이 아닌, 모기장과 같이 작은 구멍이 뚫린 망을 상상해보시라(그림 2). 나트륨 이온과 같은 작은 입자는 비교적 부드럽게 이 세포막을 통과해 농도가 높은 세포 외부에서 농도가 낮은 세포 내부로 흘러 들어가려는 경향이 있고, 실제로 흘러 들어가고 있다.

그렇다면 '세포란 칼륨을 채운 주머니' 라는 특징이 사라진단 말인가!

물론 그건 아니다. 그런 불상사를 미연에 방지하기 위해 세포는 세포 안으로 들어온 나트륨을 주머니 밖으로 퍼내는 작업을 한다. 이는 세포 입장에서 본다면 상당히 중노동인 셈. 세포에 따라서는 전체 에너지의 3분의 1을 나트륨을 퍼내는 일에 소비한다.

요컨대 '세포는 단순히 칼륨을 채운 주머니가 아닌, 살아 있는 주머니' 라는 사실을 우리는 나트륨 퍼내기에서 알 수 있다.

이와는 반대로 죽은 세포의 경우, 세포 안으로 들어온 나트륨을 밖으로 퍼내지 못해 세포 안에 나트륨이 쌓이게 된다.

● 살아 있는 세포는 나트륨을 항상 밖으로 퍼낸다.

지금쯤 독자들 가운데는 '그럼, 칼륨은 어떻게 된 거지?' 하며 고개를 갸우뚱할 것이다.

실은 나트륨을 세포 밖으로 퍼낼 때, 칼륨을 세포 밖에서 세포 안으로 가져온다. 즉 나트륨을 퍼낸다기보다 나트륨과 칼륨을 서로 교환한다는 것이 더 정확한 표현일 것이다. 그 결과 세포 안의 나트륨 농도는 낮아지고 칼륨 농도는 높게 유지되는 것이다.

● 세포는 나트륨과 칼륨을 교환하는 방식으로 나트륨을 세포 밖으로 퍼낸다.

그럼, 주머니 안에 칼륨이 많아지면 어떤 장점(?)이 있을까?

가장 큰 이점은 세포 안팎으로 전기적인 차이가 발생한다는 점이다. 근육이 수축하거나 신경이 흥분하는 메커니즘은 모두 이 전위 차의 정도가 변화하면서 일어나는 현상이다. 즉 근육세포나 신경세포의 세포 안팎에서 나트륨과 칼륨,

::: 그림 2 _ 세포막

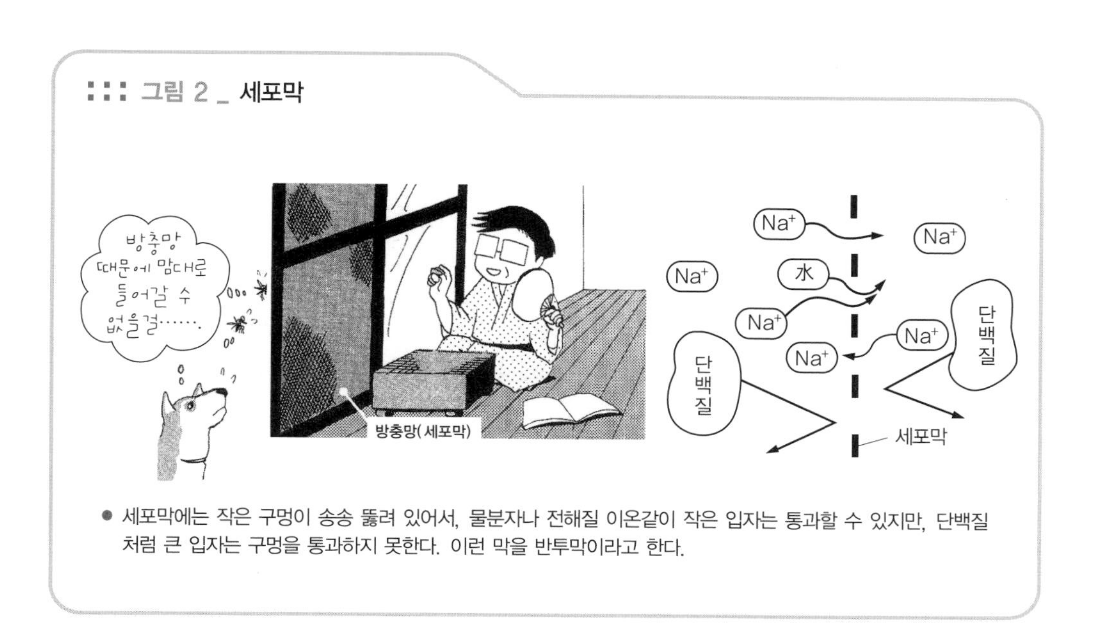

● 세포막에는 작은 구멍이 송송 뚫려 있어서, 물분자나 전해질 이온같이 작은 입자는 통과할 수 있지만, 단백질처럼 큰 입자는 구멍을 통과하지 못한다. 이런 막을 반투막이라고 한다.

나트륨 펌프 트레이닝?

세포는 안으로 들어온 나트륨을 젖 먹던 힘까지 다 짜내어 세포 밖으로 퍼낸다. 이런 퍼내기 장치를 '나트륨 펌프'라고 한다. 지성이도 보트 안으로 들어온 물을 열심히 밖으로 퍼내고 있는데, 고의냐 실수냐, 그건 아무도 모른다. 본인밖에는…….

칼슘 이온이 서로 들락날락함으로써 근육이 수축하거나 신경이 흥분하게 된다.

- 근육세포나 신경세포에서는 이온의 출입에 따라 수축이나 흥분이 일어난다.

탈수

우리 몸에서 수분이 부족한 상태를 탈수라고 한다. 우리 몸 속 수분에는 세포내액과 세포외액이 있기 때문에, 탈수에도 세포내액 수분이 부족한 경우와 세포외액 수분이 부족한 경우 두 가지가 있다. 혈액도 물론 수분에 속하지만, 탈수에 대해서 말할 때는 혈액을 세포외액과 같다고 생각해도 무방하다.

- 몸 속 수분이 부족한 상태를 탈수라고 한다.

세포내액이 부족하다는 의미는 전신의 세포 안에 수분이 부족하다는 뜻이다. 피부세포의 경우 수분이 부족하면 피부가 푸석푸석한 느낌이 든다. 또 수분 섭취를 조절하고 있는 곳은 뇌세포로, 이 뇌세포에 수분이 부족하면 갈증을 느끼게 된다.

한편 세포외액이 부족하면 혈압(본문 102쪽)이 떨어진다. 이는 대량 출혈이 일어났을 때와 같은 상태가 발생하기 때문이다. 실제로 탈수의 경우 정도의 차이는 있지만, 대개 세포내액과 세포외액이 동시에 부족할 때 많이 생긴다.

탈수 치료는 수분을 보충해주는 것이 주가 되지만, 물과 아울러 염분 투여도 고려해야 할 때가 있다.

● 탈수에는 세포외액이 부족한 경우와 세포내액이 부족한 경우가 있다.

어느 날 갑자기 망망대해를 표류하는 처량한 신세가 되었다고 상상해보자. 그때 갈증이 난다고 바닷물을 벌컥벌컥 마셔도 될까?

먼저 바닷물을 마셨다고 생각해보자. 어떤 일이 벌어질까? 우리 몸 속에서는 세포외액과 바닷물이 섞이는 작용이 우선 일어난다. 해수의 염분 농도는 세포외액의 약 3배이다. 3배 진한 액체가 세포외액에 첨가되면, 세포외액의 염분 농도가 높아져 세포내액의 수분이 세포 밖으로 빠져나가게 된다. 이렇게 되면 세포 안의 수분은 오히려 감소하고 갈증은 더 심해진다.

요컨대 갈증을 느낄 때 바닷물을 마시면 더 나쁜 결과를 초래한다. 흔히 짠 음식을 많이 먹으면 물을 찾게 되는데, 이것도 같은 이치이다.

● 바닷물을 마시면 세포 내 탈수현상이 일어나서 오히려 갈증이 더 심해진다.

physiology  혈구의 종류와 기능

피가 뼈에서 만들어진다고?

혈액의 성분

혈액은 세포외액과 친척지간이다(본문 20쪽). 다만 세포외액에는 없는 다양한 기능을 수행하기 위해, 혈액은 세포외액에 단백질과 혈구가 첨가된 것이다.

혈액의 기능으로는 운반 · 면역 · 지혈 작용 등이 있으며, 혈액이 운반하는 물질로는 산소, 영양분, 노폐물, 그리고 열(熱) 등이 있다.

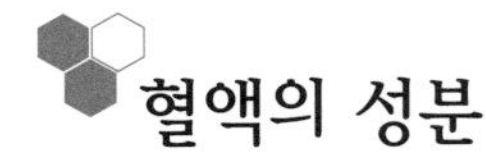

혈구(血球, blood cell)란 혈액 속의 세포로 적혈구, 백혈구, 혈소판 등으로 구성되어 있다.

혈액을 분석해보면 혈액 용적의 약 40~50%는 적혈구가 차지하고 있음을 알 수 있다. 즉 혈액의 액체 성분(혈구가 아닌 부분)은 전체 혈액의 50~60%에 불과하다는 얘기로, 이는 혈액이 끈적끈적하고 응고되기 쉬운 액체라는 사실을 단적으로 보여주는 것이다.

혈액의 액체 성분을 혈장(血漿, plasma)이라고 한다. 혈장은 세포외액에 다량의 단백질이 첨가된 것이다.

혈액을 구성하는 성분에 대해서 좀더 쉽게 이해하기 위해 다음과 같은 장면

::: 그림 1 _ 혈장과 혈구

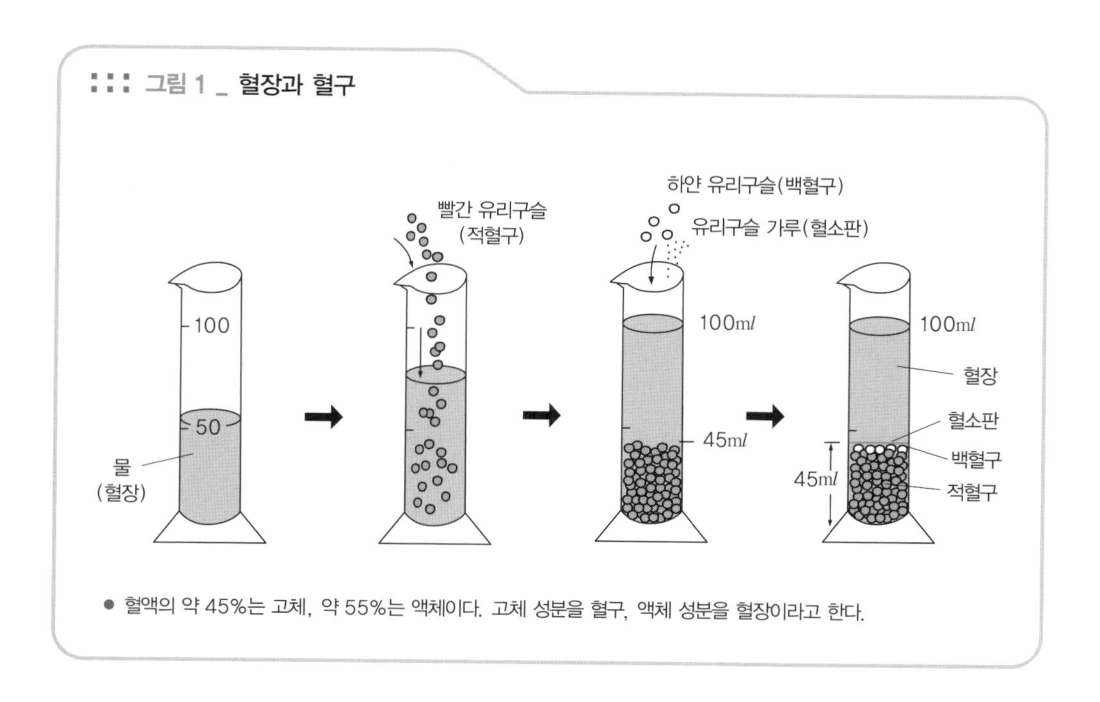

● 혈액의 약 45%는 고체, 약 55%는 액체이다. 고체 성분을 혈구, 액체 성분을 혈장이라고 한다.

을 한번 상상해보자. 메스실린더에 물 55ml를 넣고 수면이 100ml가 될 때까지 유리구슬을 가득 채워넣는다(그림 1). 이때 물은 혈장, 유리구슬은 혈구에 해당한다.

혈액 = 혈장 + 혈구, 혈장 = 세포외액 + 단백질

혈액 속의 세포 – 혈구

그럼 먼저 혈구 이야기부터 시작해보자. 혈구를 만드는 작업을 조혈(造血)이라고 하는데, 혈구는 골수에서 만들어진다.

골수는 뼈 속에 존재하는 것으로, 뼈는 크게 두 종류로 나눌 수 있다. 하나는 편평한 뼈(편평골扁平骨)이고 또 하나는 길다란 뼈(장관골長管骨)로 나눈다(그림 2). 편평한 뼈의 대표로는 골반과 흉골(胸骨)을 들 수 있고, 길고 가느다란 뼈로는 대퇴골, 팔과 다리뼈 등을 들 수 있다.

조혈작업이 왕성할 때 편평한 뼈의 골수를 관찰하면 붉은색을 띠고 있다. 반면에 팔이나 다리뼈의 골수에서는 조혈작업이 그다지 이루어지지 않고 있으며, 대신 골수에 지방이 침착되어 노랗게 보인다. 백혈병(본문 32쪽)으로 의심되는 환자의 골수검사를 할 때는 주사기로 흉골이나 골반뼈(장골腸骨) 안의 골수를 채취하여 정밀검사를 하는 것이 보통이다.

참고로, 암이 뼈로 전이될 때는 이유는 정확히 알 수 없으나, 길다란 뼈보다는 편평한 뼈로 전이가 더 잘 된다고 한다. 또 골육종(骨肉腫)이라는 뼈의 암은 길다란 뼈에 생기는 경우가 많다.

이렇게 뼈를 크게 두 가지 종류로 나누어 생각하면 여러모로 편리하다.

● 조혈작업은 골수에서 이루어진다.

혈구는 적혈구, 백혈구, 혈소판 등 세 종류의 세포로 구성되어 있는데, 수적인 면에서 보면 적혈구가 단연 으뜸이다. 혈구의 대부분은 적혈구라고 해도 무방할

::: 그림 2 _ 편평골과 장관골

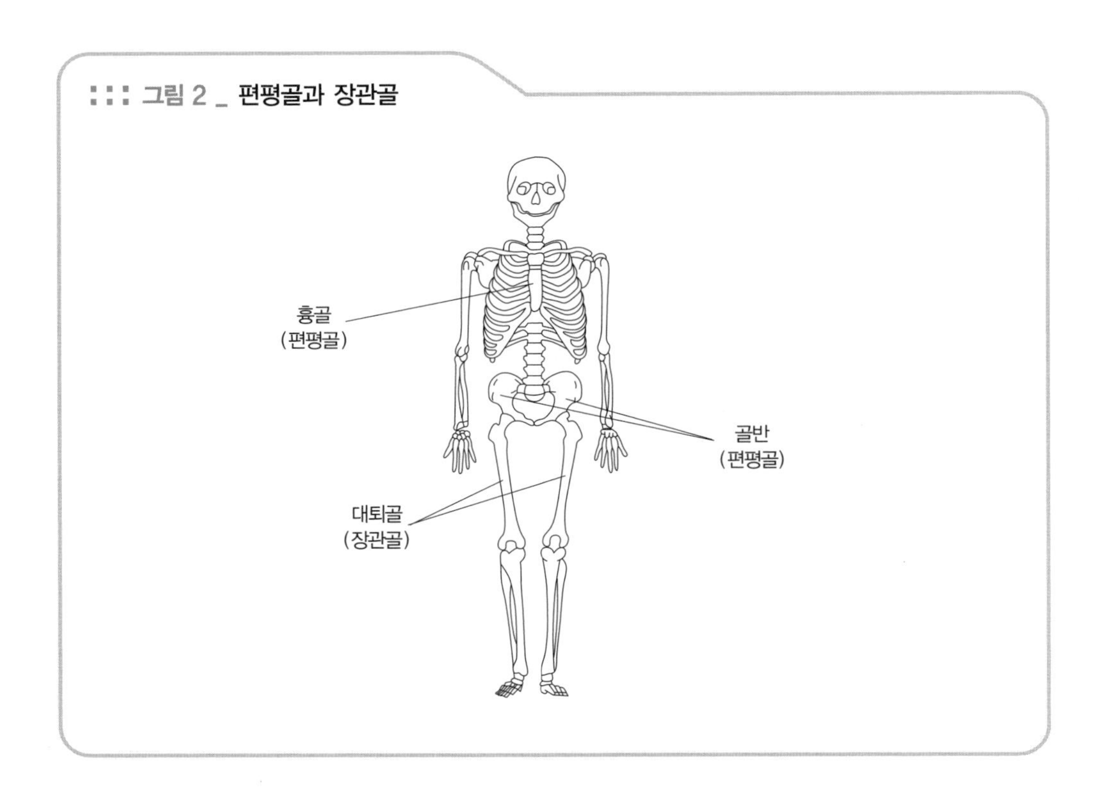

정도니까.

모든 혈구는 혈액 줄기세포(그림 3)라는 한 종류의 세포에서 탄생한다. 어떤 지령에 따라 혈액 줄기세포가 적혈구로 변신하고, 또 다른 지령에 따라 백혈구로 변신하게 되는 것이다. 혈액 줄기세포가 적혈구 등으로 변신하는 과정을 '분화(分化, differentiation)'라고 한다(본문 211쪽).

이때 '분화하라'는 명령을 전달하고 지령받은 임무를 수행하는 것이 사이토카인(cytokine, 활성 세포 물질)이라는 물질이다. 적혈구로 분화시키는 사이토카인에는 '에리트로포이에틴(erythropoietin, 적혈구 생성 촉진인자)'이 있다.

적혈구, 백혈구, 혈소판 등 모든 혈구는 혈액 줄기세포에서 탄생한다.

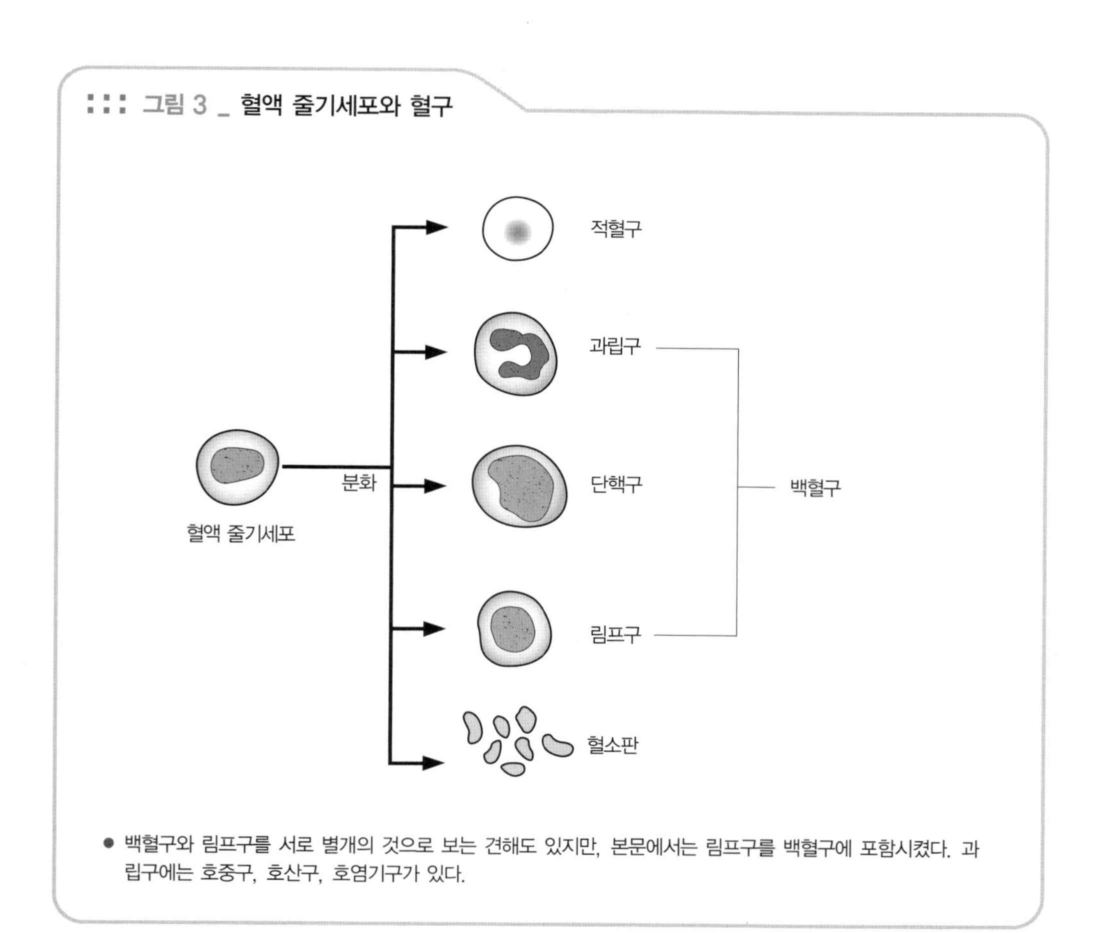

- 백혈구와 림프구를 서로 별개의 것으로 보는 견해도 있지만, 본문에서는 림프구를 백혈구에 포함시켰다. 과립구에는 호중구, 호산구, 호염기구가 있다.

적혈구

적혈구(赤血球, red blood cell)는 가운데가 옴폭 들어간 도넛 모양인데, 이런 생김새 덕분에 표면적이 쉽게 늘어나 산소를 '주고받는' 작용이 효율적으로 이루어진다. 또 이런 모양은 동그랗게 생긴 공 모양보다 변형이 수월하기 때문에, 적혈구는 모세혈관 속을 능란한 솜씨로 빠져나갈 수 있다.

참고로, 적혈구의 긴지름은 약 7.5㎛(마이크로미터, 1㎛는 1mm의 1000분의 1), 모세혈관의 안지름은 약 5㎛이다.

● 적혈구는 표면적이 크고, 변형하기 쉬운 모양을 하고 있다.

적혈구의 주 임무는 산소 운반. 그런데 산소를 직접 손에 꽉 쥐고 있는 것은 '헤모글로빈(hemoglobin)'이라는 복잡한 화합물이다. 적혈구는 바로 이 헤모글로빈을 채운 주머니이다!

헤모글로빈 덕분에 혈액의 산소 함유능력은 물보다 약 70배나 높다. 헤모글로빈의 색상은 레드. 피가 빨갛게 보이는 이유는 이 때문이다. 혈액에서 적혈구를 제거한다면, 피는 '레드'가 아닌 '옐로'가 되어버린다.

● 적혈구는 헤모글로빈을 채운 주머니이다.

적혈구에는 핵•이 없다. 골수에서 증식·분화된 적혈구는(아직 적혈구라고 부를 수 있을 만큼 완벽한 모양이 갖추어진 건 아니지만) 마지막에 핵을 과감히 버린 뒤 혈액 속으로 들어간다. 핵이 없기 때문에 더 이상 분열증식하는 것은 불가능하다.

• 핵은 세포 안에 있으며, 핵 속에는 핵산이 가득 들어 있다. 핵산에는 DNA와 RNA가 있는데, DNA는 세포의 생명활동을 관장하는 사령탑 같은 존재이다.

핵이 없는 적혈구는 한 번 쓰고 버려지는 일회용 신세. 수명은 약 120일이다. 수명이 다한 적혈구는 '비장(脾臟, 지라)'에서 비장하게 숨을 거둔다.

이와 같이 쉴 새 없이 만들어지고 쉴 새 없이 파괴되는 적혈구 탓에, 골수에서는 매우 활발하게 세포의 분열증식이 이루어진다.

● 적혈구는 무핵(無核)세포이다.

헤모글로빈은 철을 함유한 색소인 헴(hem)과 단백질인 글로빈(globin)으로 구성되어 있다. 앞서 말한 것처럼 적혈구는 수명이 다하면 비장에서 파괴되는데, 철과 글로빈은 재활용된다.

헴의 색소 가운데 철은 재흡수되지만, 그 밖의 성분은 대사를 통해 '빌리루빈(bilirubin)'으로 분해되어 간을 거쳐 담즙 속에 버려진다.

여기서 재미난 것은 빌리루빈의 역할! 빌리루빈은 갈색을 띠고 있는데, 담즙의 색이 갈색인 것도, 한 걸음 더 나아가 '대변(똥)의 색'이 누르스름한 갈색인 것도 모두 다 이 빌리루빈 때문이다. 즉 대변 색의 근원지를 찾아가다 보면 헤모글로빈의 색소까지 거슬러 올라가게 된다.

한편 혈액 속에 빌리루빈이 갑자기 늘어나 피부가 누리끼리한 똥색으로 변한 상태를 흔히 황달(黃疸)이라고 한다(본문 61쪽).

● '똥의 색깔'은 원래 '피의 색깔'이다!

헤모글로빈과 철은 '바늘과 실'처럼 떼려야 뗄 수 없는 관계.

철이 부족해서 헤모글로빈을 충분히 만들지 못하면 빈혈이 생긴다. 하지만 철은 우리 몸에서 거의 재흡수되어 헤모글로빈의 재생에 사용되기 때문에 철을 따로 섭취하지 않아도 건강한 성인 남성이라면 철분이 결핍되는 경우는 거의 없다.

다만 여성의 경우 생리 출혈로 인해 철결핍성 빈혈에 걸리기 쉬우며, 특히 임산부나 성장기 아이들의 경우 혈액량이 증가하는 시기이므로 철분을 충분히 섭취할 필요가 있다.

철을 함유한 대표적인 음식으로는 소간을 들 수 있다. 이는 남아도는 철은 간에 저장되기 때문이다. 시금치 등의 식물성 식품은 철분 함유량 자체는 높지만, 흡수율이 나빠서 단순히 철분을 섭취한다는 면에서 본다면 소간이 훨씬 더 효율적이다.

또 철은 위의 염산의 도움을 받아야 체내 흡수가 가능하기 때문에, 위 절제 수술을 받은 환자는 철결핍성 빈혈에 걸리기 쉽다.

● 간에는 철이 저장되어 있다.

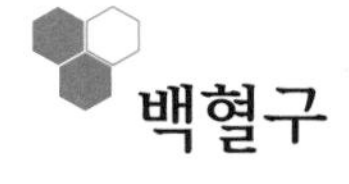

백혈구

그럼 이번에는 백혈구(白血球, white blood cell) 이야기!

혈액 속의 백혈구 수는 적혈구 수의 500분의 1 이하로, 수적인 면에서 본다면 백혈구가 단연 열세이다. 백혈구는 호중구(好中球), 호산구(好酸球), 호염기구(好鹽基球), 단핵구(單核球), 림프구 등 다섯 종류로 나눌 수 있는데, 여기서는 호중구와 림프구, 그리고 마지막으로 단핵구 순서로 기억해두면 좀더 이해하기 편하지 않을까 싶다.

호중구는 평소 골수 등에 저장되어 있다가 '적이 침입했다'는 비상사태가 선포되면, 다시 말해 세균이 침입하면 '돌격!' 하면서 엄청난 양의 백혈구가 공급되는 시스템을 갖고 있다.

● 백혈구는 몸 속에 저장되어 있다가 유사시에 혈액 속으로 민첩하게 투입된다.

세균이 우리 몸에 침입했을 때, 호중구는 세균이 있는 곳으로 직접 달려가 해치울 수 있는 막강 파워 능력이 있다. 좀더 구체적으로 얘기하자면 호중구는 세균을 꼭꼭 씹어먹고, 먹은 세균을 쥐도 새도 모르게 처치해버린다. 즉 '달려가서, 먹어치운 뒤, 죽인다'는 세 가지 능력이 있다.

세균을 죽일 때는 활성산소(본문 262쪽)가 이용되는 경우도 있다. 세균은 보통 혈관 밖에 있기 때문에 호중구는 세균이 있는 곳까지 혈류를 타고 가서, 근처에 가면 혈관 벽의 틈을 뚫고 밖으로 빠져나가 세균을 향해 돌진한다. 이때 호중구는 마치 눈이라도 달린 것처럼 아메바 운동을 하면서 세균을 향해 진격한다. 그런데 혈관 밖으로 일단 빠져나간 호중구는 다시 혈관 안으로 돌아오지 못한다. 다시 돌아오지 못할 걸 알면서도 적지로 뛰어드는 용감무쌍한 장수! 고름은 세균을 잡아먹고 장렬히 전사한 호중구의 시체 덩어리이다.

이처럼 호중구는 우리 몸을 지키기 위해, 말 그대로 살신성인하는 고마운 존재이다.

단핵구는 폐나 간 등의 조직에서 눌러 살다가 '매크로파지(macrophage)'라는 대식세포(大食細胞, 거대백혈구)가 된다. 이 매크로파지는 호중구와 달리 다른 장소로 이동하지 않는 대신, 세균을 잡아먹는 능력은 호중구보다 한 수 위이다.

● 고름은 세균을 잡아먹고 장렬히 전사한 호중구의 시체 덩어리이다.

백혈구도 적혈구와 마찬가지로 골수의 혈액 줄기세포에서 탄생한 것이다. 줄기세포에서 '호중구로 분화하라'는 명령(사이토카인)이 떨어지면 호중구로 분화하고, '림프구로 분화하라'는 명령이 떨어지면 림프구로 분화한다.

골수에서 막 생산된 림프구는 곧바로 자기 임무를 수행할 만한 능력이 아직 없다. 고로 훈련이 필요하다는 뜻인데, 이 림프구를 가르치고 훈련시키는 기술 훈련소 가운데 하나가 흉선(胸腺, thymus, 가슴샘)이라는 심장 바로 앞에 있는 장기이다. 이 흉선에서 무사히 기술훈련을 마친 림프구를 'T림프구'라고 한다(혹은 T세포라고도 한다).

또 다른 장소에서 기술훈련을 습득한 림프구를 'B림프구'라고 하는데(혹은 B세포), B림프구의 기술훈련 장소는 조류의 경우 밝혀졌지만, 인간의 경우는 아직 그 장소가 정확히 밝혀지지 않았다.

T림프구와 B림프구의 기능과 관련해서는 「04 면역」(본문 43쪽)에서 설명하기로 하겠다.

● 림프구가 자기 몫을 제대로 해내기 위해서는 훈련이 필요한데, 훈련의 결과 T림프구 · B림프구로 완성된다.

골수 속에는 림프구에서 호중구까지 분화도가 다른 백혈구가 존재한다. 또 굉장히 미숙한 미성숙 백혈구에서부터 성숙한 백혈구까지 성숙도[•]가 다른 백혈구가 다양하게 존재한다. 즉 골수에는 다종다양한 백혈구가 서로 비빔밥처럼 섞여 있다.

• 세포의 '분화 · 성숙'과 관련해서는 본문 211쪽을 참조할 것.

그럼 잠시 '백혈구' 하면 떠오르는 '백혈병'에 대해 알아보기로 하자.

백혈병이란 백혈구라는 세포가 '암으로 발전한' 병이다. 골수 속에는 분화도 · 성숙도가 다른 다양한 백혈구가 혼재하고 있다고 했는데, 이들 모든 백혈구는 암으로 발전할 가능성을 갖고 있다. 그러므로 백혈병의 종류는 해당 질병의 근원이 되는 백혈구 세포의 분화도 · 성숙도에 따라 천차만별일 수밖에 없다. 물론 백혈병의 종류에 따라 각각의 증상이나 치료법에도 차이가 있다. 백혈병 하면 혈액 속의 백혈구 수가 증가하는 경우가 대부분이지만, 경우에 따라서는 백혈구 수가 감소하는 경우도 있다.

따라서 백혈병이란 '백혈구가 증가하는 병'이 아니라, '백혈구가 암으로 발전한 병'이다. 이 점, 오해하지 않도록!

- 백혈병의 종류는 수없이 많다. 그도 그럴 것이 백혈구 세포는 그 종류가 가지각색이니까.

))) MEMO

●● 백혈병의 분류법

백혈병의 종류는 수없이 많기 때문에, 국제적으로 통일된 분류법을 사용하고 있다.
그러나 대부분의 분류법이 미국 · 영국 · 프랑스 식으로, 혈액학 분야에 있어서 아시아권의 분발이 요구된다.

혈소판

마지막으로 혈구의 세 번째 주인공인 혈소판(血小板, blood platelet)에 대한 이야기(그림 4)!

어떤 명령이 떨어지면 거핵세포(巨核細胞)라는 거대한 세포로 분화할 수 있는 능력이 혈액 줄기세포에는 갖추어져 있다. 이 거핵세포 세포질의 일부가 골수에서 조각조각 찢어진 것이 바로 혈소판이다. 즉 혈소판은 길이 1～3㎛의 세포의 조각인 셈.

혈소판은 핵도 없고 분열증식도 할 수 없지만, 살아 있는 세포임에는 분명하다. 혈소판은 점착성이 강하며, 혈관이 찢어졌을 때는 가장 먼저 출동해서 출혈을 멈

::: 그림 4 _ 혈소판의 전자현미경 사진

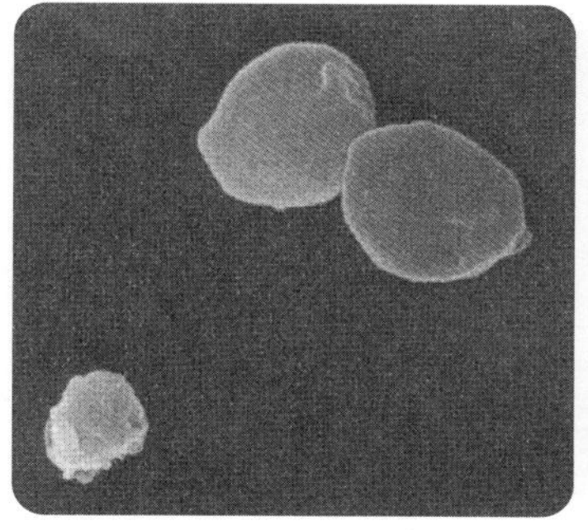

● 평상시의 혈소판

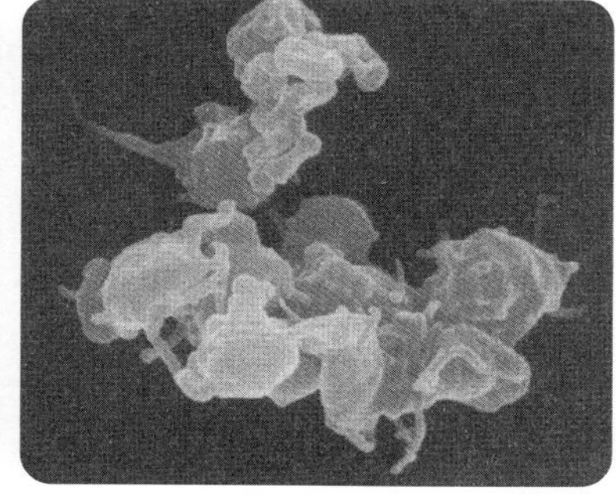

● 혈액응고 시의 혈소판

추기 위한 땜질공을 자처한다.

● 혈소판은 세포질의 조각으로 지혈작용을 한다.

혈액형

혈액형(血液型, blood type)이란 무엇일까? 모든 세포에는 세포 표면에 '나'임을 표시하는 복잡한 기호가 새겨져 있다. 타인과 구별할 수 있는 바로 자기 자신만의 정체성이라고 할 수 있는 것이다. 이 이름표 때문에 다른 장기가 이식되었을 때, 인체가 거부반응을 보이는 것이다.

그런데 적혈구만큼은 왠지 이 기호가 복잡하지 않아서, 임상적으로 문제가 되는 건 A와 B, 그리고 Rh밖에 없다. 따라서 이 ABO식 혈액형에 Rh 형태만 일치시키면 혈액의 이식, 즉 수혈이 가능해진다. 혈액을 장기에 비유한다면, 수혈은 훌륭한 장기이식인 셈이다.

● 수혈은 적혈구의 이식이라고 말할 수 있다.

적혈구 표면에 A와 B 양쪽 기호(이 항원을 응집원agglutinogen이라고 한다)를 모두 갖고 있는 혈액형이 AB형, A도 없고 B도 없는 혈액형이 O형이다. 이와 같은 원리로 A형 응집원만 갖고 있는 혈액은 A형, B형 응집원만 갖고 있는 혈액은 B형이다. 또 Rh의 경우 Rh라는 기호를 갖고 있으면 Rh^{+}, 갖고 있지 않으면 Rh^{-}의 적혈구가 된다.

수혈을 할 때는 ABO식과 Rh형 혈액형을 모두 고려해 일치되는 혈액끼리 한다.

그런데 혈액형과 성격의 상관관계를 여러분은 정말 믿는가? 유감스럽게도 혈액형이 성격에 미치는 영향은 그저 가설일 뿐, 의학적으로 해명된 사실은 아직 없다.

● 수혈을 할 때는 ABO식과 Rh형 혈액형이 일치하는 혈액끼리 한다.

physiology  혈액의 액체 성분

딱딱하게 굳은 피는 다시 녹는다?

혈장

혈장(血漿, plasma)이란 혈액의 액체 성분으로, 세포외액에 다량의 단백질과 유기물질, 무기물질이 포함된 것이다(본문 24쪽). 혈장에 들어 있는 단백질은 그 성질에 따라 크게 두 그룹(알부민과 글로불린)으로 나눌 수 있다.

알부민(albumin) 그룹에 속하는 단백질은 대개가 '혈청[•] 알부민'이라는 이름의 단일 단백질이다. 이를 줄여서 '알부민'이라고 부를 때가 많아, 혈청 알부민이라는 단백질의 명칭과 알부민이라는 단백질의 그룹 명칭을 서로 혼동하는 경우가 있다. 아무튼 혈장 단백질의 반 이상은 알부민(정식 명칭은 혈청 알부민)이다.

• **혈청**
혈장에서 혈액응고에 관여하는 피브리노겐(fibrinogen)을 제거한 것이 혈청(血淸, serum)이다. 피브리노겐에 효소 트롬빈이 작용하여 불용성 단백질 피브린을 생성한다. 이들은 모두 혈액응고 기전에 작용한다(본문 41쪽).

또 하나의 그룹인 글로불린(globulin)에는 수없이 많은 종류의 단백질이 속해 있다. 대표적인 것으로 면역반응의 주인공인 '항체(면역 글로불린이라고도 부른다. 본문 44쪽)'가 있다.

● 혈장 단백질의 반 이상은 알부민이다.

사실 혈장에는 단백질뿐만 아니라 지방도 많이 들어 있다.

그런데 '지방' 하면 문득 떠오르는 생각이 바로 '물과 기름'의 부적절(?)한

관계! 말 그대로 지방은 절대 물에 녹지 않는다. 이 녹지 않는 지방이 그대로 혈액 속에 있다면 어떻게 될까? 혈관을 막아버려 끔찍한 일이 벌어지고 말 것이다. 그렇듯 끔찍한 사태를 미연에 방지하기 위해서는 혈액 속에 있는 지방을 물에 녹는 상태로 만들어주어야 한다.

여기서 잠깐, 우유를 한번 떠올려보자. 우유 팩을 보면 유지방 3.6%라는 표시가 보일 것이다. 이처럼 우유에는 꽤 많은 양의 지방이 들어 있다. 하지만 우유에 들어 있는 지방과 액체는 서로 따로따로 놀지 않는다. 즉 우유 윗면에 지방층이 거의 생기지 않는다는 얘기이다. 이는 지방이 물에 녹아 있다는 증거이다.

그렇다면 물에 녹는 지방의 비밀은? 바로 지방과 단백질이 서로 착 달라붙어서 단백질의 작용으로 지방이 물에 스르르 녹게 되는 것(세제가 기름을 물에 녹이는 것도 이와 비슷한 원리)이다.

혈액도 마찬가지로, 혈장 속에 지방과 결합하는 단백질이 다량 들어 있어서, 이 단백질과 지방이 결합함으로써 지방이 '녹아 있는' 상태로 존재할 수 있는 것이다.

혈액과 지방의 관계는 「07 콜레스테롤」(본문 68쪽)을 참고하기 바란다.

● 지방은 단백질과 결합해서 혈장에 녹아 있다.

지방뿐만 아니라, 단백질과 결합한 형태로 혈장 속에 존재하는 물질은 굉장히 많다. 이는 '이 물질을 몸의 다른 장소로 운반하고 싶다. 그렇지만 그대로 혈액 속에 방출한다면 나쁜 영향을 미칠지 모른다. 안전하면서도 확실하게 운반하기 위해 작전상 혈장 단백질과 이 물질을 짝으로 만들어주자'는 것이다.

예를 들면 철(Fe)도 혈액 속에서는 단백질과 결합되어 있다.

● 혈장 단백질은 운반작용도 수행한다.

삼투압

자, 그럼 이번에는 삼투압(滲透壓, osmotic pressure) 이야기!

::: 사랑하는 딸과 함께라면

:::
이 콘서트에서는 '독신 남성'은 썰렁맨으로 왕따당하는 반면, 딸과 함께 간 '커플 남성'은 콘서트 분위기에 자연스레 녹아들었다. 지방도 단백질과 결합함으로써 물에 녹을 수 있다.

삼투압은 이해하기 좀 까다로운 내용이라서 '아이고 어려워' 하는 독자들은 그냥 넘어가도 무방하다.

우선 식염수와 물이 있다고 가정하자. 이 식염수와 물에 막을 놓아 서로 갈라 두었다. 막에 구멍이 생기지 않는 이상, 식염수와 물에는 아무런 변화도 생기지 않는다. 그런데 막에 작은 구멍이 생기면 양쪽에서는 농도가 같아지도록 조율하느라 나트륨은 식염수에서 물 쪽으로, 동시에 물 입자는 식염수 쪽으로 구멍난 막을 통해 서로 주거니 받거니 이동하려고 한다. 바로 이렇게 이동하는 현상을 '삼투(osmosis)', 여기에 작용하는 힘을 '삼투압'이라고 한다.

물의 입자 크기와 나트륨의 입자(이 경우에는 이온) 크기는 거의 동일하며, 양쪽 모두 굉장히 작다.

● 입자가 이동하는 힘을 삼투압이라고 한다.

그렇다면 이번에는 식염수가 아닌, 단백질 용액과 물을 상상해보자.

단백질 입자의 크기는 물이나 나트륨 입자에 비해 굉장히 크다. 분자량으로 나타낸다면 물이 18, 나트륨이 23인 데 비해, 단백질인 알부민은 69000[•]! 도저히 게임이 안 되는 수치이다(분자량의 수치에 압도돼서 얼른 감이 오지 않는다면, 알부민 입자는 물이나 나트륨 입자보다 굉장히 무지무지 크다고만 상상해주시길).

• 알부민은 혈장 단백질 중 분자량이 가장 작은 것에 속한다. 하지만 앞서 말했던 것처럼 알부민이 혈장 단백질의 대부분을 차지하고 있기 때문에 삼투압의 주역이 되는 것이다.

● 알부민 입자는 물이나 나트륨 입자보다 엄청 무지 크다!

먼저 알부민 용액과 물에 막을 놓아 서로 갈라두었다고 가정하자.

이 막에 조그마한 구멍이 생겼다. 그런데 그 구멍의 크기는 물이나 나트륨 입자는 통과할 수 있지만, 알부민은 통과할 수 없는 작은 구멍이다(작은 입자만이 통과할 수 있는 작은 구멍의 막을 '반투막'이라고 한다. 본문 21쪽에서 공부한 세포막은 반투막이다).

먼저 양쪽은 농도가 같아지도록 조율하려고 안간힘을 쓸 것이다. 이것이 삼투압. 하지만 구멍을 통과할 수 있는 것은 물 입자뿐이고, 알부민은 통과할 수 없다. 그 결과 알부민 용액 쪽으로 물분자가 이동하기 시작한다. 즉 알부민에는 물을 끌어당기는 힘이 있다(그림 1). 그 힘의 원천은 바로 알부민이라는 단백질에서 나온다.

● 알부민에는 물을 끌어당기는 힘이 있다.

단백질을 '교질(膠質)'이라고도 부르므로 단백질로 인해서 발생한 삼투압을 '교질 삼투압'이라고 한다. 혈액 속에 있는 단백질은 모두 교질 삼투압을 일으킬 수 있지만, 혈장 속에 특히 많이 들어 있는 단백질이 알부민이기 때문에, 알부민이 교질 삼투압의 주인공이나 다름없다.

● 알부민은 교질 삼투압의 주인공이다.

그런데 여기서 세포외액과 혈장의 차이를 다시 한번 떠올려보자. 혈장은 세포외액에 단백질(특히 알부민)을 더한 것이다. 모세혈관의 경우, 혈관 벽으로 외부와 구분되어 있지만, 그 벽에는 작은 구멍이 나 있어서 물이나 나트륨이 수시로 통과할 수 있다. 하지만 알부민은 통과할 수 없다(모세혈관의 혈관 벽은 반투막 성질을 갖고 있다).

그렇다면 혈관 외부의 물(이것이 세포외액이다)은 혈관 안으로 이동하고자 할 것이다. 달리 표현한다면 혈관은 밖에서 안으로 물을 끌어오고자 한다. 그리고 그 주인공이 알부민이다.

- 교질 삼투압으로 세포외액의 수분은 혈관 안으로 이동한다.

신장이 나쁘면 몸이 띵띵 붓는다는 얘기, 누구나 한번쯤 들어봤을 것이다.

부기란 세포외액이 증가한 상태를 의미한다. 신장이 나쁘면 소변에 단백이 나오는데, 소변으로 단백이 나온다는 것은 정성 들여 만든 알부민을 몸 밖으로 버리는 꼴. 그 결과 혈장 속의 알부민 농도가 떨어지고, 연쇄적으로 교질 삼투

::: 그림 1 _ 교질 삼투압과 부기

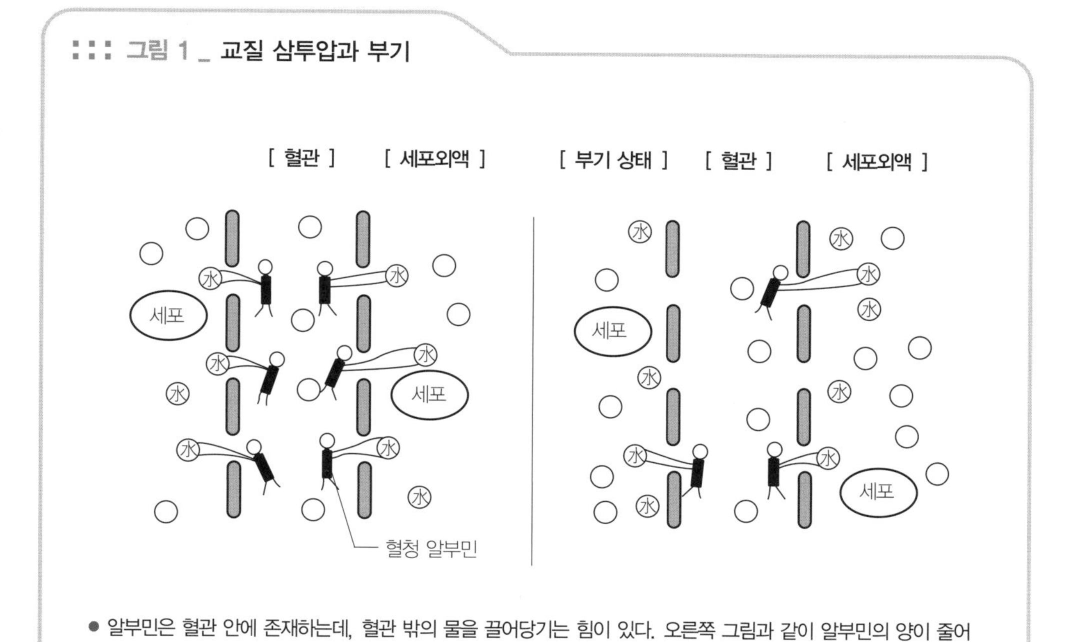

- 알부민은 혈관 안에 존재하는데, 혈관 밖의 물을 끌어당기는 힘이 있다. 오른쪽 그림과 같이 알부민의 양이 줄어들면 물을 충분히 끌어당기지 못해 세포외액의 양이 증가하고 만다. 이것이 바로 부종!

압이 저하되어 수분을 혈관 안으로 끌어오지 못하다 보니, 부종(浮腫)이 생기는 것이다.

간이 나빠도 마찬가지. 알부민은 간에서 만들어지는데, 간이 나빠지면 충분한 양의 알부민을 만들 수 없다. 그 결과 교질 삼투압이 뚝 떨어지고, 부종이 생긴다.

참고로, 건강검진 시 실시하는 소변검사에서는 바로 이 '단백뇨(蛋白尿, 본문 116쪽)'의 유무로 신장병의 여부를 체크한다.

● 혈장 속 알부민 농도가 떨어지면 부종이 생긴다.

혈액응고

혈액을 채혈한 뒤 시험관 안에 그대로 방치해두면 어떻게 될까? 몇 분 지나지 않아 피가 굳는다. 이를 '혈액응고'라고 하는데, 혈장 안에 들어 있는 수많은 응고인자가 바로 이 혈액응고라는 거사에 가담하고 있다.

평상시 응고인자는 비활성형(그대로는 힘을 발휘하지 못한다)의 상태로 존재한다. 그러다 상처 등으로 지혈이 필요한 비상사태가 발생하면, 우선 최초의 응고인자가 활성형으로 '짠' 하고 변신한다. 이렇게 활성형이 된 응고인자는 다음 응고인자를 활성형으로 변화시키고, 다시 활성형이 된 다음 응고인자는 그 다음 응고인자를 활성형으로 변화시키고(지혈의 과정은 매우 복잡하다)……. 이런 식으로 다단계에 걸친 반응이 연쇄적으로, 또 아주 빠른 속도로 착착 진행된다.

● 혈장에는 혈액 응고인자가 들어 있다.

여기서 잠시 '말 전하기' 게임을 떠올려보자. 혼자서 1000명에게 이야기를 전달하려면 엄청난 시간이 걸린다. 하지만 처음 1명이 10명에게 이야기를 전하고, 그 10명이 각자 10명에게 이야기를 전하고, 다음 100명이 또 10명에게 이야기를 전해나가다 보면, 눈 깜짝 할 사이에 1000명에게 이야기를 전할 수 있다. 혈액응고는 촌각을 다투는 작업이기 때문에 이런 기하급수적인 방식이 아니면 안 된다. 실제로 혈액응고에 직접 관여하는 단백질은 수십여 종이나 된다.

혈액응고는 단시간에 이루어진다.

혈장 속에 녹아 있던 작은 단백질은 자극을 받으면 서로 착 엉겨붙어 실처럼 가늘고 긴 모양으로 변하고, 이 상태가 되면 각각의 단백질로 분리되어 나오기 시작한다. 이런 긴 실 모양의 단백질 출현이 혈액응고의 실체이다. 그리고 딱딱하게 굳은 혈액은 며칠 안에 다시 액체 상태로 돌아가게 되는데, 이는 실 모양으로 서로 엉겨붙은 단백질이 짧게 끊어지면서 가용성으로 돌아가 제자리를 찾기 때문이다.

혈관이 찢어지면 혈액응고 체제가 발동해 출혈을 막고 그 틈을 메우는 혈관

::: 그림 2 _ 섬유소의 형성과 혈액응고

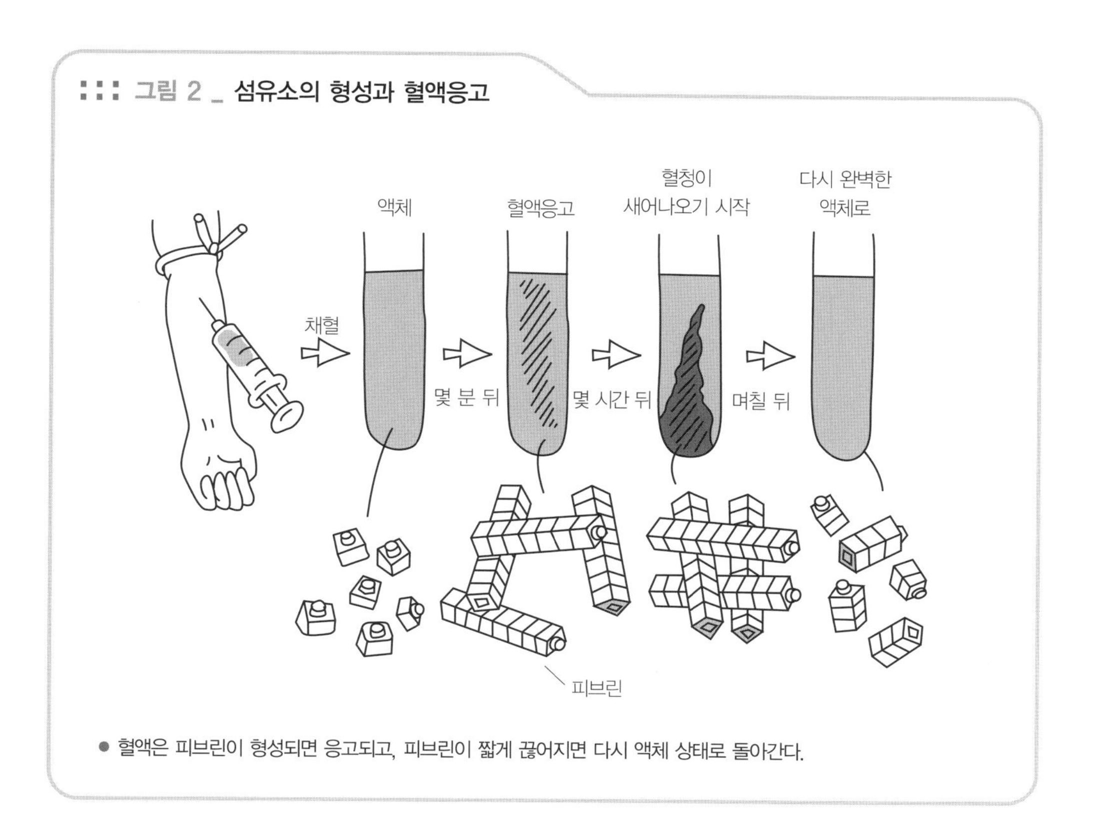

• 혈액은 피브린이 형성되면 응고되고, 피브린이 짧게 끊어지면 다시 액체 상태로 돌아간다.

복구작업이 진행되는데, 복구작업이 끝나면 응고된 혈액 덩어리를 제거해야만 한다. 이 응고된 혈액 덩어리를 다시 녹이는 시스템이 우리 몸 안에는 있다.

한편 길다란 실 모양으로 망상 구조를 만드는 단백질을 '섬유소(피브린 fibrin)' 라고 한다(그림 2).

● 우리 몸 안에는 응고된 혈액을 수일 내에 다시 액체 상태로 만드는 시스템이 있다.

수혈용 보존 혈액은 딱딱하기는커녕 늘 액체 상태를 일정하게 유지하고 있다. 이것은 왜일까? 혈액이 응고되기 위해서는 칼슘 이온(Ca^{2+})이 꼭 필요한데, 채혈한 혈액에서 칼슘 이온을 제거했기 때문에 수혈용 혈액은 응고되지 않는 것이다. 이처럼 수혈용 혈액에는 칼슘 이온 제거 처리가 되어 있다.

● 혈액응고 작용에는 칼슘 이온이 필수적이다!

::: 콸콸 물이 샌다. 막아라!

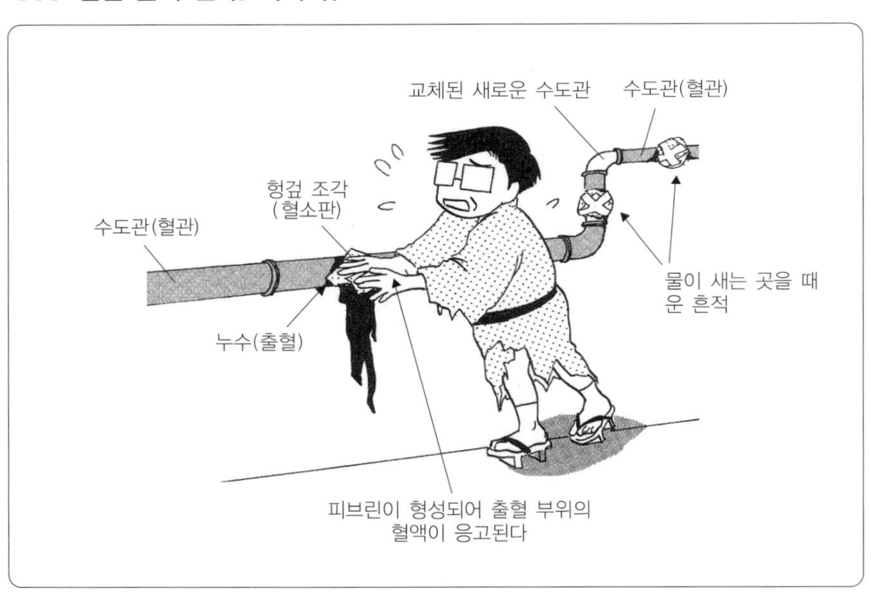

:::
혈소판은 골수의 거핵세포 세포질의 조각이다. 혈소판은 점착성이 뛰어나서 손상된 혈관 부위에 찰싹 달라붙는다. 이와 동시에 출혈 부위의 혈액은 응고 기능을 발동(피브린 형성)시켜 출혈을 멎게 한다. 출혈이 멈춘 부위에 혈관 복구작업이 진행된다. 이 복구작업이 완료되면 응고되어 있던 혈액은 다시 원상태로 돌아가 사르르 녹게 된다.

나를 지키는 일

항원

면역(免疫, immunity)이란 적의 침입으로부터 '나'를 지키는 일이다. 나를 지키기 위해서는 두 단계를 밟아야 한다. 첫 단계는 '자기(自己)'와 '비자기(非自己)'의 구별, 그 다음 단계는 비자기로 인식한 적을 제거하는 일이다.

여기에서 '자기'란 자기 자신의 세포나 조직을 의미하며, '비자기'란 자기 이외의 모든 것을 지칭한다.

- 면역의 기본은 비자기의 인식과 배제이다.

그렇다면 '비자기'에는 어떤 것이 있을까? 세균이나 바이러스뿐만 아니라 독극물 등의 화학물질, 변이 세포, 노후한 조직, 타인의 조직 등 자신의 정상 조직 이외의 것은 모두 비자기에 속한다. 비자기로 인식되는 것을 '항원(抗原, antigen)'이라고 한다. 항원은 그 종류만도 무려 1억 종이 넘는다고 하니, 그 수가 엄청나다.

- 자신의 정상 조직 이외의 것은 모두 '비자기'이다.

비자기를 인식하고 이를 배제하는 활동을 펼치는 세포로는 림프구, 대식세포,

호중구(본문 30쪽) 등이 있다.

림프구는 크게 T림프구(T세포, lymphocyte T-cell)와 B림프구(B세포, lymphocyte B-cell)로 나눌 수 있다(본문 31쪽).

T림프구는 면역반응을 조절하고, B림프구는 항체라고 하는 단백질을 만든다(그림 1).

● 림프구에는 T 림프구와 B 림프구가 있다.

::: 그림 1 _ **림프구의 분화와 훈련**

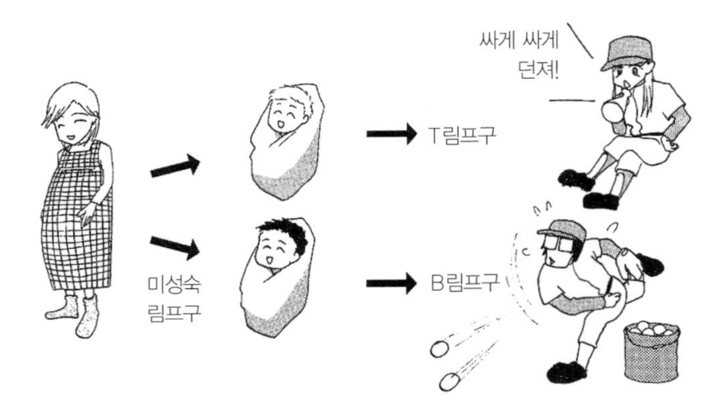

● T림프구의 임무는 면역반응의 조절, B림프구의 임무는 항체를 만드는 일이다. B림프구는 T림프구의 명령에 따라 항체를 만든다.

항체

항체(抗體, antibody)는 항원과 결합해서 상대를 해치우는 역할을 담당한다. 예를 들면 독소를 무독화(無毒化)하거나 바이러스나 세균을 손봐주는 일종의 해결사이다.

또한 혈장 속의 단백질로 글로불린의 일종이기 때문에 '면역 글로불린' 혹은 '감마 글로불린(γ-globulin)'이라고 불린다.

::: 그림 2 _ 항원항체반응

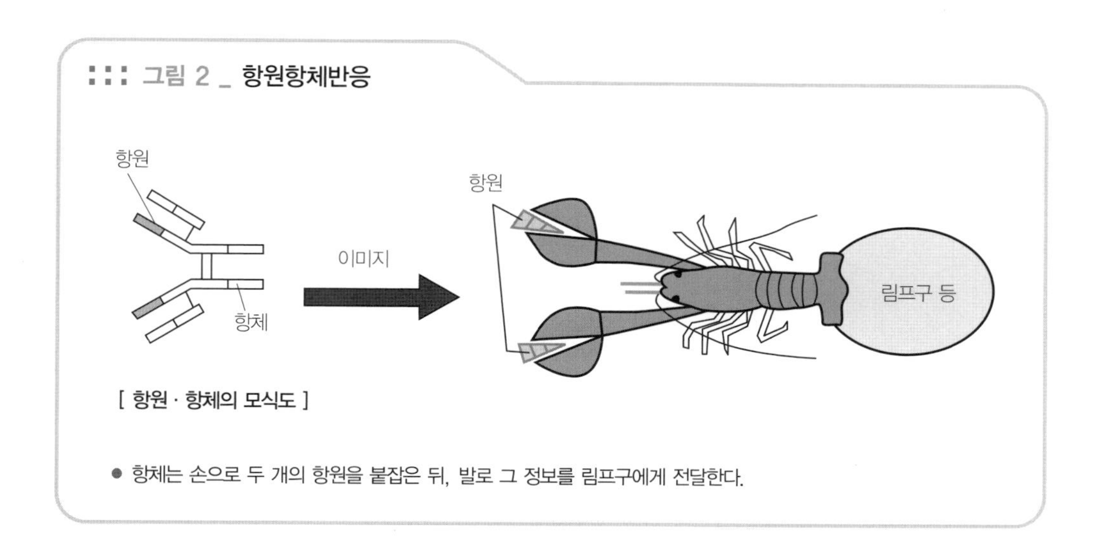

[항원 · 항체의 모식도]

● 항체는 손으로 두 개의 항원을 붙잡은 뒤, 발로 그 정보를 림프구에게 전달한다.

항체는 흡사 가재와 같은 생김새를 갖고 있다(그림 2). 두 개의 집게로 항원을 체포한다. 즉 항원과 결합하는 장소가 있다는 뜻! 더욱이 꼬리나 발 부위는 림프구와도 결합이 가능하다. 말하자면 꼬리를 매개로 '지금 막 항원을 체포했다! 체내에 항원이 침입했다, 오버!' 하는 정보를 림프구에게 전달하는 것이다.

● 항체는 항원과 결합하여 항원을 꼼짝 못하게 하여 독성을 없앤다.

이때 항체는 특정 항원과만 결합한다. 이를 항원 입장에서 얘기하면, 모든 항체의 공격을 무차별적으로 받는 것이 아니라, 어떤 항원은 그 항원에 대항하는 항체의 공격만 받는다는 뜻이다.

가령 인플루엔자 바이러스에 대항하는 항체는 인플루엔자 바이러스(이것이 항원) 하고만 결합하고, 에이즈 바이러스와는 결합하지 않는다. 또 꽃가루(이것도 항원)는 꽃가루에 대항하는 항체와는 결합하지만, 집 먼지(이것도 항원으로, 그 본체는 진드기)에 대항하는 항체와는 결합하지 않는다.

이와 같이 항원과 항체는 마치 열쇠와 열쇠구멍처럼 1 대 1로 대응한다. 이런 성질을 '특이성이 높다' 고 표현한다. 이와 같은 항체의 성질은 다양한 검사에 이용되기도 한다. 예를 들면 혈액 속의 꽃가루에 대한 항체의 양을 조사하

::: 엄마는 만능 요리사!

::: 인간은 적은 수의 유전자로 1억 종류의 항체를 만들어 낼 수 있다.

면, 꽃가루 알레르기 정도를 파악할 수 있다.

● 항체는 그것에 대응하는 항원과만 결합하는 특이적인 반응을 한다.

항체는 특이성이 높기 때문에, 항원이 1억 종 있다면 항체도 역시 1억 종 존재한다. 요컨대 사람은 1억 개의 항체 단백질을 만들어낼 수 있다는 말이다.

그런데 1억 개나 되는 항체 유전자를 갖게 되면 유전자 크기가 엄청나게 커지고 만다. 하지만 이에 대한 대비책 역시 우리 몸은 갖고 있다.

그런데 좀 엉뚱한 얘기인데, 혹시 여러분은 몇 가지 종류의 요리를 만들 수 있는지?

난 요리 전문가는 아니지만, 1만 가지 종류의 요리를 만들 수 있다. 게다가 풀 코스 디너로.

∷ 너무 헷갈려!

∷ 자기면역성 질환은 자신의 조직을 비자기로 인식해서 공격을 퍼붓는 질환이다. 파블로프(강아지)는 집에 침입한 도둑을 멋지게 잡았다. 하지만 도둑과 비슷한 옷차림을 한 아버지까지 물고 말았다.

지금쯤 '에이, 거짓말?' 하며 비웃는 독자도 있을 테지만, 정말이지 진짜다!

내가 만들 수 있는 요리는 샐러드가 10종류, 수프가 10종류, 메인 요리가 10종류, 디저트가 10종류, 해서 총 40가지이다. 이를 조합하면 몇 가지 종류의 디너를 만들 수 있을까?

정답은 10의 4승 가지. 즉 1만 가지 종류의 디너를 만들 수 있다. 이처럼 40종의 요리만 알고 있어도 1만 가지의 요리를 만들 수 있는 것이다.

항체 생산도 이와 마찬가지로, 실제 우리 인간의 경우 5군(群)의 유전자에서 대략 1억 종류의 항체를 만들어낼 수 있다. 이런 메커니즘을 해명한 학자는 도네가와 스스무(利根川進, 1939~, 일본의 면역유전학자) 박사로, 그 공적을 인정받아 1987년 노벨 생리·의학상을 수상했다.

● 인간은 1억 종류의 항체를 만들 수 있다.

알레르기

정상적이라면 일어나서는 안 되는 면역반응, 즉 필요 이상의 지나친 면역반응이 바로 '알레르기(allergy)' 이다. 예를 들면 인체에 그다지 해를 끼치지 않는 꽃가루나 진드기에 대해 지나친 과잉반응을 보이거나, 자기로 인식해야 할 조직을 비자기로 인식해서 이를 공격하는 면역반응이다. 후자를 특히 '자기면역성 질환' 이라고 하여 따로 분류하는 경우도 있다.

'자기면역성 질환' 의 대표적인 예를 든다면 기관지 천식이 있다. 이는 과잉 면역반응의 결과가 폐에서 발생한 질환이다. 비정상 면역반응이 코나 눈에 생기면 화분증(花粉症, 꽃가루 알레르기), 피부에 생기면 아토피성 피부염, 관절에 생기면 관절 류머티즘이 된다. '교원병(膠原病, collagen disease, 병리조직학적으로 혈관의 결합조직에 팽화膨化, 괴사 따위의 변화가 발견되는 모든 질환)' 이라는 질환도 대표적인 자기면역성 질환의 하나이다.

● 인체에 악영향을 초래하는 지나친 면역반응이 알레르기이다.

physiology 05 소화

소화기로 떠나는 여행

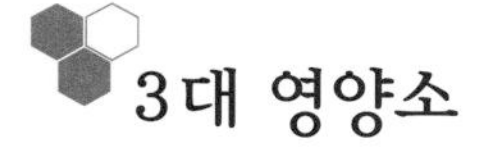

3대 영양소

인간은 살아가기 위한 에너지원을 음식물에서 섭취하고 있다. 이때 에너지원이 되는 대표적인 영양소가 탄수화물 · 단백질 · 지방인데, 이를 3대 영양소라고 한다.

탄수화물은 당(특히 포도당)이, 단백질은 아미노산이 모여 만들어진 것이다. 지방의 대표주자는 중성지방이며, 중성지방의 주성분은 지방산이다.

소화기의 주된 임무는 음식물에 포함된 탄수화물, 단백질, 지방을 흡수하는 것이다. 그런데 유감스럽게도 음식물을 그 자체로는 그대로 흡수할 수가 없다. 그래서 흡수 가능한 형태로 분해해서 천천히 흡수할 수밖에 없다.

요컨대 소화란 필요한 영양소를 흡수하기 위해 꼭 필요한 작업이다. 쉽게 얘기해서 탄수화물을 포도당으로, 단백질을 아미노산으로, 지방을 지방산으로 분해하는 것이 바로 소화이다(그림 1).

- 소화기에서는 탄수화물을 포도당으로, 단백질을 아미노산으로, 지방을 지방산으로 분해한다.

소화기

소화기는 ① 구강 · 식도 · 위 · 장, ② 간 · 담낭 · 췌장 등의 두 그룹으로 나눌 수 있다. ① 그룹은 음식물이 통과하는 관문으로 소화관이라고 한다.

소화기를 움직이는 것은 자율신경 중 부교감신경이다. 호르몬도 이에 관여하고 있는데, 여기서는 우선 부교감신경에 대해 알아보도록 하자.

부교감신경이 흥분하면 소화기의 활동이 활발해진다. 즉 소화액의 분비가 늘어나고 위장의 움직임도 빨라진다. 소화액으로는 타액, 위액, 담즙, 췌액, 장액이 있는데, 모두 부교감신경의 흥분으로 분비량이 증가한다.

- 소화기를 움직이는 것은 부교감신경이다.

::: 그림 1 _ 소화의 구조 : 소화란 절단이다

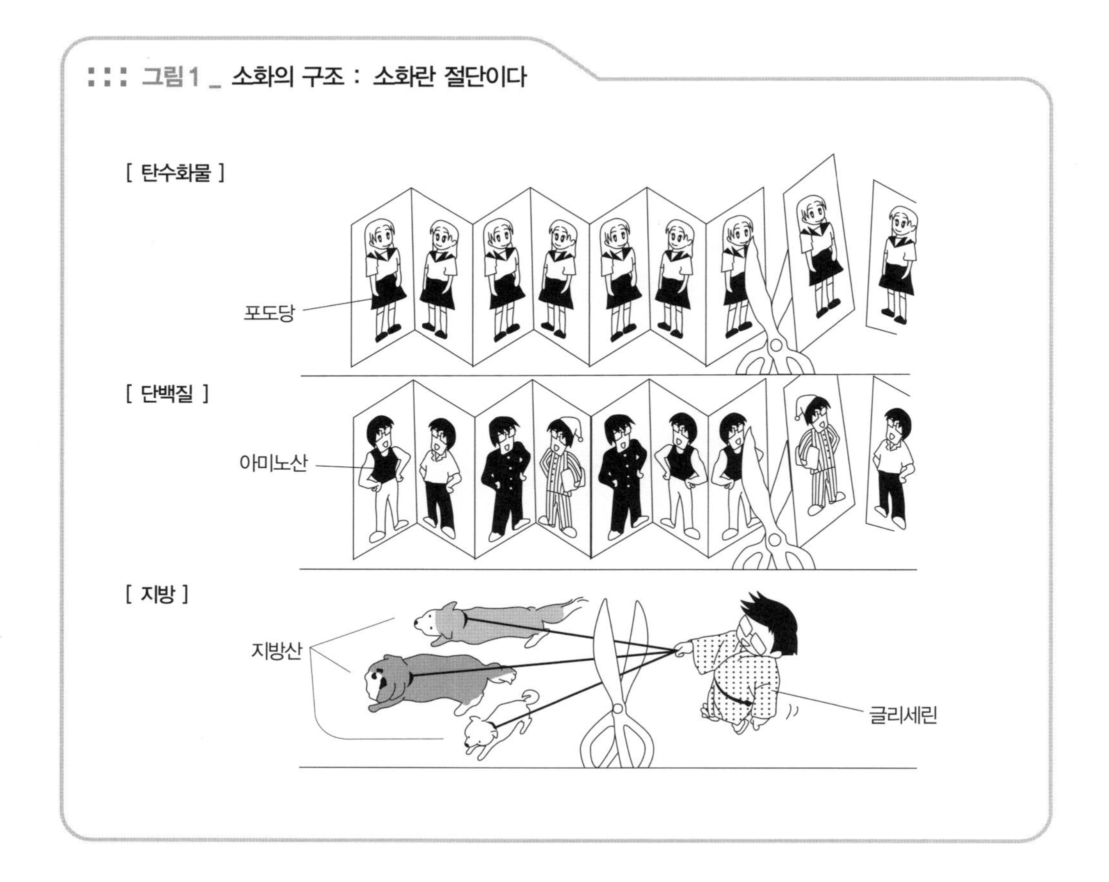

위

위(胃, stomach)는 음식물의 소화를 담당하는데, 위 자체는 소화되지 않는다. 왜냐하면 위는 점액을 분비해서 점막 표면을 덮어 스스로를 보호하기 때문이다.

위액의 성분은 점액, 펩신, 염산(위산)으로 구성되어 있다(그림 2).

점액은 음식물을 소화하기 위해서보다는 위 자체를 보호하기 위해 분비된다. 또 펩신(pepsin)은 단백질 분해효소로, 중성보다는 산성 상태의 환경에서 더 활발하게 활동한다. 염산은 위 내부를 산성화시킴으로써 펩신의 활동을 도와주고 있는데, 살균작용도 겸하고 있다.

철이나 비타민 흡수에도 이 위액이 관여하고 있는데, 그 과정이 매우 복잡한 관계로 그 부분은 다음 기회에 공부하기로 하자.

- 위액 가운데 점액은 위 점막 표면을 덮어 위를 보호하는 작용을, 펩신과 염산은 소화를 돕는 작용을 한다.

::: 그림 2 _ 위액의 두 가지 기능

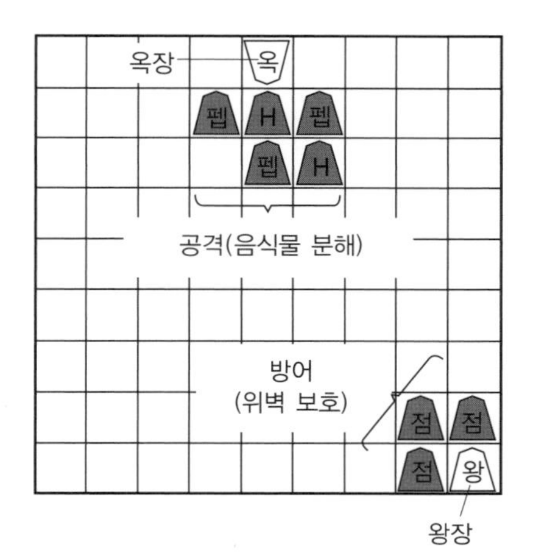

- 위액은 음식물을 분해함과 동시에 자신의 위가 분해되지 않도록 보호하는 작용도 하고 있다.

'위궤양(胃潰瘍)' 이란 위 자체가 소화되어 위에 구멍이 난 상태를 말한다. 가벼운 궤양이라면 살짝 구멍이 생긴 정도지만, 중증의 경우 구멍이 깊게 파여 위 외면에까지도 손상을 줄 수 있다.

운 나쁘게도 굵은 혈관이 존재하는 곳에 위궤양이 생기면 대출혈이 일어난다. 위 안에서 출혈이 일어나 그 혈액을 토해내는 것을 '토혈(吐血)' 이라고 한다. 참고로, 폐에서 나온 혈액을 토해낼 때는 '객혈(喀血)' 이라고 한다. 또 소화기관 안에서 출혈이 일어난 경우에는 출혈 장소에 상관없이 마지막에는 항문으로 나오게 되는데, 이를 '하혈(下血)' 이라고 한다.

여기까지 읽고 나면 여러분도 대충 위궤양 치료제가 어떤 역할을 하는지 짐작할 수 있을 것이다. 위궤양은 자신의 위를 소화시켜서 생긴 질환이다. 그렇다면 자신의 위가 소화되지 못하도록 조치를 취하는 것이 바로 위궤양 치료인 셈.

위액에는 점액, 펩신, 염산이 들어 있으므로 위궤양 치료제로는 점막 보호제(점액의 대타 역할), 산의 중화제, 나아가 펩신이나 염산의 분비를 억제하는 약 등 그 종류가 수없이 많이 있다.

- **위 자체가 소화된 경우가 위궤양이다.**

'헬리코박터 파일로리(*Helicobacter pylori*)' 라는 이름의 세균이 위에서 발견되었다. 이 균은 암모니아를 분비할 수 있는 능력이 있고, 자신의 주변을 중화시켜 위산으로부터 스스로를 꿋꿋하게 지킨다. 그런데 이 균이 위궤양과 밀접한 관련이 있다는 보고가 있어서, 이 균을 죽이기 위한 항생물질이 위궤양 치료제로 확립되고 있다.

- **위궤양의 원인 가운데 하나는 헬리코박터 파일로리라는 세균 때문이라는 연구 보고가 있다.**

십이지장

음식물 덩어리는 입과 위에서 잘게 부서지고, 타액이나 위액과 잘 버무려져

흐물흐물한 반유동성 죽이 된다. 위에서는 이 죽을 조금씩 십이지장(十二指腸, duodenum, 샘창자)으로 내려보낸다(그림 3). 이때 이동 시간은 음식물의 종류에 따라 천차만별인데, 짧게는 몇 분에서 길게는 3~6시간 정도의 시간이 소요된다.

위를 통과한 죽은 산성이지만, 십이지장에서 알칼리성 췌액(膵液, 이자액)과 담즙이 서로 뒤죽박죽 섞이다 보니 결과적으로는 약알칼리성이 된다. 췌액에는 탄수화물 · 단백질 · 지방을 분해하는 강력한 소화효소가 들어 있다. 담즙에는 소화효소는 없지만, 지방을 젖처럼 묽게 유화(乳化)시켜 췌액 속의 리파아제(lipase, 지방의 소화효소)의 작용을 보좌해준다. 지방은 그 자체로는 물에 녹지 않아서 물과 분리된 기름방울 상태로 존재하는데, 그 상태에서는 리파아제가 작용할 수가 없다.

- **췌액에는 탄수화물 · 단백질 · 지방의 소화효소가 들어 있다.**

::: 그림 3 _ 소화기

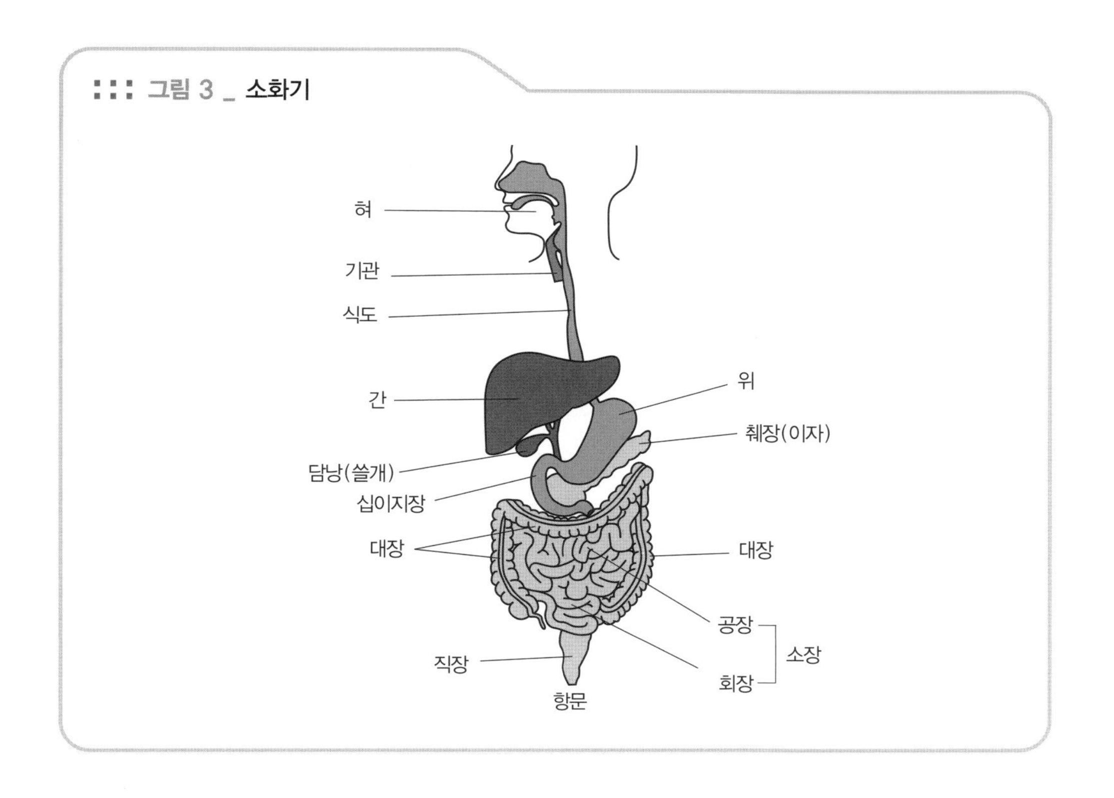

담즙(膽汁, 쓸개즙)은 간에서 만들어져 담낭(쓸개주머니)이라는 주머니에 저장되고 농축된다. 그리고 식후에 담낭이 수축을 시작하면 농축된 담즙이 십이지장에서 분비된다. 그런데 만약 수술을 통해 담낭을 떼어내면 어떻게 될까? 담즙이 농축되지 못하고 묽은 상태에서 그대로 계속 흘러나오게 된다. 그러나 그렇다고 해서 소화 흡수의 효율 면에서 그리 큰 변화가 생기는 것 같지는 않다. 즉 담낭이 없어도 건강에 치명적인 영향을 미치는 것 같지는 않다.

● 간에서 만들어진 담즙은 담낭에 저장 · 농축되었다가 식후에 분비된다.

소장과 대장

소화된 영양분을 흡수하는 주된 장소는 소장(小腸, small intestine, 작은창자)이다. 위에 가까운 쪽을 공장(空腸, 빈창자), 대장에 가까운 쪽을 회장(回腸, 돌창자)이라고 부르지만, 공장과 회장의 경계가 칼로 베듯 명확하지는 않다. 장에서는 많은 양의 장액(腸液)이 분비되지만, 장액 자체에는 소화효소가 없다.

소화효소는 소장 점막의 세포 표면에 착 달라붙어 존재한다. 영양소를 흡수하는 세포에 밀착되어 최종 단계의 소화, 즉 토막토막 절단된 단백질과 탄수화물이 하나하나의 아미노산과 하나하나의 포도당으로 분해되어 점막 세포 안으로 흡수되도록 돕는다.

● 소화의 최종 단계는 소장 점막의 세포 표면에서 이루어진다.

대장(大腸, large intestine, 큰창자)에서는 영양소가 흡수되는 경우는 거의 없지만, 수분 흡수가 이루어져 서서히 수분이 빠지게 된다. 즉 대변이 완성되는 셈!

소장에도 대장균 등의 세균이 득실득실 존재하지만, 대장에는 더 많은 종류의 세균이 공생하고 있다. 즉 인간은 이들 세균과 공존하며 살고 있는 것이다.

대장으로 내려온 찌꺼기는 대장 안에서 공존하고 있는 장내(腸內) 세균이 분해한다. 즉 장에서 분비되는 소화효소로 분해되는 것이 아니라, 장내에 존재하는 세균(대장균)의 힘으로 분해되는 것이다. 이를 발효 혹은 부패라고 하는데,

그 의미는 거의 비슷하다. 대변 특유의 고약한 냄새는 이 발효와 부패 과정에서 발생한다. 세균 가운데는 이 과정에서 발암성 물질이나 독성 물질을 생산하는 경우도 있다.

요구르트에 들어 있는 비피더스균은 유산균의 일종으로 당을 분해해서 유산(乳酸, 젖산)이라는 산을 만든다. 그런데 이 산은 병원성 세균 등의 증식을 억제하는 작용을 한다. 즉 비피더스균은 발암성 물질을 방출하는 세균 증식을 억제함으로써 대장암의 발병률을 떨어뜨린다.

어린 유아의 경우에는 장내에 비피더스균이 많지만, 나이가 들수록 그 수가 줄어든다고 한다.

● 대장에서는 대장균의 활동으로 발효나 부패가 일어난다.

장에서는 다양한 패턴의 수축운동이 일어나는데, 대표적인 것이 '연동운동'으로 음식물을 항문 쪽으로 밀어낼 수 있도록 수축 · 이완한다.

장의 운동은 장의 민무늬근(평활근)이 수축과 이완을 반복하여 일어나는 것으로, 이 활동도 소화액 분비와 마찬가지로 부교감신경의 흥분으로 활발해진다. 너무 강한 수축은 통증을 야기하기도 한다. 배가 주기적으로 살살 아픈 경우는 대개 장의 강력한 연동운동 탓. 이런 종류의 복통에는 연동운동을 멈추게 하는 약, 즉 부교감신경의 활동을 억제하는 약이 효과가 있다.

● 장의 연동운동은 부교감신경에 의해 조절된다.

설사와 변비

대변에 수분 함유량이 과다한 경우 일어나는 것이 바로 설사!

설사의 원인으로는 ① 장액의 분비량이 과다하게 증가한 경우, ② 음식물이 대장을 너무 빨리 통과한 경우 등을 들 수 있다. ①은 병원성 세균에 기인하는 경우도 있지만, 단순 소화불량이나 흡수장애로도 일어난다. 예를 들어 우유를 너무 많이 마셨을 때 발생하는 경우가 그 대표적인 사례.

②는 쉽게 말하자면 지나친 연동운동이 그 원인이다. 배가 냉하거나 정신적인 원인 혹은 자율신경의 이상으로 연동운동이 항진한 것이다(장운동은 부교감신경에 의해 조절된다).

그렇다면 설사를 멈추게 하려면 어떻게 해야 할까?

장의 연동운동을 억제하는 방법이 있다. 그렇지만 식중독에 걸렸을 때 설사를 한다는 얘기는, 독소를 빨리 체외로 배출하려는 의미 있는 반응이기 때문에 무턱대고 지사제를 쓰는 것은 좋지 않다.

한편 배변 횟수가 감소한 상태를 변비라고 한다. 변이 대장에 오래 머물수록 수분이 장에 흡수되어 변이 딱딱해지고 배출이 어려워진다. 정신적인 원인으로 설사와 변비를 되풀이하는 사람도 있다.

자율신경의 이상으로도 설사나 변비가 생긴다.

소화기의 혈류

소화기에서 혈액이 순환하는 모습을 보면, 위와 장의 정맥의 흐름이 특히 인상적이다. 동맥은 골고루 평이하게 분포되어 있지만, 정맥은 위와 장에서 혈액을 모은 뒤 폐가 아닌 간으로 흐른다(그림 4). 그리고 간으로 들어가기 직전 쫙쫙 가지를 뻗어 간 속으로 가늘게 골고루 퍼져나간다. 즉 장의 정맥은 일단은 집합해서 굵어지지만, 그 뒤 다시 한번 가지를 쳐서 흩어졌다가 간으로 들어가는 것이다.

장에서 흡수된 물질(영양분이나 유해물질 등)이 들어 있는 정맥혈은 그대로 폐로 가지 않고 일단은 간을 거친 뒤 폐로 흘러 들어간다. 이 정맥을 '문맥(門脈)'이라고 부른다(그림 4, 본문 66쪽). 문맥에는 위, 소장, 대장의 대부분(직장은 제외)과 췌장 등의 정맥혈이 흘러 들어간다.

소화기의 정맥혈은 간으로 흐른다. 이 혈관을 문맥이라고 한다.

::: 그림 4 _ 문맥과 장의 혈액순환

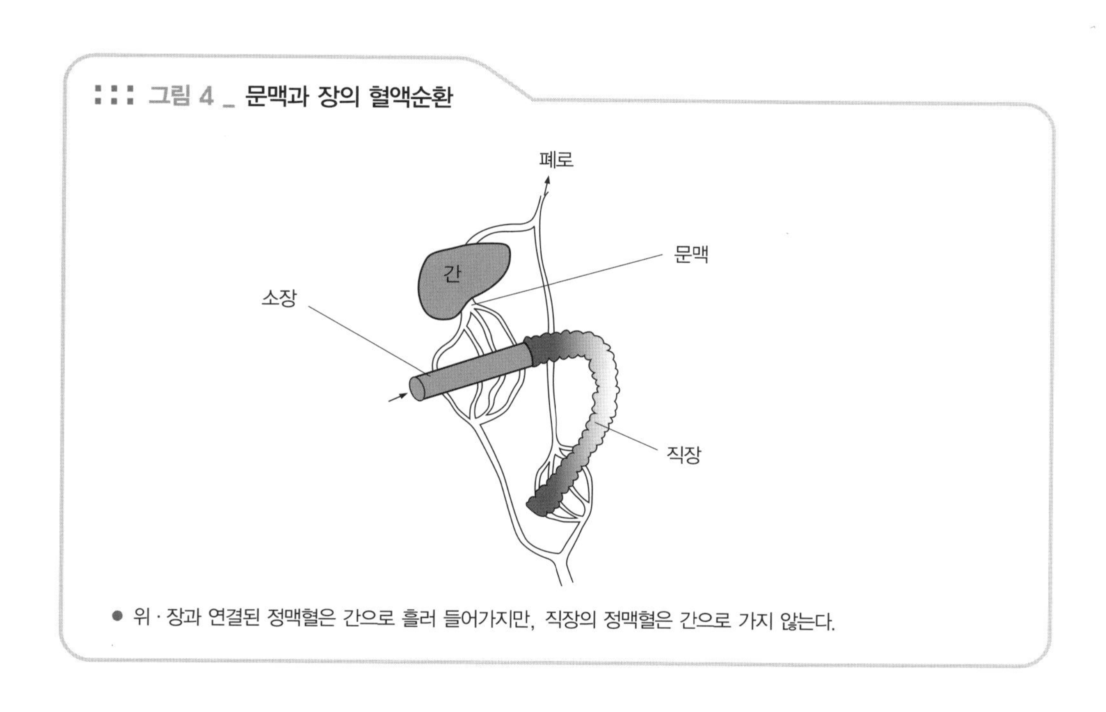

● 위 · 장과 연결된 정맥혈은 간으로 흘러 들어가지만, 직장의 정맥혈은 간으로 가지 않는다.

))) MEMO

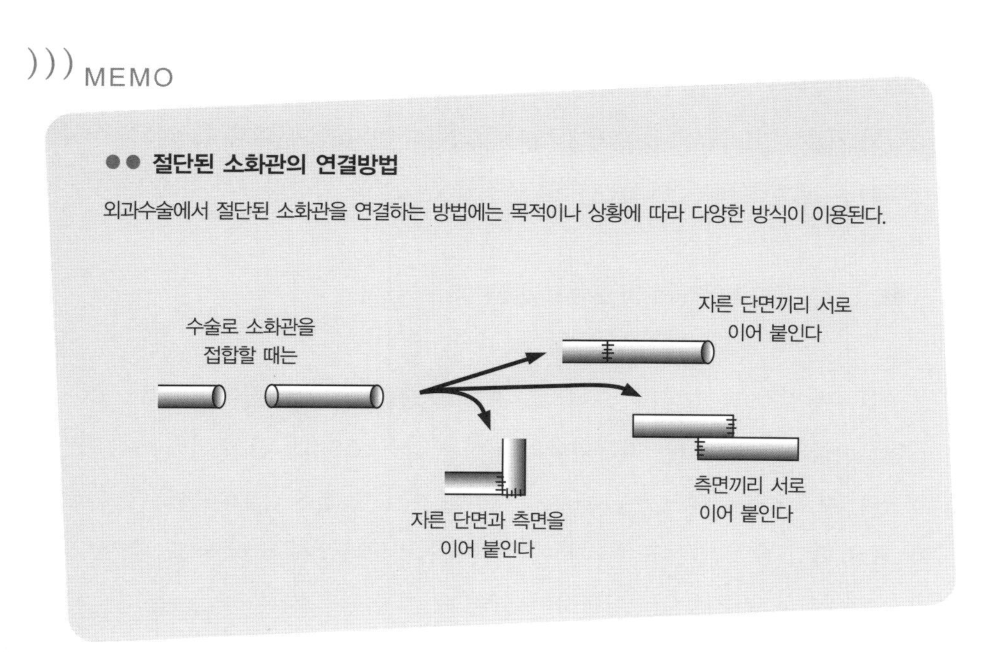

●● **절단된 소화관의 연결방법**

외과수술에서 절단된 소화관을 연결하는 방법에는 목적이나 상황에 따라 다양한 방식이 이용된다.

physiology  간의 기능

베일에 싸인 존재, 간

3대 영양소의 대사와 간

우리 몸에서 간(肝, liver, 간장이라고도 한다)이 하는 일은 무지 많다. 그런데 우리가 아직도 모르는 간의 비밀 업무도 산더미 같다고 하니, 그야말로 간은 베일에 싸인 존재가 아닐까 싶다.

간의 기본적인 기능은 물질의 분해와 합성이다. 물질의 분해와 합성을 '대사(代謝)'라고 하는데, 간에서는 어떤 물질을 분해하고 합성하는지 차례대로 살펴보자.

- 간의 기본기능은 물질의 분해와 합성이다.

우선 3대 영양소(탄수화물 · 단백질 · 지방)를 분해하고 합성한다.

탄수화물의 경우, 간은 탄수화물의 일시 저장 장소이다. 간은 혈액 속에 들어 있던 포도당을 글리코겐(glycogen, 동물의 간 · 근육 등에 함유되어 있는 탄수화물)으로 합성 저장하고, 또 유사시에는 간에 저장되어 있던 글리코겐을 포도당으로 분해해서 혈액 속으로 방출하기도 한다.

그렇지만 간에 저장된 글리코겐의 양은 몸 전체에서 본다면 그리 많은 양이 아니다. 설사 간에 저장된 글리코겐이 100g 정도 된다 해도(실제로는 좀더 적

다), 탄수화물의 칼로리는 1g당 약 4kcal이므로 저장된 글리코겐을 몽땅 합해도 400kcal밖에 되지 않는다. 400kcal의 에너지는 겨우 반나절 정도 버틸까 말까 한 적은 양이다. 이 말은 저녁밥을 먹어도 다음날 아침에는 간에 비축해두었던 글리코겐은 고갈된다는 얘기!

⚈ 간에 저장된 글리코겐은 중요한 역할을 담당하지만, 양 자체는 그리 많지 않다.

간은 지방대사에도 관여해 콜레스테롤(지방의 일종)을 합성하기도 한다. 설령 비만이나 동맥경화 때문에 콜레스테롤이 함유된 식품을 전혀 섭취하지 않는다 해도, 간에서 알아서 콜레스테롤을 만들어준다(참 고마운 일이다). 그런데 간 질환 환자의 경우, 이 콜레스테롤이 충분히 합성되지 않아서 상대적으로 동맥경화에 걸릴 우려가 적다고 한다.

콜레스테롤에 얽힌 자세한 이야기는 본문 68쪽을 참고하기 바란다.

⚈ 콜레스테롤은 굳이 따로 섭취하지 않아도 간에서 합성할 수 있다.

단백질의 경우, 매우 다채로운 대사활동이 간에서 일어난다.

우선 단백질의 합성! 간에서는 다종다양한 단백질이 만들어지는데, 그 대표주자가 혈액 속 단백질의 반 이상을 차지하는 알부민이다. 간이 나쁜 사람은 이 알부민을 제대로 합성하지 못해서 혈액 속의 알부민의 양이 줄어들고, 연쇄적으로 교질 삼투압이 저하되어, 부종이 생긴다(본문 40쪽).

또 한 가지 간에서 만들어지고 있는 중요한 단백질로는 혈액 응고인자 단백질을 들 수 있는데, 간기능이 저하되면 혈액응고 기능이 떨어져서 출혈이 잘 생긴다. 간 질환을 앓고 있는 환자는 식도나 위, 십이지장에서 출혈이 일어나기 쉽고, 일단 피가 나면 잘 멎지 않아 지혈하는 데 힘이 든다.

⚈ 간기능이 저하되면 출혈이 일어나기 쉽고, 부종이 생긴다.

간에서는 단백질의 분해도 이루어진다.

단백질의 주성분은 탄소 · 수소 · 산소와 질소! 여기서 탄수화물 · 지방과 단백질의 주된 차이점이 드러난다. 탄수화물이나 지방의 경우 질소가 들어 있지 않지만, 단백질에는 질소가 들어 있다. 탄소와 수소는 체내에서 에너지원으로 효과적으로 이용되지만, 질소는 이용이 불가능하기 때문에 체외로 버려진다.

그런데 단백질의 질소를 그대로 방치하면, 암모니아(NH_3)가 된다. 물론 암모니아는 우리 몸에 해로운 존재. 그래서 간에서는 유해한 암모니아를 무해한 요소(尿素)로 변환시킨다. 생성된 요소는 신장을 거쳐 몸 밖으로 빠져나간다.

한편 간 질환이 있는 사람은 혈액 속에 암모니아의 양이 증가하고, 그 암모니아가 뇌에 영향을 미쳐 의식이 멍해지기도 한다.

간은 암모니아로 요소로 바꾸고, 요소는 신장을 통해 체외로 배출된다.

빌리루빈 대사

간의 중요한 대사기능 중 또 하나는 적혈구와 관련된 것이다.

앞에서 수명이 다한 적혈구는 폐기처분된다는 이야기를 했다(본문 28쪽). 적혈구의 성분 중 하나인 헤모글로빈에서 철만 재활용되고 나머지는 버려지는데, 이때 폐기처분하는 작업이 바로 간에서 이루어진다.

즉 간은 헤모글로빈의 찌꺼기를 빌리루빈이라는 색소로 변환시켜서 버린다. 빌리루빈을 비롯한 여러 가지 유기물질을 배설하는 수단으로 사용되는 것이 바로 담즙이다.

산소가 착 달라붙어 있던 헤모글로빈은 빨갛지만, 빌리루빈은 갈색이다. 똥의 색깔도 갈색! 똥의 색깔이 말 그대로 '똥색'이 된 것은 빌리루빈의 갈색 덕분이다. 혈액의 헤모글로빈이 돌고 돌아 똥을 똥색, 즉 갈색으로 만드는 것이다.

똥의 색깔은 빌리루빈의 색깔이고, 빌리루빈은 헤모글로빈의 찌꺼기이다.

간이 나빠서 이 빌리루빈이 제때 폐기처분되지 못하고 몸에 쌓이면 몸 전체가 똥색, 아니 빌리루빈 색이 되고 만다. 이를 '황달'이라고 하는데, 신체 부위 중 이와 같은 이상 유무를 바로 알 수 있는 장소가 눈의 안구결막(흰자위)이다.

황달의 유무를 진찰할 때, 의사가 아래 눈꺼풀을 뒤집어 눈을 살펴보는 이유는 이 때문이다.

황달이 생기는 원인은 크게 세 가지로 나눌 수 있다. ① 적혈구에 이상이 생겨 헤모글로빈의 분해가 증가한 경우, ② 간 자체에 이상이 생긴 경우, ③ 담즙이 정상적으로 흘러 내려가지 못하는 경우이다. ③의 경우는 담석 등으로 담관(膽管)이 막혀 담즙이 십이지장으로 흘러 내려가지 못해서 담즙 색소가 혈액으로 흡수되어 황달이 생기는 경우이다. 이때는 똥의 색깔이 '화이트'가 된다. 즉 몸은 똥색으로, 똥은 석회처럼 흰색으로 변하고 만다.

- 빌리루빈이 몸에 쌓인 상태를 황달이라고 한다.

간기능 검사

혹시 간기능 검사를 받아본 적 있는지? 혈액 속의 AST(GOT), ALT(GPT) 수치가 얼마라는 이야기를 들어본 적은?

이 AST, ALT 등은 세포 안에 들어 있는 효소의 이름이다. 이 효소는 일반 세

::: 그림 1 _ 간기능 장애와 AST, ALT

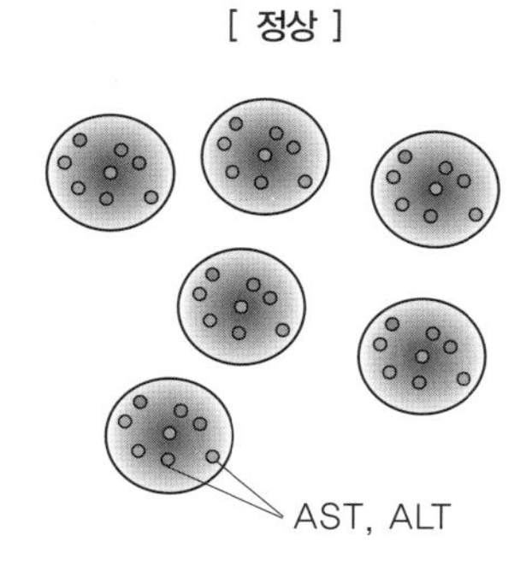

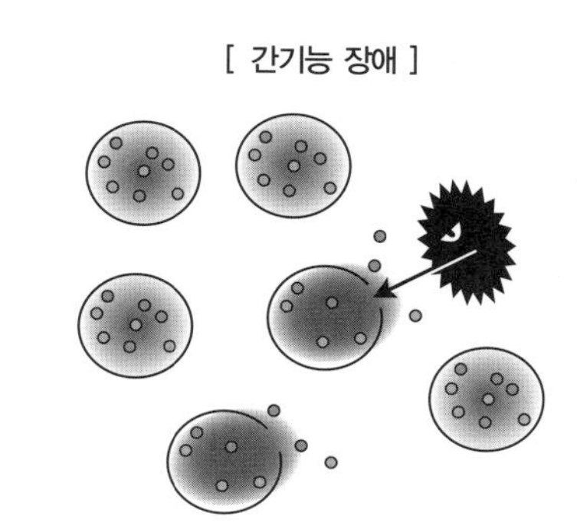

- 간세포에는 AST나 ALT가 많이 들어 있어서, 간에 이상이 생겨 간세포가 파열되면 안에 들어 있던 AST나 ALT가 혈액 속으로 새어나온다.

포에도 들어 있지만, 특히 간세포에 많이 들어 있다. 간 질환으로 간세포가 손상되면, 간세포 안에 있던 AST, ALT 등이 혈액 속으로 흘러나간다. 병든 간세포가 파열되어 세포 알갱이가 뿔뿔이 흩어진 장면(그림 1)을 상상하면 이해가 빠를 것이다.

그렇다면 반대로 혈액 속의 AST, ALT의 양을 측정하면 파열된 간세포의 수를 알 수 있지 않을까? 단 일반 세포에도 AST, ALT는 존재하기 때문에 간 질환 이외의 원인으로도 이 수치가 증가하는 경우는 얼마든지 있다.

● AST, ALT는 간세포에 많이 들어 있는 효소이다.

알코올 대사

간은 해독작용에도 관여한다.

여기서 잠시 간으로 흘러 들어가는 혈액의 흐름을 살펴보기로 하자. 위장에서 흡수한 영양분을 잔뜩 실은 혈액은 정맥을 통해 간으로 향한다. 앞에서 이 정맥을 문맥이라고 했는데(본문 56쪽), 위에서는 영양분뿐만 아니라 유해물질도 흡수하고 있다. 그런데 만약 이 유해물질이 우리 몸을 헤집고 다닌다면……. 그런 불상사를 미연에 방지하기 위해, 우리 몸은 일단 이 유해물질을 간을 경유해 그곳에서 독기를 빼낸 뒤 온몸으로 보내고 있다. 이 독기를 제거하는 작업을 '해독'이라고 한다. 해독에는 독성 자체를 저하시키는 방법과, 독물을 신장에 맘놓고 버릴 수 있는 무해한 물질로 바꾸는 방법이 있다(본문 60쪽의 암모니아의 예).

알코올 대사는 간의 해독방법 가운데 전자의 방법인, 독성 자체를 떨어뜨리는 쪽이다. 따라서 지나친 음주는 그만큼 간에 부담을 줄 수밖에 없다.

● 알코올 대사도 간에서 이루어진다.

그럼 독물(?)의 대표주자인 알코올 대사에 관여하는 간의 활동을 알아보자(그림 2).

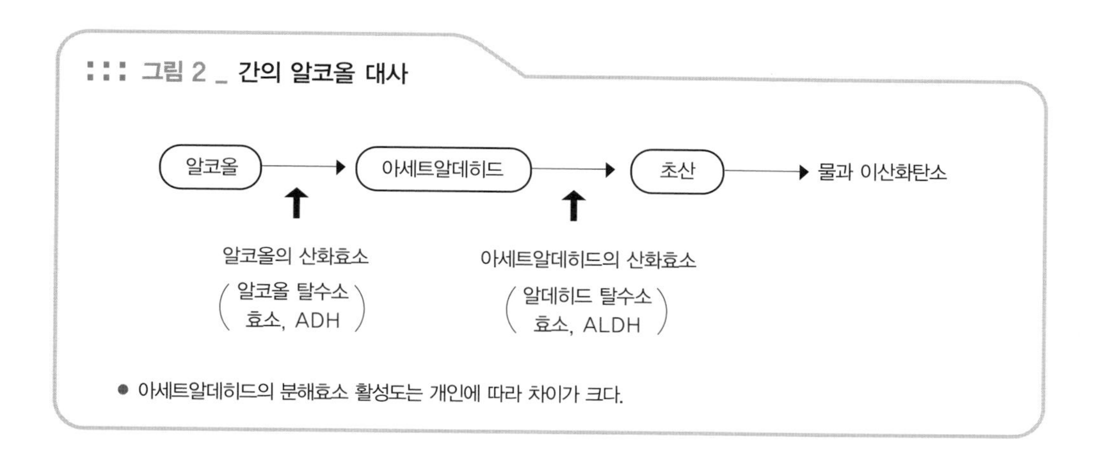

우선 거나하게 마신 술의 알코올 성분은 위나 소장에서 흡수된 뒤 문맥을 경유해 간에 도착한다. 간세포에는 알코올을 분해하는 효소가 있어서, 이 효소가 알코올을 산화시켜 아세트알데히드(acetaldehyde)로 만든다. 간세포에는 또 아세트알데히드를 분해하는 효소도 있어서, 아세트알데히드를 산화시켜 초산(酢酸)으로 만든다. 초산은 재빠르게 물과 이산화탄소로 분해된다.

● 알코올은 간에서 산화되어 아세트알데히드를 거쳐 초산이 된다.

알코올은 신경세포(뉴런, 본문 137쪽)의 흥분을 억제한다. 이른바 마취와 흡사한 작용이 있어서 뇌 활동을 억제하고 '알딸딸한' 분위기를 연출한다.

술을 마시면 뇌 활동 가운데 이성이나 판단력이 흐려진다. 때문에 이성보다는 본능에 따라 행동하게 되고, 정상적인 판단이 어려워진다. 경우에 따라서는 기분이 아주 좋아지는 사람도 있다.

혈액 속의 알코올 농도가 상승하면 지각(知覺), 운동, 호흡과 관련된 뇌중추 기능도 저하되어 심하면 호흡부전으로 사망에 이르는 경우도 있다. 바로 원샷의 급성 알코올 중독이 호흡부전을 야기하는 경우이다. 하지만 실제로 급성 알코올 중독으로 사망한 경우를 보면 호흡중추 마비보다는 토사물이 기관(氣管)을 막아 질식사한 경우가 훨씬 많다. 만약 술자리에서 친구가 급성 알코올 중독 증상을 보인다면, 고개를 모로 누일 것. 절대 바로 눕히면 안 된다. 그리고 눈을 떼지 말 것. 만약 토했다면 입 안의 토사물을 깨끗하게 제거해주어야 한다. 물론 그 지경에 이를 때까지 마시지 않는 것이 더 중요하지만.

간의 알코올 처리능력은 1시간에 정종 3분의 1홉(맥주 큰 병으로 1/3 분량, 1홉은 180ml) 정도밖에 되지 않는다. 즉 정종을 4홉 마셨다면, 12시간의 처리시간이 소요되어 다음날까지 알코올이 남아 있게 된다.

● 알코올은 뇌의 활동을 교란시킨다.

알코올은 간에서 산화되어 아세트알데히드가 된다. 이 아세트알데히드가 바로 숙취의 원인 물질이다. 술을 마신 뒤 얼굴이 벌겋게 되거나, 동계(動悸, 심장의 고동이 보통 때보다 심하여 가슴이 울렁거리는 일)·구토·두통 등을 야기하는 주범도 바로 이 아세트알데히드.

::: 난 알코올이 좋아!

:::
알딸딸 기분 좋게 하는 건 알코올, 숙취를 유발하는 건 아세트알데히드이다. 우리 엄마는 누구도 못 말리는 애주가!

아세트알데히드를 분해하는 효소는 태어날 때부터 그 세기(강도)가 정해진다고 한다. 효소의 활성도는 그 정도에 따라 강함 · 약함 · 매우 약함의 세 가지로 나눌 수 있다. 백인과 흑인의 경우 100% 이 효소 활성도가 뛰어나지만 황인종의 경우 효소 활성도가 약한 사람, 즉 술에 약한 사람이 있다. 일본인의 경우에는 효소 활성도가 강한 사람이 56%, 약한 사람이 40%, 매우 약한 사람이 4% 정도 존재한다.

요컨대 술에 강한 사람이 있는가 하면 약한 사람도 있다는 것이다. 게다가 술의 세기는 유전적으로 정해진다. 술에 약한 사람은 선천적으로 타고난 것이기 때문에 아무리 술을 많이 마셔도 술에 강해질 수 없다. 그러니 괜히 과음하지 말고 적당하게 마시자!

참고로, 술에 강한 사람은 알코올 의존증에 걸리기 쉬우므로 주의하는 것이 좋다.

● 숙취의 주범은 아세트알데히드이다.

그렇다면 약과 술을 같이 마시면 어떻게 될까?

간에서는 알코올 처리에 정신이 없어서 약물대사, 즉 약의 분해에까지 신경을 쓰지 못한다. 따라서 약의 효과가 강하게 오래 지속되는 경우가 생긴다. 가령 수면제와 술을 같이 복용하면 수면제의 분해가 지체되어 약 기운이 오래간다. 이와 같은 행동은 다량의 수면제를 한꺼번에 복용하는 것과 같은 위험한 상황을 만드는 것이다. 즉 약물대사로 인한 호흡중추 기능 저하와, 거기에 알코올에 의한 호흡중추의 기능 저하까지 더해져 사망에 이를 수도 있다.

● 술과 약을 같이 복용해서는 안 된다.

문맥과 좌약

이번에는 좌약(座藥) 이야기!

소화관에서 흡수되는 약제 가운데는 알약, 가루약도 있지만 좌약도 있다. 알약은 입으로 복용해 위나 소장에서 흡수된다. 반면에 좌약은 항문에 삽입하면 직장에서 흡수된다.

그럼, 알약과 좌약이 흡수된 뒤 피를 타고 어떻게 우리 몸을 순환하는지 그 차이를 살펴보자.

먼저 본문 57쪽의 〈그림 4〉를 다시 한번 보자. 위에서 흡수된 약은 문맥을 통과해 간으로 간다. 간에서 대사가 이루어진 후 폐로 가고, 그리고 온몸으로 퍼진다. 보통 간에서 대사가 이루어지면 약의 효과는 반감하고, 더욱이 간에서는 불필요한 해독 작업도 해야 한다. 때로는 약의 부작용으로 간기능 장애가 올 수도 있다. 즉 약을 입으로 꿀꺽 삼키면 약의 효과는 반감되고, 간에도 부담을 줄 수 있다는 뜻.

그렇다면 좌약의 경우는 어떨까? 직장의 정맥혈은 문맥과 합류하지 않고 다리 정맥과 합류해서 그대로 폐로 간다. 즉 좌약은 간을 경유하지 않고 온몸으로 퍼진다. 결과적으로 약의 효과가 반감되지 않고, 간에도 크게 부담을 주지 않는다.

이와 같이 좌약으로 약을 투여하는 방법은 투여량도 줄일 수 있고, 간기능 장애도 줄일 수 있는 훌륭한 약제 투여법이다.

알코올을 입으로 마시지 말고 항문으로 주입하면 바로 취기가 돈다는 우스갯소리를 들은 적이 있다. 이치야 그럴듯하지만, 실제로 실험한 적이 없으니 그 진위는 나로서도 알 수 없는 터. 그런데 그와 같은 방법으로는 목젖을 타고 내려가는 술의 참맛을 느낄 수 없으니 좀 아쉽지 않을까?

● 좌약은 간을 경유하지 않고 그대로 온몸으로 퍼진다.

간이식

중증 간 질환 치료법으로 간이식(肝移植)이 시행되고 있다. 현재 일본에서는 살아 있는 사람의 간 일부를 떼어내어, 떼어낸 간을 환자에게 이식하는 방법(이를 생체부분간이식이라고 한다)이 주로 시술되고 있다.

간은 재생력이 탁월해서 일부를 떼어내도 바로 분열증식하여 원래 크기로 돌아온다(간세포의 줄기세포와 관련된 사항은 본문 211쪽을 참고하기 바란다).

게다가 간은 장기이식을 할 때 발생하는 거부반응이 적다고 한다. 그 이유에 대해서는 아직 정확히 밝혀지지 않고 있다.

- 간은 재생력이 탁월하다.

physiology  콜레스테롤

콜레스테롤의 두 얼굴

지질과 콜레스테롤

지질에는 수많은 종류가 있는데, 우선 중성지방, 콜레스테롤(cholesterol), 인지질, 이 세 가지를 기억해두자. 이 가운데 중성지방을 '트리글리세리드(triglyceride)'라고도 한다. 우리가 흔히 '지방'이라고 할 때는 지질 전체를 지칭하는 경우와 중성지방만을 가리키는 경우가 있다.

지방조직이란 지방세포로 불리는 세포의 집단이다. 중성지방은 이 지방세포 내에 대량 축적되어 있다. 인지질은 세포막의 주성분이다. 여기에서는 콜레스테롤에 대해 중점적으로 알아보기로 하자.

지질의 주성분은 중성지방, 콜레스테롤, 인지질이다.

'콜레스테롤은 동맥경화의 원인'이라는 얘기를 많이 들어봤을 텐데, 콜레스테롤 하면 몸에 매우 해로운 '독'으로 여겨져온 것이 사실이다. 확실히 혈중 콜레스테롤 농도가 높은 사람은 동맥경화에 걸리기 쉽다. 하지만 콜레스테롤은 매우 훌륭한 에너지원이자 세포막의 성분이며, 부신피질 호르몬(코티솔 cortisol, 알도스테론 aldosterone 등)의 원료로 쓰이는 등 우리 몸에서 굉장히 중요한 기능을 담당하고 있다.

콜레스테롤은 음식물로도 섭취할 수 있지만, 인간의 경우 체내 콜레스테롤의 약 80%는 스스로 합성한다(본문 59쪽). 콜레스테롤의 합성은 모든 세포에서 이루어지지만, 특히 간에서 가장 많은 양의 콜레스테롤이 합성되고 있다.

- 콜레스테롤의 대부분은 체내에서 합성되며, 간에서 가장 활발하게 합성된다.

리포 단백질

지질 자체는 물에 녹지 않는다. 물에 녹지 않는 불용성(不溶性) 물질이 혈액 속에 그대로 존재한다면 엄청난 사태(예를 들면 혈관이 막힌다)가 벌어질 건 불 보듯 뻔한 일. 때문에 지질은 혈액 속에서 언제나 혈장 단백질과 결합되어 있다. 즉 단백질 덕분에 지질은 혈액 속에서 '물에 녹은 상태'로 비로소 존재할 수 있는 것이다.

지질과 단백질의 결합체를 총칭해 '리포 단백질(lipoprotein, 지방 단백질)'이라고 한다. 달리 표현하면 리포 단백질이란 지질의 운반책이다.

지질은 물보다 가볍고 단백질은 물보다 무겁기 때문에, 지질과 단백질의 결합체인 리포 단백질의 경우, 지질과 단백질의 비율에 따라 그 무게(비중)가 가벼운 것에서부터 무거운 것까지 다양한 형태가 존재한다.

따라서 혈액 속의 리포 단백질을 비중으로 분류하여 비중이 가벼운 리포 단백질을 LDL, 비중이 무거운 리포 단백질을 HDL이라고 한다.

한편 LDL 단백질과 HDL 단백질은 단백질의 종류가 다르다.

- 리포 단백질 가운데 비중이 가벼운 것을 LDL, 비중이 무거운 것을 HDL이라고한다.

콜레스테롤의 이동

콜레스테롤도 단백질과 결합해서 혈액 속을 이동한다. 단백질과 결합한 콜레스테롤은 크게 LDL 콜레스테롤과 HDL 콜레스테롤로 나누어진다.

비유해서 말한다면 단백질은 트럭, 콜레스테롤은 짐이라고 할 수 있다. 짐을 가득 실은 트럭은 세포를 통과할 때마다 콜레스테롤을 수집 · 분배 해나간다. 여기서 트럭은 콜레스테롤을 나누어줄 뿐 아니라, 모으는 작업도 한다는 점에 주목하자. 콜레스테롤을 나누어주는 트럭(과 짐)은 LDL 콜레스테롤, 콜레스테롤을 모으는 트럭(과 짐)은 HDL 콜레스테롤이다.

장에서 흡수되거나 간세포에서 만들어진 콜레스테롤은 트럭에 가득 실린다. 이것이 바로 LDL 콜레스테롤이다. 이 트럭은 쌩쌩 달리면서 도중에 세포에게 그 짐을 나누어준다. 또 다른 트럭은 달리는 도중에 세포로부터 짐을 받기도 한다. 이것이 HDL 콜레스테롤이다. 그러므로 LDL 콜레스테롤의 단백질과 HDL 콜레스테롤의 단백질은 전혀 별개의 것이다.

- 말초조직에 콜레스테롤을 나누어주는 것은 LDL 콜레스테롤, 말초조직에서 콜레스테롤을 받아들이는 것은 HDL 콜레스테롤이다.

그럼 이번에는 콜레스테롤이 과다한 경우를 생각해보자.

트럭에 더 이상 짐을 실을 곳이 없을 정도로 트럭이 포화 상태인 경우, 대부분의 세포는 이미 충분한 양의 콜레스테롤을 갖고 있어서 더 이상 콜레스테롤을 원치 않는다. 하지만 트럭에 짐(콜레스테롤)이 과다하게 실려 있을 때는 상대 세포가 짐이 더는 필요 없다고 아무리 외쳐도 무리하게 짐을 내려놓고 가는 경우도 생긴다. 울며 겨자 먹기 식으로 짐을 떠맡은 세포가 가령 동맥세포라면, 남아도는 콜레스테롤이 혈관에 침착해서 그 결과 동맥경화에 걸리고 만다.

- LDL 콜레스테롤이 과다하면 동맥 등에 콜레스테롤이 쌓인다.

좋은 콜레스테롤과 나쁜 콜레스테롤

콜레스테롤에는 좋은 콜레스테롤과 나쁜 콜레스테롤, 두 종류가 있다.

앞에서 얘기했듯이, LDL 콜레스테롤은 말초조직에 콜레스테롤을 건네주고, 그 결과 동맥경화를 유발하기 때문에 나쁜 콜레스테롤! 반면에 HDL 콜레스테

::: 그림 1 _ HDL과 LDL

● LDL 콜레스테롤은 동맥세포 등에 무리하게 콜레스테롤을 두고 간다.

● HDL 콜레스테롤은 동맥세포 등에 있던 콜레스테롤을 제거해준다.

롤은 말초조직의 콜레스테롤을 감소시키고, 그 결과 동맥경화를 예방하기 때문에 좋은 콜레스테롤이라고 한다.

물론 이렇듯 단순하게 구분짓는 것이 100% 맞는다고 할 수는 없지만, 콜레스테롤을 보는 기본적인 시각으로서는 충분하지 않을까 한다.

● LDL 콜레스테롤은 나쁜 콜레스테롤, HDL 콜레스테롤은 좋은 콜레스테롤이다.

))) MEMO

●● 생활습관병

동맥경화, 고혈압, 당뇨병 등의 질병을 모아서 '생활습관병'이라고 한다. 예전에는 성인병이라고 불렀지만, 최근에 생활습관병으로 그 명칭이 바뀌었다(한국의 경우 2003년 3월 대한내과학회가 '성인병'을 '생활습관병'으로 개칭했다). 식생활이나 운동 등의 생활습관이 원인인 경우가 많기 때문에 이와 같이 부르게 된 듯하다(생활습관에서 기인하지 않는 경우도 많아서, 나는 개인적으로 이 명칭을 그리 선호하는 편은 아니다).

physiology  비만과 다이어트

혹시 당신도 마른 비만 환자?

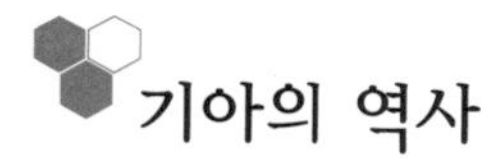

기아의 역사

야생동물은 언제나 먹이에 굶주려 있는 상태에서 살고 있다. 그렇다면 만약 먹이가 지천에 널려 있다면, 야생동물도 비만에 걸릴까? 실은 그렇지 않다. 야생동물은 결코 비만에 걸리지 않는다. 이유인즉, 먹이 수만큼 개체 수가 늘어나기 때문이다. 우선 먹이 수가 늘어난 만큼 야생동물 전체의 개체 수가 늘어난다.

그러나 개체 수가 늘어난 만큼 먹이는 부족해지므로 이 단계가 되면 약자부터 굶어죽기 시작한다. 그러다가 적정 수준까지 개체 수가 줄어들게 되는 식으로 적당한 개체 수가 자연스럽게 조절된다.

● 야생동물은 비만에 걸리지 않는다.

앞에서 얘기했듯이, 야생동물은 먹이가 널려 있는 환경에서 살고 있는 것이 아니다. 운이 좋아 배 터지게 포식하는 날이 있는가 하면, 억세게 운이 나빠 여러 날 쫄쫄 굶어야 할 때도 있다.

그렇기 때문에 야생동물은 일단 먹이를 손에 넣으면 '배 터질 때까지' 먹어둬야 한다. 필요한 칼로리 이외에 나머지는 굶주릴 경우를 대비해 몸 속에 비축해놓는다. 이때 가장 효과적인 저장 장소가 바로 지방조직이다. 지방조직이란

중성지방을 모아놓은 세포(지방세포)의 집단이다.

⚈ 지방조직은 굶주림에 대한 대비책이다.

인류가 지구에 출현한 지 수십만 년이라는 긴긴 세월이 흘렀지만, 굶주림에서 해방된 것은 불과 얼마 전의 일이다. 아니, 일부 선진국을 제외한다면 우리는 아직도 기아와 전쟁을 벌이고 있다.

따라서 우리 인체는 기아에 대비한 방어 시스템은 완벽하게 갖추어져 있지만, 과식이나 비만에 대한 대비책은 아직 제대로 마련되어 있지 않다. 또 야생동물의 경우, 여전히 먹이를 수중에 넣기 위해 언제나 수고롭게 몸을 움직여야 하는 일생을 보내고 있다. 야생동물에게 있어서 '운동 부족'은 상상도 할 수 없는 일이다.

⚈ 인간의 몸은 기아에 대비한 방어 시스템을 중심으로 만들어져 있다.

비만의 기준

그렇다면 비만이란 무엇인가?

우리 몸에는 지방조직이 반드시 있다. 이는 유사시 인간이 살아남기 위해 꼭 필요한 조직이다.

몸의 소비 칼로리와 섭취 칼로리를 저울에 달았을 때, 섭취 칼로리 쪽이 많으면 여분의 칼로리는 지방의 형태로 우리 몸에 축적된다. 이 지방조직의 양이 몸 전체에서 차지하는 비율을 '체지방률(體脂肪率)'이라고 한다. 적정한 체지방률은 남성은 10~20%, 여성은 20~30%이다(표 1). 이때 체지방률이 높은 사람을 '비만'이라고 한다. 따라서 단순히 몸무게가 많이 나간다고 해서 비만이라고 단정지을 수는 없다.

체지방률을 측정하는 것으로 비만 정도를 체크하는 것은 꽤 확실한 방법이지만, 우리 몸에서 지방의 양을 정확하게 측정하는 것은 그리 쉬운 일이 아니다. 오래 전부터 전해 내려오는 신뢰할 만한 방법의 하나로, 몸의 비중을 측정해서 그 비중에서 지방의 양을 예측하는 방법이 있다. 그런데 몸의 비중을 측정하려면 몸을 물 속에 담가 체중을 재고…… 하는 식의 상당히 전문적이고 번거로운 과정이 필요하다. 그래서 간편하게 피하지방 두께 측정법이나 초음파 · 근적외선을 이용한 피하지방 양 측정법, 전기저항을 이용한 방법 등이 고안되었다.

● 인체에서 지방조직이 차지하는 비율을 '체지방률'이라고 한다.

정확도는 다소 떨어지지만, 신장과 체중만으로 비만을 판단하는 방법도 있다. 그 방법을 체질량지수(body mass index : BMI)라고 하는데,

$$BMI = 체중(kg)/(신장(m))^2$$

으로 계산한다. 일본인의 BMI 표준 수치는 22이며, 그 체중을 표준체중으로 간주하고 있다.

● BMI의 표준은 22이다.

BMI는 계산방식이 비교적 간단하기 때문에 비만 정도를 판정하는 데 흔히

표 1 **체지방률에 따른 비만의 기준**

	가벼운 비만	비만	고도 비만
남성(전체 연령)	20% 이상	25% 이상	30% 이상
여성(15세 이상)	30% 이상	35% 이상	40% 이상

표 2 **BMI에 따른 비만의 판정**(일본 비만학회, 1999년)

BMI	판 정
18.5 미만	저체중
18.5 이상 25 미만	정상체중
25 이상 30 미만	비만(1도)
30 이상 35 미만	비만(2도)
35 이상 40 미만	비만(3도)
40 이상	비만(4도)

사용되고 있지만(표 2), 체중과 신장만을 고려하기 때문에 근육질의 '몸짱'을 비만으로 판정할 때도 있다.

BMI보다는 체지방률이 좀더 신뢰도가 높지만, 체지방률도 결점이 있다. 그것은 바로 지방의 분포, 즉 몸의 어느 곳에 지방이 있느냐는 문제를 간과한다는 점이다.

비만은 지방이 쌓여 있는 장소에 따라 크게 두 가지 유형으로 나눌 수 있는데, 내장에 지방이 쌓여 있는 유형을 '내장지방형 비만'이라고 하고, 피하에 지방이 쌓여 있는 유형을 '피하지방형 비만'이라고 구별해서 부른다. 이 두 가지 유형의 차이는 〈표 3〉을 참고하기 바란다.

그런데 내장지방형 비만이 더 위험하고, 생활습관병과 관련이 깊다. 양쪽의 차이는 복부를 CT 촬영해보면 한눈에 알 수 있다.

보기에는 날씬하고 BMI가 정상이라도 내장지방이 심각한 사람이 있다. 이런 사람은 비만이라고 단정지어 말할 수는 없지만, 고위험군으로 간주되어 '마른 비만증'이라고 한다.

● 피하지방형 비만보다 내장지방형 비만이 생활습관병에 걸리기 쉽다.

표 3 **비만의 유형**

	내장지방형 비만	피하지방형 비만
겉모습	사과형 (배가 불룩)	서양배형 (엉덩이 · 허벅지 · 하체가 불룩)
허리/엉덩이 비율	크다	작다
지방이 쌓여 있는 장소	내장 주변	피하
흔히 볼 수 있는 유형	남성, 갱년기 여성	젊은 여성
생활습관병과의 관련도	많다	적다
치료에 대한 반응	높다	낮다

* 이 표는 어디까지나 두 유형의 상대적 비교에 불과하며, 절대적인 것은 아니다.

비만치료

그렇다면 비만증을 치료하는 방법으로는 어떤 것이 있을까? 비만은 섭취 칼로리를 소비 칼로리보다 낮추면 고칠 수 있다. 쉽게 말해 덜 먹고 많이 움직이면 살은 자연히 빠진다는 얘기!

비만치료의 기본은 식이요법과 운동요법이다. 식이요법만으로는 지속적인 효과를 거두기 어렵기 때문에 운동요법을 병행하는 것이 바람직하다.

- 비만치료의 기본은 식이요법과 운동요법의 병행이다.

식이요법은 요컨대 먹는 양을 줄여서 섭취 칼로리를 줄이는 것이다. 식사량을 줄일 때는 영양의 균형을 고려해서 비타민이나 미네랄이 부족하지 않도록 주의할 필요가 있다.

운동요법의 경우 운동 자체의 소비 칼로리는 그다지 많지 않지만, 지속적인 트레이닝은 인슐린의 효과를 높이거나 기초대사를 높여서 결과적으로 소비 칼로리를 크게 늘릴 수 있다.

한편 아무리 체중이 감소해도 지방이 줄지 않으면 오히려 역효과를 초래할 수 있다. 즉 지방은 줄이고, 지방이 아닌 부분의 체중(근육이나 뼈의 양)은 줄지 않도록 하는 것이 정답이다.

이를 위해서는 올바른 식이요법과 운동이 필수! 치료를 할 때는 장기적으로 꾸준히 할 수 있도록 계획을 짜서 해야 한다. 체중일지 · 식사일지 · 운동일지를 매일 꼼꼼히 적는 것도 오래 지속하기 위한 하나의 비결이다.

- 비만증을 치료할 때는 총 체중은 줄여도 근육이나 뼈의 양은 감소시키지 않도록 주의해야 한다.

1kg의 지방조직은 약 7000kcal의 에너지를 갖고 있다(단순한 중성지방은 1g당 9.3kcal이다). 지방조직 1kg의 감량과 7000kcal의 섭취 에너지 감량은 서로 같다는 말이다.

그럼 여기에서 1개월에 2kg을 감량하려면, 하루에 어느 정도 식사량을 줄이면 되는지 계산해보자. 2kg의 지방조직은 1만 4000kcal이다. 이를 30일로 나누면 하루에 470kcal가 된다. 470kcal는 밥 두 공기 정도에 해당한다.

요컨대 2kg을 감량하려면 지금보다 하루에 밥 두 공기를 덜 먹어야, 그것도 한 달 동안 지속해야만 목적을 달성할 수 있다는 얘기이다. 반대로 하루에 밥 두 공기를 더 먹으면 2kg이 불어나는 셈. 물론 이것은 어디까지나 이론상의 수치로, 실제로 이를 그대로 행동으로 옮긴다고 해도 이론처럼 되지는 않는다.

● 2kg을 줄이려면 한 달 동안 매일 밥 두 공기를 덜 먹어야만 한다.

의료용으로 정식 인가를 받은 비만치료제도 있다. 실제로 중증의 비만 환자에게는 치료제를 사용할 때도 있는데, 이들 치료제는 대개 뇌의 식욕중추에 작

::: 내가 뚱보라구?

:::
근육은 지방조직에 비해 무겁기 때문에 근육질의 '몸짱'은 지방이 적어도 BMI 수치가 높게 나온다. 한편 지방만 있고 근육이 없는 사람도 몸무게는 가벼운 경우가 있어서 BMI 수치가 낮게 나온다. 이른바 '마른 비만'이라고 할 수 있다.

용하여 식욕을 억제한다. 일반적으로 비만치료제에는 식욕억제 작용, 소화흡수 저해 작용, 지방축적 저해 작용, 대사촉진 작용 등이 있다.

금지된 방법이지만, 단순히 체중감량만을 목표로 한다면 설사를 하게 하는 방법도 있고, 갑상선 호르몬제 투여도 기초대사를 상승시켜 살을 빠지게 만든다. 하지만 국적 불명, 정체 불명의 '살 빠지는 약'에는 어떤 성분이 들어 있는지 알 수 없기 때문에 함부로 복용하는 것은 금물이다. 요즘은 인터넷으로 간단하게 약을 구입할 수 있기 때문에 그 피해가 늘고 있다. 특히 중국산 '살 빠지는 약'을 복용하고 간기능 장애로 사망하는 경우도 있다. 또 잡지에 '먹기만 해도 빠진다'는 선전 문구로 광고를 게재해서 현혹하는 경우도 있는데, 이는 물론 말도 안 되는 얘기. 비만치료의 기본은 어디까지나 식이요법과 운동이다.

● 비만치료제는 의사의 처방 아래 신중히 복용할 필요가 있다.

마른 비만과 진성 비만

요즘 젊은 여성들은 실제로는 굉장히 날씬한데도 불구하고 더 날씬해지려고 안달이다. 80% 정도가 자신의 체형에 불만이라는 데이터가 있는데, 이 가운데 실제 비만 환자는 10% 정도에 불과하다. 그런데 그녀들의 희망 사항을 자세히 들여다보면, '허리는 잘록하게, 가슴은 풍만하게!' 식으로 대개 부위별로 날씬해지고 싶어하는 곳이 다르다.

단순히 섭취 칼로리를 줄인다고 해서 이런 희망 사항을 달성하는 것은 거의 불가능하다. 자기 식의 체중감량법, 즉 잘못된 식사 제한과 운동 부족으로 지방보다 근육이나 뼈의 양이 줄어서, 실제 몸무게는 많이 나가지 않지만 체지방률이 높은 젊은이가 꽤 많다. 물론 이 경우도 '마른 비만'에 속한다. 마른 비만은 근육이나 뼈의 양이 적고, 더구나 본인의 자각이 없는 만큼 진성 비만 환자보다 훨씬 더 위험하다. 젊은 여성 가운데 특히 이런 마른 비만 환자가 급증하고 있다니, 이 책을 읽는 독자들은 부디부디 그런 유혹에 빠지지 마시길!

● 잘못된 감량법으로 근육이나 뼈의 양이 감소하는 경우가 왕왕 생기고 있다.

먹고 싶은 것 실컷 먹으면서 운동은 하지 않고 '몸짱'이 되겠다는 생각은 버려야 한다. 건강을 유지하기 위해서는 노력과 절제가 필요하고, 자신의 생활을 장기적으로 조절해나갈 필요가 있다(물론 실천하는 것은 무지 어렵겠지만).

오래 지속한다는 점도 체중감량법의 중요한 요소 중 하나이다. 단기간의 무리한 감량은 그 효과를 오래 지속하기 어렵기 때문에 말랐다가 뚱뚱했다, 다시 말랐다 뚱뚱했다 하는 식으로 고무줄처럼 늘었다 줄었다 하기 십상이다. 이런 고무줄 감량의 반복이 '마른 비만'의 주된 원인이다.

다시 한번 강조하지만 감량법의 기본은 식이요법과 운동요법의 병행으로, 피나는 노력 없이는 절대 불가능하다. 또 줄어든 체중을 어떻게 유지하느냐도 굉장히 중요한 문제이다.

● 진정한 승부는 체중이 줄고 나서부터 시작된다!

))) MEMO

●● 다이어트(diet)

오늘날 '다이어트'라는 말은 남녀노소 모두에게 화두가 되는 단어이다.
본래 다이어트란 평소 우리가 먹는 음식물을 뜻하는 단어이다. 이것이 점차 치료나 체중 조절 등을 위한 규정식이나 특별식, 더 나아가 식이요법이나 식사 제한을 뜻하는 오늘날의 다이어트로 변모하게 되었다. 여기까지가 다이어트라는 단어의 올바른 사용법! 그런데 요즘에는 잡지나 뉴스에서 체중감량법을 다이어트라고 소개하는 경우가 많은 듯하다. 하지만 이는 본래 다이어트의 의미와는 동떨어진 잘못된 단어 사용법이다.

physiology 09 호흡

심호흡으로 체질을 바꾼다?

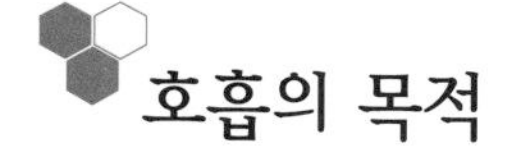

호흡의 목적

우리는 왜 호흡을 할까?

모닥불을 피우면 금세 따뜻해진다. 이는 열이 나오기 때문이다. 나뭇가지나 나뭇잎에 들어 있는 탄소와 수소가 산소와 결합하여 산화반응이 일어나면 열과 빛이 생긴다. 자동차도 가솔린을 태워서, 즉 가솔린 성분인 탄소와 수소를 산소와 반응시켜서, 이때 생기는 에너지를 동력으로 활용한다.

생물도 음식물과 산소의 반응을 통해 열과 운동 에너지원을 얻는다. 인간은 이때 필요한 산소를 호흡을 통해 몸 속으로 받아들이는 것이다.

호흡은 에너지 발생에 필요한 산소를 받아들이는 시스템이다.

에너지를 얻기 위해 필요한 산소를 체내로 흡수하고 이때 발생한 이산화탄소를 체외로 배출하는 시스템을 호흡기라고 하는데, 실질적으로 그 중심적인 역할을 하는 곳이 폐이다.

폐에는 '폐포(肺胞, pulmonary alveoli, 폐로 들어가 잘게 갈라진 기관지의 맨 끝에 포도송이처럼 달려 있는 자루로 허파꽈리라고도 한다)' 가 있는데, 이곳에서는 공기 중의 산소를 혈액으로 전하고, 온몸 구석구석을 돌고 돌아온 혈액으로부터는 이산화탄소를 받아들여 공기 속으로 배출하는 업무를 아주 효율적으로 수행하고 있다.

코나 입으로 흡입한 공기가 드나드는 길, 특히 폐포 바로 앞까지 드나드는 통로를 기관(氣管, 숨관) · 기관지(氣管支)라고 부른다. 기관도 공기의 통로이기 때문에 여기에서는 기관지라고 하면 기관이 포함된 것이라고 생각하기 바란다.

- 폐포는 호흡 시스템에 직접 관여하는 장소이고, 기관지는 외계에서 폐포 바로 앞까지 공기가 드나드는 통로를 말한다.

폐의 3대 기능

폐(肺, lung, 허파)의 가장 중요한 임무는 폐포에서 이루어지는 공기와 정맥혈 간의 산소와 이산화탄소의 교환이다. 이 임무에 영향을 미치는 요인으로는 다음의 세 가지를 꼽을 수 있다.

① 공기의 교환, ② 폐포에서 이루어지는 공기와 혈액 간의 산소 · 이산화탄소의 교환, ③ 혈류의 분포이다(그림 1).

①은 신선한 공기를 폐포까지 운반하고, 또 사용한 공기는 폐포 밖으로 배출

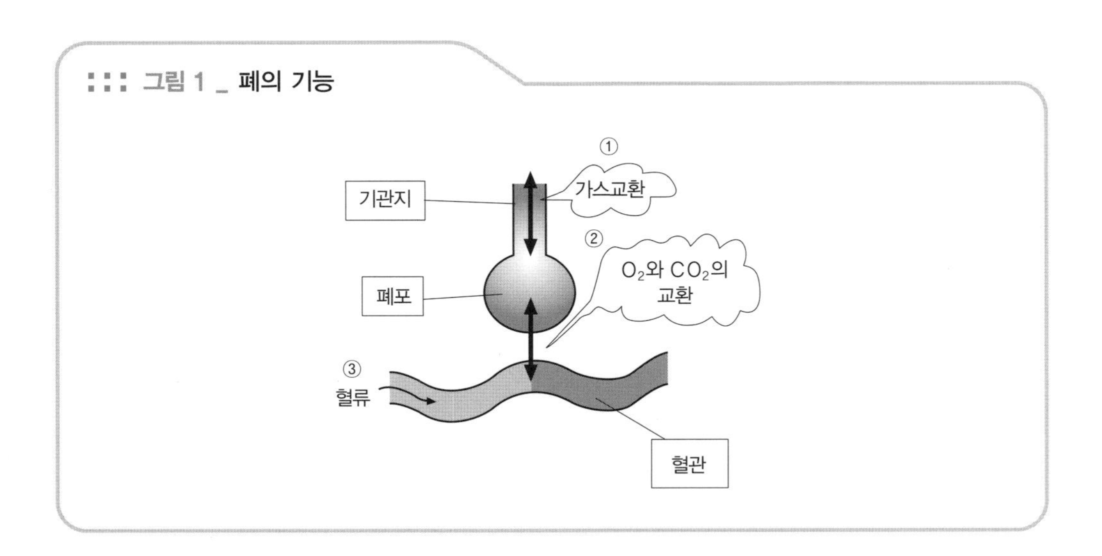

::: 그림 1 _ 폐의 기능

해야 한다는 의미이다. 폐에서 이루어지는 공기 교환을 '가스교환(gas exchange)' 이라고 한다. ②는 폐포에서 공기와 정맥혈 간에 산소 · 이산화탄소의 교환이 제대로 이루어져야 한다는 의미이다. 폐렴에 걸리면 이 주고받는 가스교환 기능이 제대로 이루어지지 못하게 된다. ③은 정맥혈이 폐포까지 확실하게 운반되어야 한다는 의미이다. 폐포가 제 기능을 다하더라도 혈류가 원활하게 흐르지 않으면 폐포는 산소를 받아들일 수 없다.

- 폐기능에서 중요한 것은 환기, 산소 · 이산화탄소의 교환, 폐의 혈류이다.

가스교환

숨을 들이마시거나 내쉬면 폐가 부풀었다 오그라들었다 한다. 이때 기관지의 용량은 일정하며, 변함이 없다. 따라서 폐가 부풀었다는 얘기는 폐포가 불룩해졌다는 뜻이다. 폐는 가슴속의 폐쇄된 공간 속에 둘러싸여 있는데, 이 공간을 흉강(胸腔, thoracic cavity)이라고 한다.

흉강이 부풀면 그와 동시에 폐가 부풀어 오르고 폐포로 공기가 들어간다. 반대로 흉강이 오그라들면 폐도 오그라들어 폐포 속의 공기가 밖으로 빠져나간다. 그렇지만 폐 자체에 스스로 부풀었다 오그라들었다 하는 힘은 없다. 즉 흉강의 용적(容積) 변화가 먼저 오고, 그 결과 폐의 용적이 이차적으로 변하게 된다.

- 흉강의 용적 변화에 따라 폐의 용적도 변한다.

그렇다면 흉강의 용적 변화는 어떻게 진행될까?

가로막(포유류의 배와 가슴 사이에 있는 근육성의 막으로 횡격막橫隔膜이라고도 한다)과 갈비뼈 근육(늑골 사이에 붙은 근육으로 안팎의 두 층이 있어 숨쉴 때 늑골을 끌어올리고 내리는 구실을 한다. 늑간근肋間筋이라고도 한다)의 수축 · 이완에 따라 진행된다. 가로막이나 늑간근이 수축하면 흉강의 용적이 늘어나 폐가 부풀어 오르게 된다.

한편 가로막의 수축에 의한 공기 출입을 복식호흡, 늑간근의 수축에 의한 공기 출입을 흉식호흡이라고 한다.

가로막은 막(膜)과 비슷하지만, 실제로는 막 모양으로 이루어진 골격근이다. 늑간근은 늑골 사이에 붙어 있는 근육이다. 우리가 고깃집에서 맛있게 먹는 갈빗살은 늑간근이고, 갈비뼈는 바로 늑골이다.

가로막이나 늑간근이 수축하면 폐가 부풀어 오른다.

사강

만약에 공기를 500ml 들이마셨다고 가정해보자. 들이마신 500ml의 공기는 모두 폐포에 도달할 수 있을까? 정답은 No!

공기가 폐포까지 무사히 도착하려면, 우선 기관지를 통과하지 않으면 안 된다. 이 기관지 용적을 150ml라고 한다면 실제로 폐포에 도달할 수 있는 공기는 350ml뿐이다. 이때 기관지의 용적은 호흡에 직접적인 도움을 주지 못하기 때문에 '사강(死腔, dead space)'이라고 한다. 사강의 용량이 커지면 호흡의 효율은 그만큼 떨어진다.

사강의 용량이 커지면 호흡의 효율성이 떨어진다.

예를 들면 호스를 입에 물고 입으로 공기를 들이마신다고 가정해보자(그림 2).

만약 호스 내 용적이 500ml라면, 공기를 500ml 들이마셨다고 해도 실제로 마실 수 있는 공기는 호스 속에 있었던 공기가 전부이다. 그리고 공기를 50ml 토해내면 토해낸 공기는 모두 호스 안에 머물게 된다. 다시 공기를 들이마시면 자신이 먼저 토해낸 공기를 다시 빨아들이게 된다.

실제로 실험해보면 알 수 있겠지만, 호스를 입에 물면 신선한 공기를 마실 수 없어서 호흡이 곤란해진다. 이렇듯 호흡 시에는 사강이 반드시 존재하기 때문에 가는 호흡을 여러 차례 하는 것보다 횟수는 적어도 깊고 큰 심호흡을 하는 쪽이 호흡의 효율성이 높다.

심호흡은 호흡의 효율성을 높여준다.

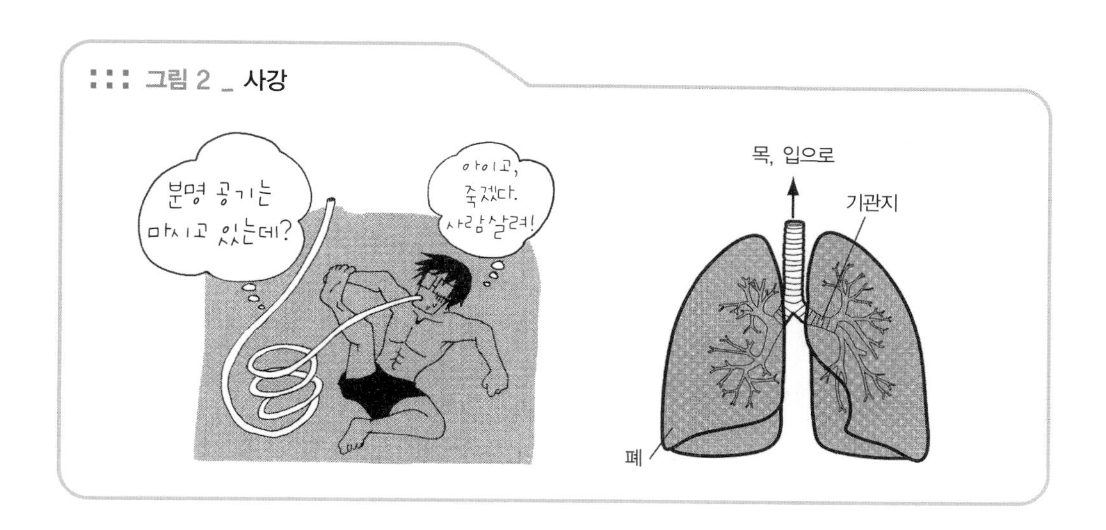

::: 그림 2 _ 사강

기관지

호흡을 할 때 숨을 들이마시는 게 편할까, 내쉬는 게 편할까? 아니면 양쪽 모두 같을까? 건강한 사람이라면 숨을 들이마시는 것도 내쉬는 것도 똑같이 편하게 할 수 있다. 하지만 기관지가 약한 사람은 숨을 내쉴 때가 더 힘들다. 그 이유는?

폐는 흉강 속에 자리잡고 있으며, 폐포와 기관지(氣管支, bronchus)로 구성되어 있다. 폐포는 부드러워서 용량이 쉽게 변한다. 그러나 기관지는 단단하고 딱딱해서 용량이 그리 쉽게 변하지 않는다.

만약 기관지가 약해서 바로 수축과 이완을 되풀이한다면 어떻게 될까?

먼저 공기를 들이마시는 들숨을 생각해보자. 공기를 흡입하려고 흉강의 용적을 늘리면 폐포도 기관지도 바로 그 확장하는 힘을 받는다. 기관지의 안지름이 굵어지고 폐포도 불룩해진다. 굵어지고 불룩해진 만큼 공기 흐름에는 별 지장이 없기 때문에 그다지 불미스런 사태는 발생하지 않는다.

그러나 공기를 내뱉는 날숨을 생각해보면 문제는 좀 다르다. 공기를 배출하려고 흉강의 용적을 줄이면 폐포도 기관지도 바로 그 수축하는 힘을 받아, 폐포와 동시에 기관지까지 오그라들게 된다. 기관지는 공기의 출입 통로인데, 그

통로가 막히면 폐포 내 공기가 밖으로 나가기가 힘들어진다. 즉 공기를 배출하고 싶어도 기관지가 오그라들어 있어서 숨을 제대로 내쉴 수 없는 상태가 된다.

숨을 내쉴 때는 기관지에도 수축의 힘이 작용한다.

건강한 기관지는 튼튼해서 숨을 내쉴 때의 압력 정도는 전혀 문제가 되지 않는다. 따라서 폐포 내 공기가 자유롭게 밖으로 나갈 수 있다.

그런데 폐기종(肺氣腫)이라는 질병은 기관지가 약해서 숨을 내쉴 때 기관지까지 오그라들게 된다. 기관지 천식도 이와 비슷하다. 이런 질병은 숨을 들이마실 수는 있지만 내쉬기가 어렵다. 이와 같이 날숨이 곤란한 원인은 숨을 내쉴 때의 압력이 기관지를 막아버리기 때문이다.

폐기종이나 기관지 천식 등의 질환에 걸리면 숨을 제대로 내쉬기가 힘들다.

이산화탄소와 우리 몸의 산성도

폐포에서는 공기와 혈액 속의 산소 · 이산화탄소를 서로 주거니 받거니 교환한다. 공기 중의 산소 농도는 약 20%이다. 아무리 효율적인 호흡을 한다고 해도 혈액 속의 산소 농도가 공기 중의 산소 농도를 뛰어넘을 수는 없다. 즉 우리가 공기 호흡을 하고 있는 한, 혈액 속의 산소 농도에는 상한선이 있게 마련이다(순수한 산소를 마시면 좀더 상승하겠지만). 숨을 멈추면 혈액 속의 산소 농도는 감소하지만, 반대로 심호흡을 되풀이해도 혈액 속의 산소 농도는 일정량 이상 올라가지 않는다.

심호흡을 되풀이해도 혈액 속의 산소 농도는 일정량 이상 올라가지 않는다.

이에 반해 공기 속의 이산화탄소 농도는 거의 0%(정확하게 말하자면 0.03%)이다. 즉 호흡 횟수를 늘리면 혈액 속의 이산화탄소 농도를 줄일 수 있다. 숨을 멈추면 혈액 속의 이산화탄소 농도는 증가하고, 심호흡을 되풀이하면 혈액 속의 이산화탄소 농도는 감소한다.

호흡도 적당히 하셔야죠!

심호흡을 되풀이하면 혈액은 알칼리성으로 변한다. 반대로 숨을 꾹 참으면 산성으로 기운다. 다만 심호흡을 과하게 되풀이하면 몸이 심한 알칼리성으로 기울어 과다호흡 증후군에 빠질 수 있으니 주의할 것!

그럼 여기에서 이산화탄소가 물에 녹으면 '탄산'이라는 산(酸)이 된다는 사실을 떠올려보자. 우리가 맛있게 마시는 콜라 같은 탄산음료는 이산화탄소를 물에 녹인 것이다. 즉 이산화탄소는 산이다. 혈액 속의 이산화탄소 양이 증가할수록 혈액의 산성도는 강해진다. 반대로 혈액 속의 이산화탄소 양이 줄어들면 혈액은 알칼리성으로 바뀐다.

- 혈액 속의 이산화탄소 양과 혈액의 산성도는 비례한다.

이와 같이 몸의 산성도(알칼리성도)는 호흡에 의해 크게 영향을 받는다. 이 점은 아주 중요하기 때문에 꼭 기억하기 바란다.

하지만 우리가 섭취하는 음식물은 몸의 산성도(알칼리성도)에 별다른 영향을 미치지 않는다. 알칼리성 식품이라고 선전하는 음식을 아무리 많이 먹어도 몸은 알칼리성으로 변하지 않는다. 하지만 심호흡을 몇 번 되풀이하면 우리 몸은 아주 쉽게 알칼리성이 된다.• 물론 호흡하는 그 순간뿐이지만.

- 심호흡을 하면 몸이 알칼리성으로 바뀐다.

• 우리 몸이 산성으로 기운 상태를 아시도시스(acidosis, 산독증), 알칼리성으로 기운 상태를 알칼로시스(alkalosis, 알칼리 중독)라고 한다. 심호흡을 계속 되풀이하면 호흡성 알칼로시스가 된다.

호흡중추

호흡 횟수는 자신의 의지로 자유롭게 조절할 수 있을 것 같지만, 숨을 멈추면 괴로워지듯이 결국에는 뇌의 컨트롤을 받게 된다(본문 163쪽). 뇌에서는 동맥혈 속의 이산화탄소 양을 감지해 호흡 횟수를 결정한다.

혈액 속에 이산화탄소가 늘어나면 우리 몸은 고통을 느껴 호흡 횟수를 늘리려고 한다(산소의 양이 아니다). 따라서 건강한 사람이라면 정상적인 상태에서는 순수한 산소를 듬뿍 마셔도 '와! 호흡이 한결 편해졌네' 라는 느낌은 받지 못한다.

호흡 횟수는 혈액 속의 이산화탄소 양에 따라 결정된다.

과다호흡 증후군

심한 스트레스를 받으면 자신도 모르게 심호흡을 계속해서 되풀이할 때가 있다. 이때 우리 몸은 자연스럽게 알칼리성으로 변하고, 뇌의 혈류가 감소한다(이유는 모르지만 알칼리성 상태에서는 뇌의 혈류가 감소한다). 이로 인해 심호흡을 하고 있는데도 불구하고 호흡곤란을 하소연하거나 심할 때는 실신하기도 한다.

이런 증상을 '과다호흡 증후군(過多呼吸症候群, hyperventilation syndrome, 과호흡 증후군, 과산소증)' 이라고 하는데, 건강한 젊은 여성이 갑자기 호흡곤란으로 구급차에 실려오는 경우는 대개가 과다호흡 증후군이다. 말하자면 과다호흡 증후군이란 우리 몸에 산소가 너무 많아 해로운 영향을 끼치는 증상이다. 이때는 종이 봉지 같은 것을 입에 대고 자신의 숨(여기에는 이산화탄소가 많이 들어 있다)을 다시 들이마시면 바로 증상이 호전된다.

심호흡을 계속하면 오히려 호흡곤란을 느낄 때가 있다.

physiology  10 심장과 순환

혈액순환 = 생명순환

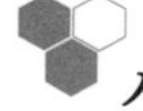

심장의 구조

심장은 혈액을 뿜어내는 펌프이다. 심장은 동맥혈과 정맥혈, 이 두 개의 펌프 시스템이 합쳐진 것으로, 각각의 경로별로 2개의 방이 있다. 즉 모두 4개의 방이 있다. 또 혈액의 역류현상을 방지하기 위해 각 방의 출입구에는 판막이 있다. 따라서 심장에는 방이 4개, 판막이 4개 있다(그림 1A).

4개의 방을 좌심방, 좌심실, 우심방, 우심실이라 하고, 각각의 출입구에 붙어 있는 판을 승모판(이첨판이라고도 한다) · 대동맥판 · 삼첨판(三尖瓣) · 폐동맥판이라고 한다. 승모판은 그 생김새가 신부님이 쓴 모자와 흡사하다고 해서 붙여진 이름이다.

- 심장에는 4개의 방과 4개의 판막이 있다.

순환 시스템

우리 몸의 순환 시스템에는 대순환(전신순환)과 소순환(폐순환), 두 가지가 있다(그림 2).

먼저 대순환이란 심장(좌심실)에서 일반 동맥을 거쳐 온몸의 장기로 향하고,

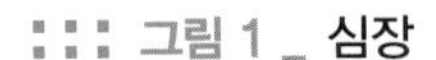

::: 그림 1 _ 심장

A [4개의 방과 4개의 판]

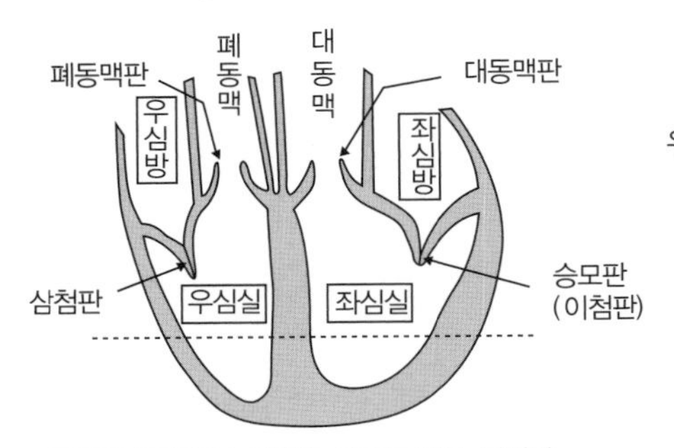

● 점선의 위치에서 심장을 둥글게 자른 단면이 B이다.

B [심장의 횡단면(토끼)]

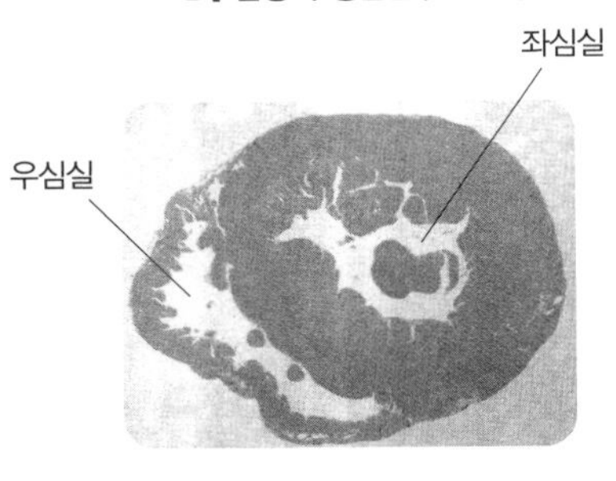

● 좌심실과 우심실 벽의 두께 차이에 주목하자. 심장은 좌심실이 중심 역할을 하고, 우심실이 보조 역할을 한다.

::: 그림 2 _ 대순환과 소순환

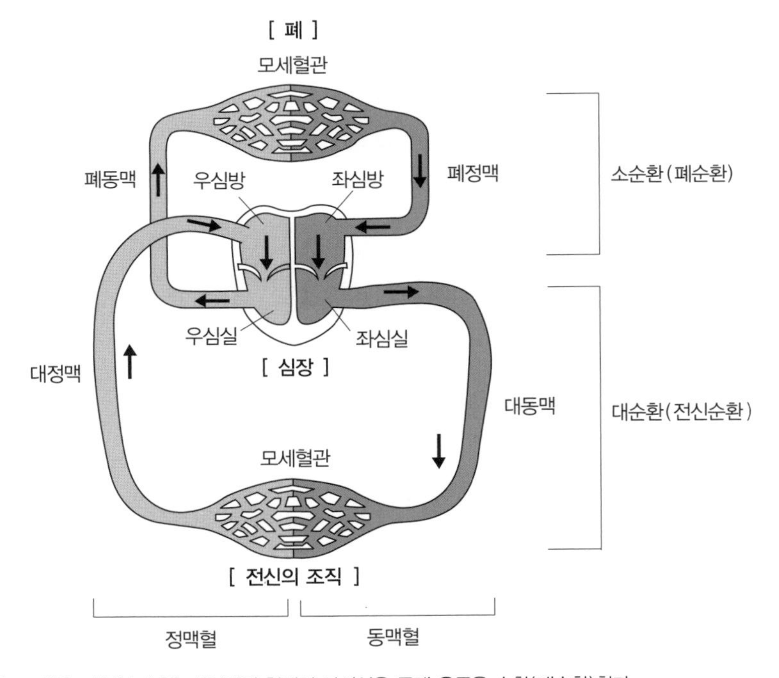

● 폐에서 가스교환을 마친(소순환) 신선해진 혈액이 좌심실을 통해 온몸을 순환(대순환)한다.

거기에서 모세혈관을 거쳐, 다시 장기에서 일반 정맥을 지나 심장(우심방)으로 되돌아올 때까지의 전신순환을 말한다. 한편 소순환이란 심장(우심실)에서 폐동맥을 거쳐 폐로 가고, 거기에서 모세혈관을 거쳐, 다시 폐에서 폐정맥을 지나 심장(좌심방)으로 되돌아올 때까지의 순환을 말한다.

이때 대순환을 전신순환, 소순환을 폐순환이라고도 한다.

- 우리 몸의 순환 시스템에는 대순환계와 소순환계, 두 가지가 있다.

마찬가지로 우리 몸의 혈액도 두 가지(그림 2)로 나눌 수 있는데, 바로 동맥혈과 정맥혈이다. 동맥혈이란 폐에서 산소를 받은 혈액으로, 폐에서 폐정맥 → 좌심방 → 승모판 → 좌심실 → 대동맥판 → 대순환계의 동맥으로 흘러나간다.

여기서 잠깐! 폐정맥은 이름은 정맥이지만 폐에서 가스교환을 마친 동맥혈이 흐르고 있다. 정맥혈이란 전신의 말초조직에 산소를 건네준 혈액으로, 정맥혈은 대순환계의 정맥 → 우심방 → 삼첨판 → 우심실 → 폐동맥판 → 폐동맥 → 폐로 흘러 들어간다.

- 동맥혈은 폐에서 폐정맥 → 좌심방 → 좌심실 → 대순환계의 동맥을 따라 흘러간다.

심근

심장의 벽은 심근(心筋, myocardium)이라는 근육으로 구성되어 있다. 심근은 골격근과 마찬가지로 가로무늬근(횡문근 橫紋筋)이지만, 의식적으로 움직일 수 없는 불수의근(不隨意筋)이다.

심근은 자율신경의 조절을 받고 있는데, 자율신경의 활동에 따라 심박동 수나 수축력이 달라진다. 심장 벽의 두께는 심근의 양을 나타내고, 심장의 수축력을 반영한다. 이 벽의 두께는 좌심실이 가장 두껍고, 우심실이 중간 정도, 좌우 심방은 모두 얇다(그림 1B). 그만큼 심장의 활동은 좌심실을 중심으로 이루어지고 있다.

- 심근은 가로무늬근이면서 불수의근으로, 자율신경의 조절을 받는다.

심음

캐스터네츠를 닫으면 '딱' 소리가 난다. 마찬가지로 심장의 판막이 닫힐 때도 판막끼리 서로 맞물리면서 소리가 난다. 가슴에 청진기를 대면 쿵쾅쿵쾅 심장 뛰는 소리가 들리는데, 이때 들리는 소리가 바로 이 판막의 소리(심음心音, cardiac sound)이다. 판막이 전부 4개이기 때문에 소리도 네 가지 종류가 있다(그림 3). 하지만 정상적인 심장의 경우 두 가지 소리가 거의 동시다발적으로 발생하기 때문에, 언뜻 듣기에는 두 종류의 소리만 들린다. 실제로는 '승모판 + 삼첨판'의 혼합음과 '대동맥판 + 폐동맥판'의 혼합음이다. 판막에 이상이 생기면 소리의 크기나 음색에 변화가 생기거나, 소리가 날 때의 타이밍이 균형을 잃게 된다.

● 심장의 판막은 닫힐 때 소리가 난다.

::: 그림 3 _ 심음의 발생원리

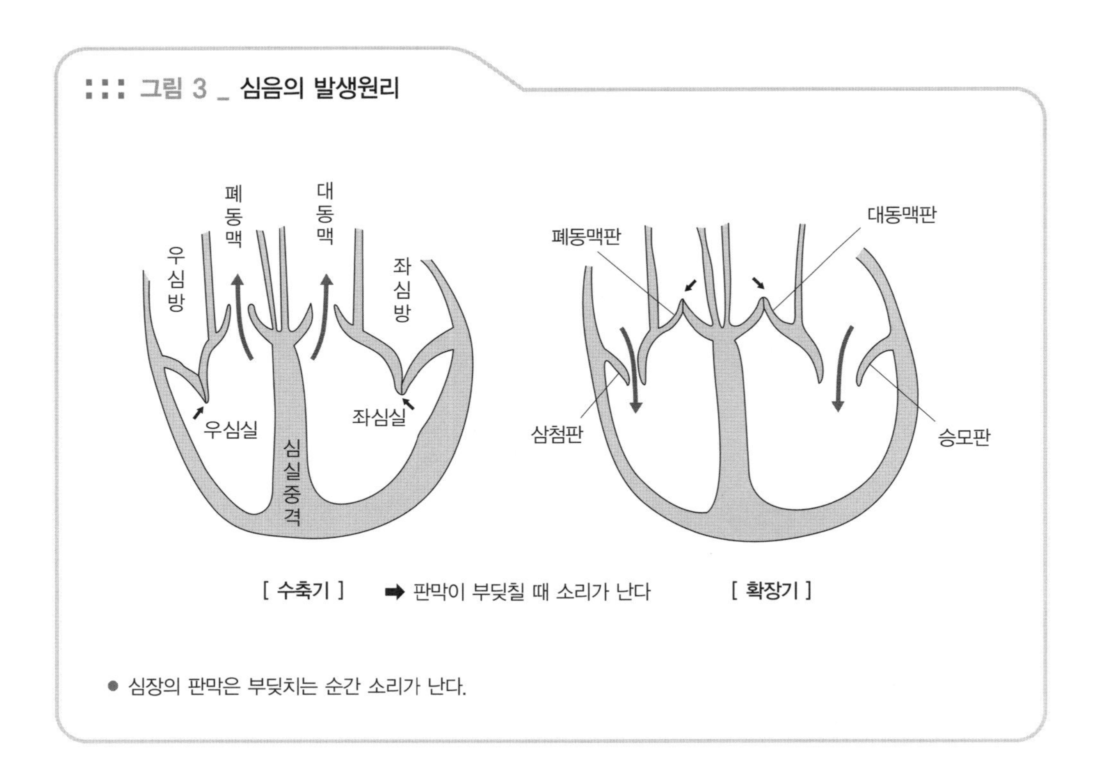

● 심장의 판막은 부딪치는 순간 소리가 난다.

피리를 불면 소리가 난다. 이는 공기의 흐름이 흐트러져(난류) 소리가 발생하기 때문이다. 액체의 흐름도 마찬가지인데, 혈액의 흐름에 난류가 생기면 소리가 발생한다.

혈액의 난류, 즉 소리는 혈액이 역류했을 때와 혈액이 비좁은 곳을 통과할 때 난다. 그 예로는 판막이 완전하게 닫히지 않고 역류가 생겼을 경우, 혈액이 통과하는 길이 갑자기 좁아졌을 경우(판막이 딱딱해져서 완전하게 열리지 않을 때도 이에 해당한다), 종전에는 없던 통로가 개통되었을 경우(예를 들면 좌심실과 우심실을 구분하는 벽(심실중격心室中隔, interventricular septum)에 구멍이 생긴 경우) 등이다.

참고로, 호흡할 때 공기 흐름에 난류가 생기면 폐에서도 묘한 소리가 난다. 심장이 정상적으로 뛸 때는 발생하지 않기 때문에 이와 같은 소리를 심잡음(心雜音, heart murmur)이라고 한다. 의사가 심장에 이상이 있는지 진찰할 때는 판막의 소리와 이 심잡음을 청진기로 듣는 것이다.

● 혈액의 난류, 즉 소리는 역류할 때와 좁은 곳을 통과할 때 발생한다.

심박동 리듬

심장은 규칙적으로 수축과 이완을 되풀이한다. 심장은 작은 근육세포(심근세포)의 덩어리이다. 이 세포가 마치 매스 게임을 하는 것처럼 전원이 규칙적으로 리듬에 맞추어 수축과 이완을 한다. 만약 근육세포가 제멋대로 수축과 이완을 한다면, 심장의 수축과 이완 활동은 불가능하다. 즉 심장이 제대로 펌프질을 하기 위해서는 모든 근육세포가 하나 둘 박자에 맞추어 일사불란하게 수축과 이완을 해야 한다.

● 심장에서는 모든 심근세포가 일사불란하게 수축과 이완을 해야 한다.

흔히 심장마비라고 하는 것은 심근세포가 일시 정지, 즉 마비된 상태가 아니라, 모든 심근세포가 제 멋에 취해 수축과 이완을 맘대로 되풀이하는 상태이다. 이를 전문 용어로는 심실세동(心室細動)이라고 한다.

심장 전체를 본다면, 심실세동 상태는 곧 심장이 제대로 수축하지 못하는 상태와 똑같다. 즉 혈액을 뿜어내지 못하다 보니 즉각적인 심장 마사지가 필요한 상태. 이런 '맘대로' 수축을 저지하고 보조를 맞춘 '제대로' 수축으로 바로잡으려면, 아주 강한 전류를 순간적으로 흘려보내야 한다. 바로〈ER〉* 같은 메디컬 드라마를 보면 의사가 양손에 심실 제세동기(除細動器, 심폐 소생용 전기충격기)를 잡고 환자 가슴에 전기를 통하게 하는 순간 환자가 '퐁' 침대 위로 튀어오르는 장면, 그래서 심전도가 정상적으로 움직이는 장면을 흔히 볼 수 있는데, 그와 같은 심장 마사지로 정상적인 심장 수축을 재개할 수가 있다. 위급상황에 대비해 이런 기계를 갖춘 구급차도 있다.

* 병원 응급실에서 활동하는 의료진들을 그린 미국의 텔레비전 드라마.

● 심근세포가 '맘대로' 수축하면 정상적인 심장 수축이 일어나지 않는다.

그럼, 여기서 잠깐 퀴즈!

심장 수축의 일사불란한 보조 맞추기에서 총책임자는 과연 존재할까?

정답은 '있다'이다. 심장 안에. 게다가 최고 책임자, 부책임자, 부부책임자 등 여러 명이 있다. 즉 사장 · 부장 · 과장이 있는 셈. 사장 → 부장 → 과장 → 일반 심근세포 순의 지령 전달 루트에는 초고속 광통신망이 깔려 있다.

보통은 사장이 수축 명령을 내린다. 사장이 아프거나 통신망이 절단되면 부장이 사장을 대신해 지휘봉을 잡게 된다. 부장이 비실비실하면 다음 타자는 과장 하는 식으로, 심장에는 심장 전체가 일사불란하게 보조를 맞추어 수축할 수 있는 시스템이 구비되어 있다.

이때 사장을 동결절(洞結節)이라고 하고 초고속 통신망을 자극전도계(刺戟傳導系)라고 하는데, 이 명칭을 기억하기보다는 '사장의 업무를 페이스메이커(pacemaker, 심장박동 조절)라고 한다'는 사실을 기억하는 게 훨씬 이해가 빠를 것이다. 또한 자극전도계는 신경이 아닌, 특수한 심근세포로 구성되어 있다. 인공 페이스메이커와 관련해서는 본문 279쪽을 참고하기 바란다.

● 심장 수축의 일사불란한 보조 맞추기를 페이스메이커라고 한다.

::: 신호에 맞추어 다 함께 차차차!

심근은 페이스메이커로부터 명령이 전달되면 박자에 맞추어 다 함께 수축을 한다. 반면에 심실세동의 경우 모두 제 멋에 취해 수축하다 보니 심장 전체로 보면 수축하지 않는 것이나 다름이 없다. 파블로프의 '멍멍' 신호에 지성 → 모두의 순으로 포즈를 취하기로 했는데, '심실세동'의 경우 '맘대로' 불끈 볼록 야단이 났다.

심전도

혹시 심전도(心電圖, ECG, electrocardiogram) 검사를 받아본 적 있는지? 손발과 가슴에 전기 장치를 부착하고 침대에 누운 채 받는 검사이다. 심근세포가 수축할 때는 미세한 전기가 흐른다. 세포 하나하나의 전기는 약하지만, 심장은 심근세포의 덩어리이기 때문에 수많은 심근세포가 동시다발적으로 수축을 하게 되면 상당한 세기의 전기가 통하게 된다. 이 전기 흐름을 피부 표면에서 관찰하는 것이 심전도이다(그림 4).

골격근을 수축시켜도 이와 유사한 전기가 발생하기 때문에 심전도 검사 중에 몸에 힘이 들어가면 골격근에서 발생하는 전기가 섞이고 만다. 그러므로 정확한 검사를 위해 검사 중에는 가능한 한 힘을 빼고 편안한 자세를 취해야 한다.

심전도 검사에서 얻을 수 있는 정보는 크게 두 가지!

먼저 심장박동의 리듬을 통해 심장 수축 명령이 제대로 이행되고 있는지 파악할 수 있다(심장에는 사장 → 부장 → 과장 → 일반 심근세포가 있었다). 물론 심실세동 상태가 발생했을 때도 바로 체크할 수 있다.

또 하나의 정보는 심근의 상황이다. 가령 심근세포가 산소 부족 상태에 있다면 전기 신호로 이상 유무를 감지해낼 수 있다.

::: 그림 4 _ 심전도

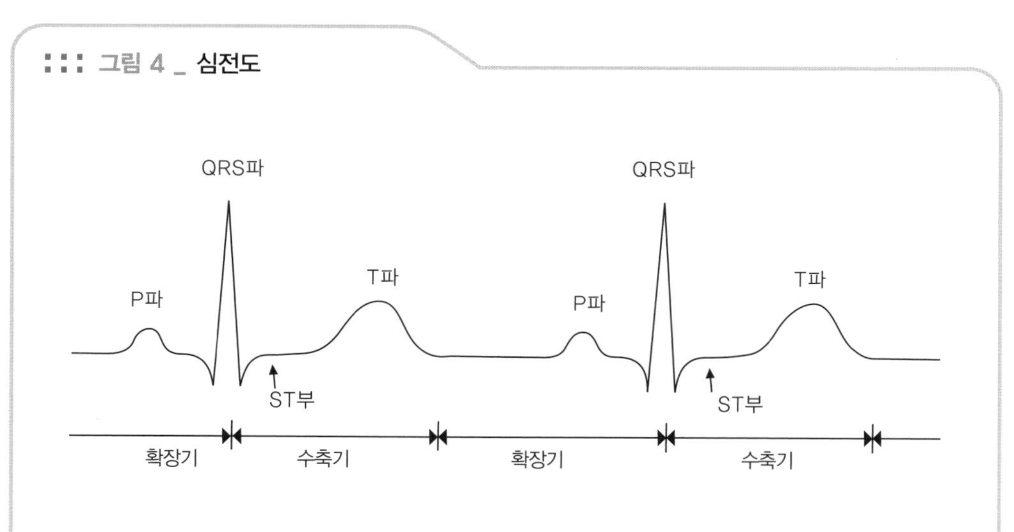

● 심전도가 큰 파(QRS파와 T파)는 심실의 수축/확장의 세기를 나타내는 것이 아니라, 심실의 수축/확장 개시 신호를 나타낸다. 심방은 심실보다 근육량이 적기 때문에 심방의 파(P파)는 심실의 파(QRS파와 T파)에 비해 작다.

그 밖에 심전도 검사를 통해서 알 수 있는 정보는 많이 있는데, 전문적인 내용이므로 여기에서는 생략하기로 하겠다.

● 심전도를 이용해 심박동 리듬과 심근 상황을 파악할 수 있다.

보통 심전도 검사에서는 양손 양발 네 군데와 가슴에 6개, 모두 10개의 전기장치를 부착하게 된다. 심장의 전기 세기를 기록하는데 왜 그렇게 많은 장치가 필요할까? 앞에서 심전도 검사로 심근 상황을 알 수 있다고 했는데, 심근 이상은 심장 전체에 골고루 발생하는 것이 아니라, 좁은 범위의 한정된 장소에서 발생하는 경우가 많다. 그 이상 부위가 어디인지를 찾아내기 위해서 여러 개의 장치를 부착하고 검사하는 것이다.

예를 들면 좌우 심실을 나누고 있는 벽이 산소 부족 상태에 빠졌다면, 산소 부족을 알리는 전기 신호는 그 벽에 가장 가까운 전극에서 가장 강하게 나타난다.

● 심전도 검사에서 전기 장치를 많이 부착하고 실시하는 이유는 이상 부위를 좀더 정확하게 포착하기 위해서이다.

관상동맥

심장 근육(심근세포)은 어디에서 산소와 영양을 공급받을까? 심방이나 심실 안에는 엄청난 양의 혈액이 있지만, 이 혈액은 심근의 영양 보급에 이용되지 않는다. 그것은 심장이 온몸에 팔고 있는 가장 중요한 상품이기 때문이다. 상품에 손을 대지 않는다는 건 어느 세계나 똑같은 기본 철칙이다.

실제로 심장 근육은 관상동맥(冠狀動脈, coronary artery)이라고 부르는 특별한 혈관에서 혈액을 공급받고 있다. 관상동맥(그림 5)이 분포되어 있는 모습을 살펴보면, 우선 심장 표면으로 큰 줄기가 나 있으며, 그 줄기를 타고 심장 표면에서 근육 속으로 가지가 수직 방향으로 뻗어 있는 모양을 관찰할 수 있다.

● 심장 근육은 관상동맥에서 혈액을 공급받는다.

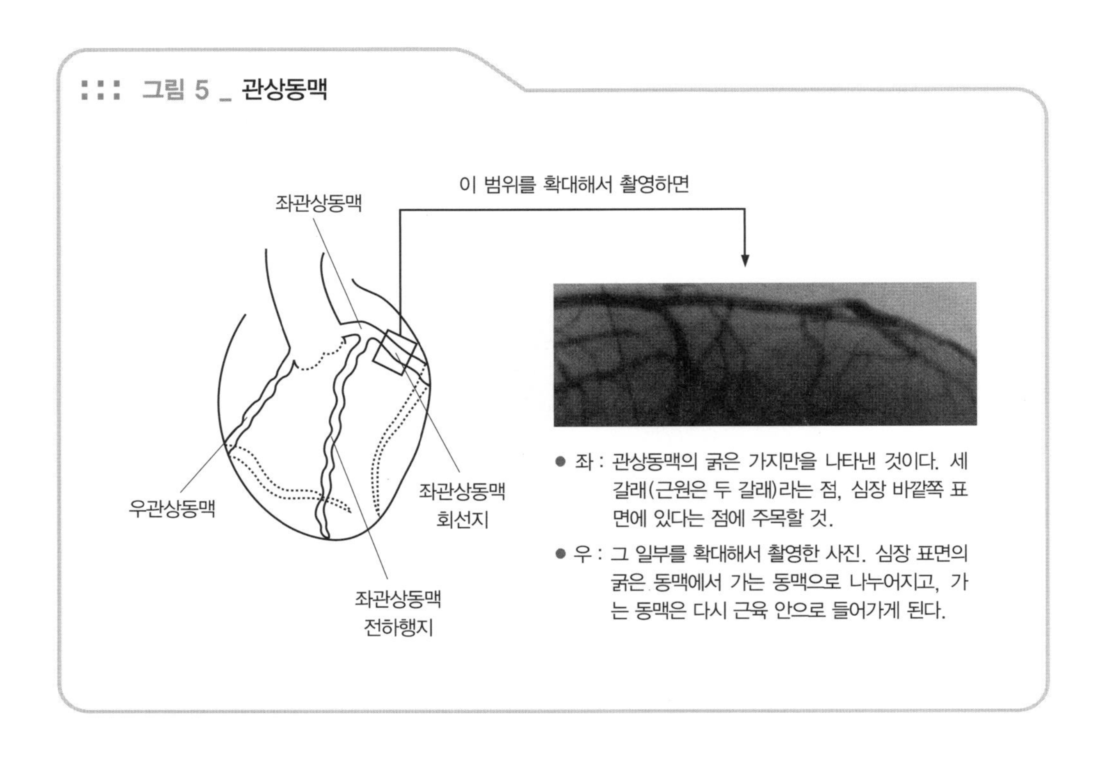

● 좌 : 관상동맥의 굵은 가지만을 나타낸 것이다. 세 갈래(근원은 두 갈래)라는 점, 심장 바깥쪽 표면에 있다는 점에 주목할 것.

● 우 : 그 일부를 확대해서 촬영한 사진. 심장 표면의 굵은 동맥에서 가는 동맥으로 나누어지고, 가는 동맥은 다시 근육 안으로 들어가게 된다.

기능 혈관과 영양 혈관

이와 같이 심장은 두 종류의 혈관을 갖고 있다. 즉 심장의 기능을 다하기 위한 혈관(심방과 심실)과 심장 자신의 영양 조달을 위한 혈관이 존재한다. 폐와 간도 심장과 마찬가지로 두 종류의 혈관을 갖고 있다.

폐에는 폐동맥과 폐정맥, 그리고 기관지 동맥(대동맥의 가지)이라는 혈관이 있어서, 폐세포는 이 기관지 동맥으로부터 수송되는 혈액을 통해 산소나 영양분을 공급받고 있다. 폐동맥 혈액이 폐세포에 영양분을 직접 건네는 것이 절대 아니다.

한편 간이 제 기능을 다하기 위한 혈관은 문맥이다. 간은 문맥에서 유입된 혈액을 받아들여 다양한 대사나 처리를 수행하고 있다. 그리고 간세포 자신을 위한 영양이나 산소는 간동맥(복강동맥 혈관의 가지)에서 조달받고 있다. 다만 간의 경우에는 문맥에서도 영양분을 조달받기 때문에, 간동맥의 혈류를 완전히 차단하더라고 간세포가 죽지는 않는다.

- 장기에 따라서는 제 기능을 다하기 위한 혈관과 영양분을 조달받기 위한 혈관 등 두 종류의 혈관을 갖고 있다.

관상동맥과 뇌동맥의 특징

대부분의 동맥은 가지가 나누어지면 그 끝에서 모이고, 또다시 가지가 나뉘는 분지(分枝)방식을 되풀이하면서 점점 가늘어지게 된다. 혈관끼리 서로 달라붙어 있기 때문에 동맥 중 어디 한 곳이 막혀도 우회로가 있어서 피가 멈추지 않고 흘러갈 수 있다.

그런데 예외가 딱 두 군데 있으니, 바로 관상동맥과 뇌동맥이다. 이 두 동맥은 나뭇가지처럼 일단 가지가 나누어지면 다시 모이지 않는 구조로 되어 있다. 즉 심장과 뇌는 혈관 중 어느 한 군데만 막혀도 앞으로 전진할 수가 없다(그림 6).

::: 그림 6 _ 심장과 뇌의 동맥에는 우회로가 없다

[보통 동맥]

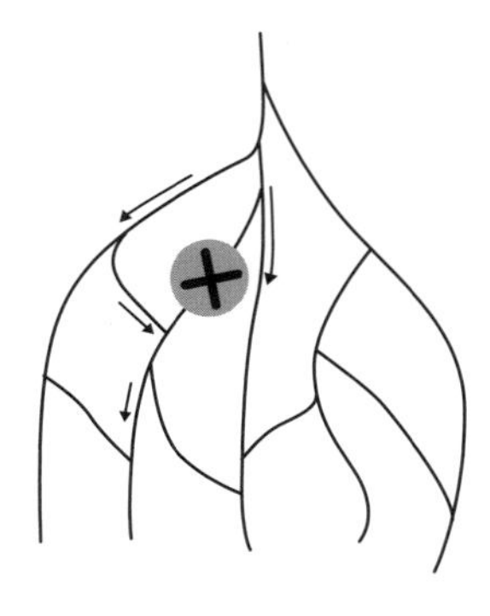

[관상동맥 · 뇌동맥]

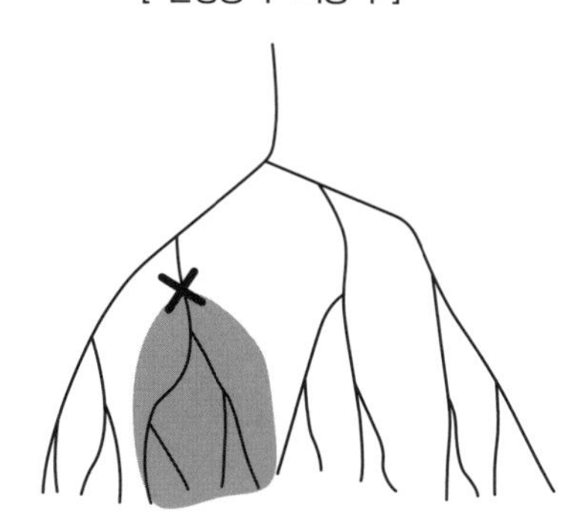

- 일반 조직에서는 동맥이 막혀도 우회로가 있어서 그다지 문제가 되지 않지만, 심장과 뇌의 동맥은 우회로가 없어서 어느 한곳이라도 막히면 혈류가 더 이상 앞으로 나아갈 수가 없다. 즉 혈류가 끊어지고 만다.

다시 말해 심장과 뇌는 혈류가 부족해지기 쉬운 장기이다.

완전히 혈관이 막혀서 조직이 괴사한 병을 심근경색 및 뇌경색(본문 171쪽)이라고 한다. '완전히'는 아니어도 동맥이 좁아져 혈액이 충분히 흐르지 못하는 병을 심장의 경우에는 협심증(狹心症), 뇌의 경우에는 뇌허혈(腦虛血)이라고 한다. 심근경색도 협심증도 갑작스런 심장 통증이 생긴다. 이와 같이 뇌와 심장의 동맥 구조는 아주 특수하다.

● **심장과 뇌의 혈관은 일단 막히면 혈액이 더 이상 앞으로 전진할 수가 없다.**

혈류 분포

혈액의 양은 한정되어 있다. 마찬가지로 한정된 혈액을 공급하는 심장의 능력에도 한계가 있다. 가령 운동을 하면 맥박이 빨라지는 것은 근육이라는 소비자가 '좀더 많은 혈액을 달라'고 요구하기 때문이다. 따라서 그 분량만큼 당장 불필요한 곳(이 경우에는 소화기계)에는 혈액 공급이 줄어든다. 반대로 식후에는 혈액이 소화기계로 중점적으로 몰린다.

● **혈액 공급은 그때그때 필요한 곳에 중점적으로 배분된다.**

세포의 종류에 따라 혈류 부족에 비교적 강한 세포가 있는가 하면, 반대로 아주 약한 세포가 있다. 장기의 혈류량은 필요에 따라 변하기는 하지만, 혈류 부족에 아주 약한 세포의 경우 먼저 혈류를 확보해두어야 한다. 그 제1 순위는 뇌, 그 다음이 심장이다. 뇌와 심장의 세포는 산소 부족에 굉장히 약해서 단 몇 분밖에 견디지 못한다.

뇌의 혈류가 끊어지면 몇 초 내에 의식을 잃고, 몇 분이 지나면 회복 불가능한 상태에 이른다. 즉 뇌사 상태에 빠진다. 따라서 어떤 경우에도 뇌의 혈류만큼은 우선적으로 확보해두어야 한다. 그 다음은 심장. 심장도 관상동맥의 혈류가 끊어지면 몇 초 지나지 않아 심한 통증을 유발한다. 반대로 뼈의 세포는 혈류 부족에 비교적 강해서 혈류가 끊어져도 하루 정도는 살 수 있다. 설사 심장이 멈추어도 전신의 세포가 모두 죽음에 이르려면 하루 이상 걸리는 셈이다.

● 최악의 순간에도 뇌의 혈류만큼은 확보해두어야 한다.

운동 후에는 골격근이 안정 상태에 있을 때보다 수십 배나 많은 혈액을 요구한다. 따라서 이때 우리 몸은 뇌로 가는 혈류는 줄일 수 없으므로 소화기로 향하는 혈류를 대폭 줄인다. 그런데 심장은 골격근의 혈액 요구를 최대한 들어주려고 최선을 다하지만, 그 능력에는 한계가 있다.

더욱이 폐에서 산소를 받아들이는 능력에도 한계가 있다. 여기에서 이 한계를 '최대 산소섭취량(폐 자체의 능력뿐만 아니라, 심장이 어느 만큼 혈액을 돌릴 수 있느냐 등의 요인도 관계가 있다)'이라 하고, 그 사람의 운동능력의 지표 가운데 하나로 꼽는다.

● 최대 산소섭취량은 운동능력의 지표 가운데 하나이다.

physiology  혈압과 혈류

혈액은 '옴의 법칙'에 따라 흐른다

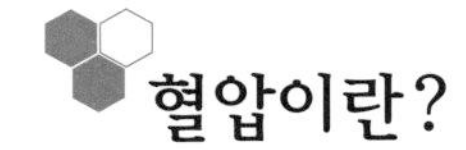

혈압이란?

혹시 어린 시절에 물총놀이를 해본 적 있는지?

물총놀이를 할 때 적(?)에게 제대로 물세례를 퍼부으려면 용기, 물, 피스톤을 밀어내는 힘 등 세 가지가 필요하다. 역으로 말하면, 이 세 가지만 있으면 다른 것은 필요 없다는 얘기이다.

우리 인체도 마찬가지로 혈액이 우리 몸 구석구석에 도달하려면 혈관, 혈액, 심장의 펌프 능력 등 세 가지가 필요하다.

한편 혈관 속의 압력을 혈압(血壓, blood pressure)이라고 하는데, 혈압에 대한 이야기는 천천히 하기로 하자.

- 혈액이 몸 구석구석에 도달하려면 혈관, 혈액, 심장의 펌프 능력 등 세 가지가 필요하다.

좀더 이해하기 쉽게 예를 하나 들어볼까 한다.

〈그림 1〉을 보면, 유키가 호스를 연결해 주렁주렁 매단 화분에 물을 주고 있다. 그리고 유키 옆에서 켄지는 열심히 펌프질을 하고 있다. 그런데 자세히 들여다보면, 유키가 호스 입구를 손으로 약간 막고 있다.

입구를 약간 막는 편이 물살이 세어져 높은 곳까지 물이 쉽게 도달하기 때문이다. 하지만 유키가 호스 입구를 막으면 켄지는 더 열심히 펌프질을 해야만 한다.

이처럼 화분에 물을 줄 때는 ① 호스 입구의 지름, ② 물의 양, ③ 펌프 능력 등 세 가지 요소가 서로 영향을 미치게 된다.

그런데 화분이 높은 곳에 매달려 있는 바람에 물줄기를 높이 쏘아 올려야 한다면 ① 호스 입구의 지름을 좁힌다, ② 물의 양을 늘린다, ③ 펌프질을 더 힘차게 한다, 이 세 가지 가운데 한 가지 동작이 필요하다. 여기서 ②의 물의 양이란 호스 속에 들어 있는 물의 양인데, 얼른 납득이 가지 않는다면 펌프 속에 있

::: 그림 1 _ **혈관, 혈액, 심장의 펌프 능력**

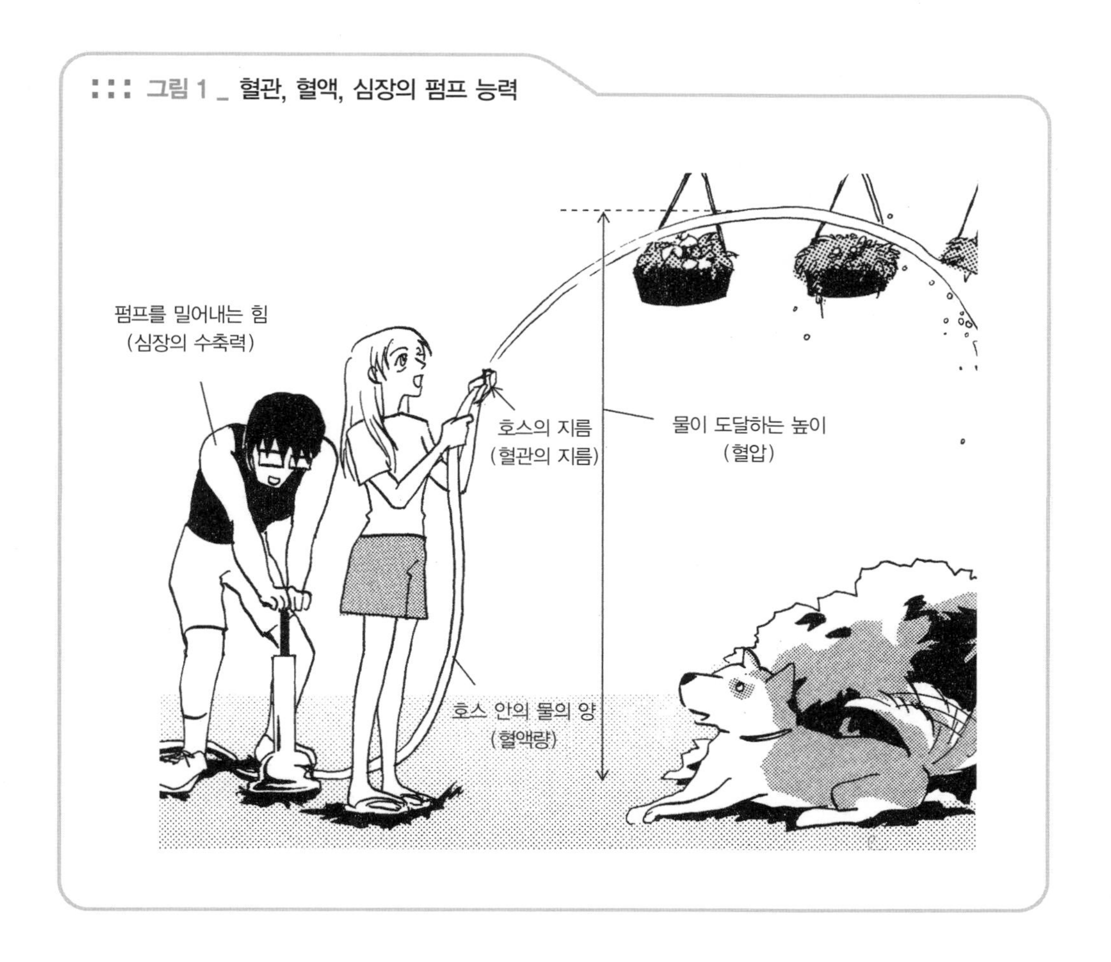

는 물의 양을 상상해도 무방하다. 펌프 속에 물이 조금밖에 없다면 아무리 펌프질을 힘차게 해도 물은 조금밖에 나오지 않는다. 펌프 속에 물이 많이 들어 있다면 물은 콸콸 높이 치솟는다(이때는 필연적으로 펌프를 밀어내는 힘도 세지는 경우가 많은데, 그 점에 대해서는 생각하지 않는 쪽이 이해하기 쉬울 것이다).

이때 물이 도달하는 높이가 바로 혈압이다. ①의 호스 입구를 좁힌다는 것은 '혈관 굵기', ②의 펌프 속 물의 양은 '혈액량(호스에서 나온 물의 양은 혈류량)'에 해당한다. 그리고 ③의 펌프 작업이 '심장의 수축력'에 해당한다(표 1).

위에서 소개한 혈액 흐름은 전기의 '옴의 법칙(Ohm's law, 도체 내의 두 점 간을 흐르는 전류의 세기는 전위 차에 비례하고, 그 사이의 전기저항에 반비례한다는 법칙)'과 아주 흡사하다. 즉 전압이 혈압, 전류가 혈류량, 저항이 혈관의 굵기에 해당한다. 그러나 이 법칙을 모른다면 그냥 넘어가도 이해하는 데 전혀 지장이 없으므로 머리 싸매고 끙끙거리지 말도록!

표 1 혈압과 혈관 · 혈액량 · 심장의 수축력의 관계

물이 도달하는 높이	높아진다	낮아진다	혈압	높아진다	낮아진다
호스 지름	좁아진다	넓어진다	혈관의 지름	작아진다	커진다
물의 양	늘어난다	줄어든다	혈액량	많아진다	적어진다
펌프 능력	강해진다	약해진다	심장의 수축력	강해진다	약해진다

혈관의 지름과 혈압의 관계

혈관의 지름이 커지면 혹은 작아지면 어떤 변화가 일어날까?

혈관에는 민무늬근(평활근)이 있어서, 이 근육이 이완하면 혈관의 지름이 커진다. 이를 혈관 확장이라고 한다. 민무늬근의 수축 · 이완, 즉 혈관 지름의 크기는 자율신경(본문 141쪽)의 지배를 받는다. 자율신경은 교감신경과 부교감신경으로 나눌 수 있으며, 교감신경과 부교감신경은 서로 정반대의 활동을 펼친다.

한편 혈관 확장은 부교감신경(副交感神經)이 흥분할 때 일어나는데, 교감신

::: 그림 2 _ 혈관의 지름과 혈압의 관계

● 허리띠의 굵기가 혈관의 지름, 배를 조이는 정도가 혈압이다. 혈관이 확장되면 혈압은 내려가고, 혈관이 수축되면 혈압은 올라간다.

경(交感神經)의 활동을 억제시켜도 같은 결과를 얻을 수 있다. 반대로 교감신경이 흥분하면 혈관의 민무늬근이 수축해서 혈관의 지름이 작아진다. 이를 혈관 수축이라고 한다. 즉 혈관이 확장되면 혈압은 내려가고, 혈관이 수축되면 혈압은 올라간다(그림 2).

혈관을 확장시키면 혈압이 내려가기 때문에, 고혈압 치료제로 혈관을 확장시키는 약제•가 이용되기도 한다.

• 자율신경의 활동과 관계 없이 혈관을 확장시키는 약도 많이 있다. 또 에피네프린(epinephrine)의 분비 항진과 교감신경 흥분은 서로 같은 작용을 하며, 양자는 동시에 발생한다.

혈관이 확장되면 혈압은 내려가고, 혈관이 수축되면 혈압은 올라간다.

혈액량과 혈압의 관계

그렇다면 혈액량이 늘어나면 혹은 줄어들면 어떤 변화가 생길까?

예를 들어 교통사고를 당해 피를 많이 흘리면 혈압이 뚝 떨어진다. 이런 경우에는 조속한 수혈 내지 수액(輸液) 처치•가 필요하다. 갑작스럽게 혈압이 떨어졌을 때, 수액 처치로 정상 혈압을 되찾는 사례는 실제 임상현장에서 흔히 볼

• 수액 처치란 식염수 등을 혈관 내에 대량으로 투여하는 처치를 말한다.

수 있는 장면이다.

반면에 몸 속에 수분이 과다해지면 혈압이 올라간다. 이 경우에는 이뇨제를 이용해 불필요한 수분을 소변으로 배출시킨다. 피를 빼내는 방법도 있지만, 이 방법은 아주 긴급한 경우에만 사용하는 것이 좋다.

몸의 수분을 감소시키면 혈압이 떨어지기 때문에 이뇨제는 고혈압 치료제로도 이용되고 있다.

- 출혈이나 탈수현상이 일어나면 혈압은 떨어지고, 수혈이나 수액 처치를 하면 혈압은 올라간다.

심장의 수축력과 혈압의 관계

심장의 수축력이 강해지거나 혹은 약해지면 어떤 변화가 생길까?

심장이 강하게 수축하면 힘차게 혈액을 뿜어낼 수 있어서 혈압은 올라간다. 또 심장이 약하게 수축하면 혈액을 뿜어내는 힘이 약해져 혈압은 내려간다.

교감신경이 흥분하면 심장은 강하게 수축한다. 반면에 부교감신경이 흥분하면 심박동 수가 감소하는데, 이와 관련된 이야기는 좀 복잡하기 때문에 여기에서는 부교감신경이 흥분하면 심장의 수축력도 약해진다고 이해하면 충분하다.

심장의 수축을 억제하는 약, 예를 들면 교감신경 활동에 제동을 거는 약은 고혈압 치료제로 이용되고 있다.

참고로, 부교감신경을 흥분시키는 약으로도 혈압을 낮출 수 있지만, 이 경우에는 많은 부작용을 낳기 때문에 고혈압 치료제로 쓰이지 않는다.

- 심장의 수축력이 약해지면 혈압은 내려가고, 심장의 수축력이 강해지면 혈압은 올라간다.

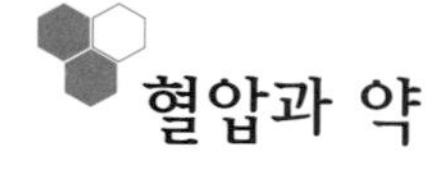

혈압과 약

혈압과 혈관 · 혈액량 · 심장 수축력의 관계를 〈표 2〉에 정리해두었다.

고혈압 치료제로 현재 수많은 종류의 약제가 개발 · 판매되고 있는데, 그 메커니즘은 다음의 세 가지로 압축할 수 있다.

① 혈관을 확장시키는 약제, ② 이뇨제, ③ 심장 수축력을 억제하는 약제 등이다.

반대로 혈압을 올리고 싶다면 ① 혈관을 수축시키는 약제, ② 수액, ③ 심장 수축력을 촉진하는 약제를 사용한다.

표 2 **혈압과 약제**

혈압	낮아진다	높아진다
혈관	혈관 확장제	혈관 수축제
혈액량	채혈, 이뇨제	수혈, 수액
심장의 수축력	수축을 약화시키는 약	수축을 증대시키는 약

혈액 공급과 혈압

우리 몸 구석구석까지 충분한 양의 혈액을 공급하기 위해서는 일정량 이상의 혈압이 필요하다. 우선 제일 먼저 피를 확보해야 하는 장기는 바로 뇌이다. 뇌의 혈류는 끊어지면 몇 초 안에 의식불명 상태가 된다. 혈류가 완전히 끊어지지 않더라도 뇌의 혈류가 부족해지면 의식이 멍해진다.

간혹 아침 조회시간에 쓰러지는 여학생들이 있는데, 이런 경우는 대부분 빈혈이 아니라, 부교감신경의 갑작스런 흥분으로 일어나는 저혈압에 의한 뇌의 혈류 부족이 원인이다.

- 온몸에 혈액을 공급하기 위해서는 일정량 이상의 혈압이 유지되어야 한다.

그렇다면 혈압은 높은 게 좋을까, 아니면 낮은 게 좋을까?

혈압이 너무 높으면 그 압력을 견디다 못해 혈관이 파열될 수 있다. 혈관이 찢어지면 당연히 출혈이 생기는데, 이런 현상이 뇌에서 일어나는 것이 뇌출혈(腦出血) 혹은 지주막하(蜘蛛膜下) 출혈이다(본문 170쪽). 이때는 급사(急死)하는 경우가 많고, 다행히 목숨을 건졌다 하더라도 마비 증세가 남는 경우가 많다.

그렇다면 혈압이 높더라도 혈관이 파열되지 않으면 아무 문제 없는 것일까?

물론 아니다. 고혈압이 장기간 지속되면 동맥경화(動脈硬化)를 야기한다. 동맥경화란 동맥의 벽에 콜레스테롤(본문 70쪽)이나 칼슘이 달라붙어서 혈관이 딱딱해지고 좁아진 상태를 말한다. 동맥경화가 일어난 혈관은 쉽게 막히고 쉽게 파열된다.

혈관이 막히지 않았어도 가늘어지기 때문에 충분한 양의 혈액을 통과시킬 수가 없다. 결국 혈관이 막힌 곳의 세포는 혈액을 충분히 공급받지 못해서 그 조직은 혈액 부족으로 기능 저하에 빠지고 만다. 더욱이 동맥경화는 천천히 진행되는 게 특징이다.

- 혈압이 높으면 동맥경화나 뇌출혈이 일어나기 쉽다.

그럼 혈압이 낮으면 어떻게 될까? 분명 동맥경화에 대한 우려는 없다. 하지만 혈압이 너무 낮으면 뇌를 비롯한 온몸에 혈액이 충분히 돌지 않아 혈액 공급에 차질이 생긴다. 특히 아침에 잠자리에서 갑자기 일어날 때, 체위 변화에 혈압 변화가 미처 대응하지 못해서 뇌로 가는 혈류가 부족해질 때가 있다. 이것이 바로 '일어섰을 때 핑 도는 현기증'이다.

세상사 모든 것이 매한가지겠지만, 혈압도 적당한 게 제일이다.

- 혈압이 너무 낮으면 온몸에 혈액을 원활히 공급할 수가 없다.

심장병이 직접적인 원인이 되어 혈압이 떨어지는 경우는 굉장히 위험하다. 이때는 심장에서 나오는 혈액량이 부족하여 충분한 양의 혈액을 온몸에 공급할 수 없기 때문이다. 이런 상태를 심부전(心不全)이라고 한다.

심부전은 심장 자체에 생긴 질병으로, 심장이 극도로 지쳐 있을 때 주로 발생한다. 정도의 차이는 있지만, 심부전인 경우 전문가의 치료가 절실히 필요하다.

- 심부전이란 온몸에 혈액을 충분히 공급하지 못하는 상태를 말한다.

수축기 혈압과 확장기 혈압

심장은 수축과 확장을 되풀이한다.

혈액을 뿜어내는 것은 수축기 때 뿐이며, 확장기에는 혈액을 뿜어낼 수 없다. 즉 혈압은 심장의 수축과 확장에 따라 시시각각 변하고 있다.

이처럼 혈압에는 파도가 있어서 심장이 수축할 때는 혈압이 높아지고, 반대로 심장이 확장할 때는 혈압이 낮아진다. 이때 가장 높은 지점을 수축기 혈압, 가장 낮은 지점을 확장기 혈압이라고 한다. 수축기 혈압을 최고 혈압이라고 하며, 확장기 혈압을 최저 혈압이라고 한다. 그리고 수축기 혈압과 확장기 혈압의 차이를 맥압(脈壓, pulse pressure)이라고 한다.

- 혈압에는 수축기 혈압과 확장기 혈압이 있으며, 양자의 차이를 맥압이라고 한다.

혈압 측정법

혹시 혈압을 재본 적 있는가? 팔에 띠를 감고 청진기를 팔꿈치 안쪽에 대고 '쑤웅쑤웅' 공기를 넣는데, 그런 경험을 해본 적 있는가?

팔에 두르는 띠(압박대)는 단순히 고무 주머니이다. 이 안에 공기를 넣어 주머니 안의 압력을 올리는데, 팔에 딱 고정되어 있으라고 안쪽에 매직 테이프가 붙어 있다. 청진기를 팔꿈치 안쪽에 대는 것은 이곳이 동맥(상박동맥)이 통과하는 지점이기 때문이다. 이 동맥의 가장 윗부분에 청진기를 대고 동맥의 소리를 듣는다.

- 혈압은 일반적으로 상박(위팔)부에서 측정한다.

그럼 혈압을 한번 측정해보자.

먼저 상박부에 고무 주머니를 칭칭 두른다. 팔꿈치 안쪽 상박동맥을 손으로 더듬어 박동을 확인한다. 상박동맥을 찾았으면 그곳에 청진기를 댄다. 박동을 감지할 수 없을 때는 그 언저리에 청진기를 댄다. 여기까지는 아무 소리도 들리지 않는다.

고무 주머니에 공기를 넣어 수축기 혈압을 웃도는 압력까지 공기를 주입한다. 〈그림 3〉의 (A) 상태이다. 이때는 혈관이 확장하려는 힘(이것이 혈압이다)보다 강한 압력으로 팔을 꽁꽁 동여맸기 때문에, 혈관이 찌그러져 혈류가 완전히 차단된다. 당연히 소리는 들리지 않는다.

이 상태에서 조금씩 공기를 빼내 압력을 낮추면, 수축기 혈압보다 팔을 동여맨 압력이 낮아진 시점부터 조금씩 혈액이 흘러나오기 시작한다. 〈그림 3〉의 (B) 상태이다. 이때 난류가 생겨 소리가 새어나온다. 이 소리가 새어나오기 시작할 때의 압력이 수축기 압력이다.

압력을 더 낮추어가다 확장기 혈압보다 팔을 동여맨 압력이 낮아지면, 동맥의 혈액 흐름이 더 이상 압박을 받지 않아 소리가 사라진다. 〈그림 3〉의 (C) 상태. 이 소리가 사라질 때의 압력이 바로 확장기 혈압이다.

〈그림 3〉의 (B) 시기에 들리는 소리에 대해 좀더 자세히 알아보기로 하자.

수축기 혈압과 확장기 혈압 사이의 압력으로 팔을 동여매면, 혈액은 통과하지만 혈관은 좁아진다. 본문 93쪽의 '심음(心音)'에서 '심장에서 나는 잡음은 혈액이 좁은 곳을 통과할 때 발생한다'고 설명했는데, 심잡음과 같은 원리로 혈관이 좁아지는 곳에서 소리가 발생한다. 주의 깊게 귀를 기울여보면, 팔을 동여맨 압력에 따라 소리의 질에 미묘하게 차이가 난다는 사실을 알 수 있다.

요컨대 소리가 났을 때와 사라졌을 때의 압력을 보고 수축기 혈압과 확장기 혈압을 알 수 있다. 자동 혈압계도 이와 같은 원리로, 인간의 귀로 소리의 유무를 판단하는 대신 기계가 소리의 유무를 판단하는 것이다.

- 상박부를 고무 주머니로 동여맨 후 서서히 압력을 내려 소리가 났을 때가 수축기 혈압이고, 소리가 사라졌을 때가 확장기 혈압이다.

혈압 측정법의 기본은 상류(上流)를 동여맨 뒤 그 하류(下流)의 동맥 음(音)을 들으면 되므로, 다리에서도 마찬가지 방법으로 혈압을 잴 수 있다.

질병에 따라서는 양손 양발의 혈압 측정이 필요한 경우가 있다. 손목이나 손가락을 가지고 측정할 수도 있지만, 경험에 따르면 이들 부위는 다소 정확성이 떨어지는 듯하다.

::: 그림 3 _ 혈압의 측정

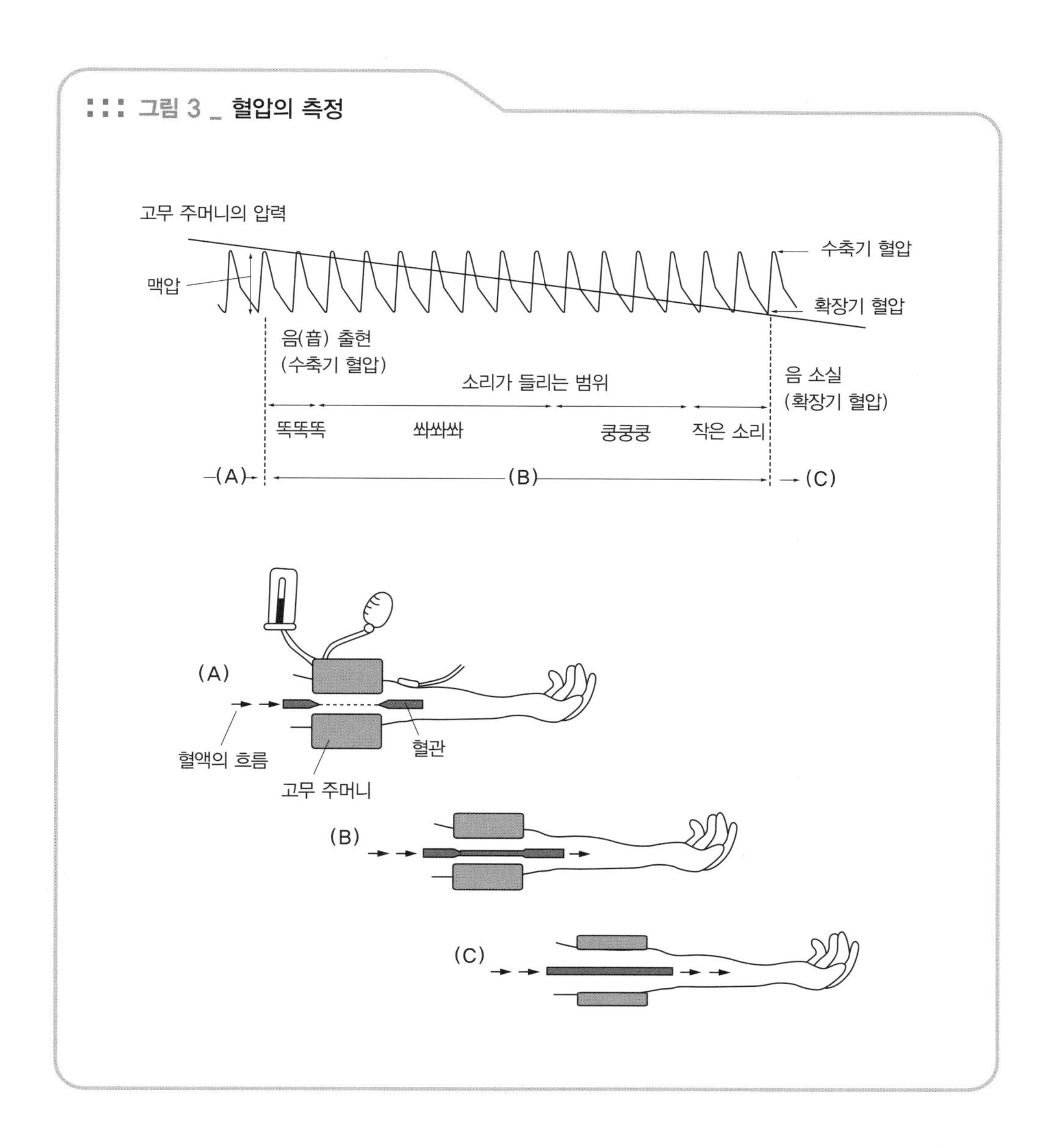

참고로, 다리용 고무 주머니는 크고, 소아용은 작게 만들어져 있다. 신생아용은 정말 앙증맞다.

● 다리에서도 혈압을 측정할 수 있다.

physiology  배설과 비뇨기

하루에 캔 2개 분량의 소변은 꼭 필요하다))))

배설이란?

체내에서 생성된 노폐물이나 독물을 체외로 버리는 일을 배설이라고 한다. 우리 몸 안에서 대사[•]가 이루어지면 노폐물이 반드시 생기게 마련이다. 대표적인 노폐물은 이산화탄소와 물. 이산화탄소는 폐에서 버려진다. 따라서 폐는 배설기관이다. 이산화탄소 이외의 노폐물은 거의 신장에서 소변의 형태로 처리된다. 그러므로 신장도 대표적인 배설기관. 이 이외의 배설방법으로는 간에서 담즙 속에 버리는 방법이 있다(본문 60쪽의 빌리루빈 등).

• 대사 : 생체에서 늘 일어나고 있는 물질의 분해와 합성의 화학 반응을 말한다.

● 신장 · 폐 · 간은 대표적인 배설기관이다.

단백질이 분해된 다음 생성되는 대사물을 요소(尿素)라고 한다. 요소는 간에서 만들어져 신장에서 처리된다. 기타 노폐물로는 핵산(DNA 등)의 대사물인 요산(尿酸)이 있다. 소변은 이들 요소나 요산이 들어 있는 배설물이다.

신장에서는 노폐물뿐만 아니라, 필요 없는 수분이나 염분도 처리하고 있다. 우리가 섭취한 수분과 염분은 신장이 알아서 계산한 뒤, 몸에 필요한 수분과 염분만 남겨두고 불필요한 부분은 모두 소변을 통해 버린다.

참고로, 생리학적인 정의에 따르면 대변은 배설물이 아니다. 왜냐하면 대변은

경구 섭취물의 찌꺼기이지, 대사 활동의 결과 생성된 것이 아니기 때문이다.

- 요소와 요산은 소변의 주성분이다.

네프론

그럼 이번에는 신장(腎臟, kidney, 콩팥이라고도 한다)에서 소변이 만들어지는 과정을 살펴보자.

〈그림 1〉에서와 같이 소변은 사구체(絲球體, glomerulus)와 세뇨관(細尿管, renal tubule)에서 만들어진다. 하나의 사구체에는 하나의 세뇨관이 연결되어 있는데, 이렇게 한 세트를 네프론(nephron)이라고 부른다. 신장에는 네프론이 100만 개 정도 있다. 즉 신장은 네프론의 집합체이다.

그림 1 _ 네프론의 구조

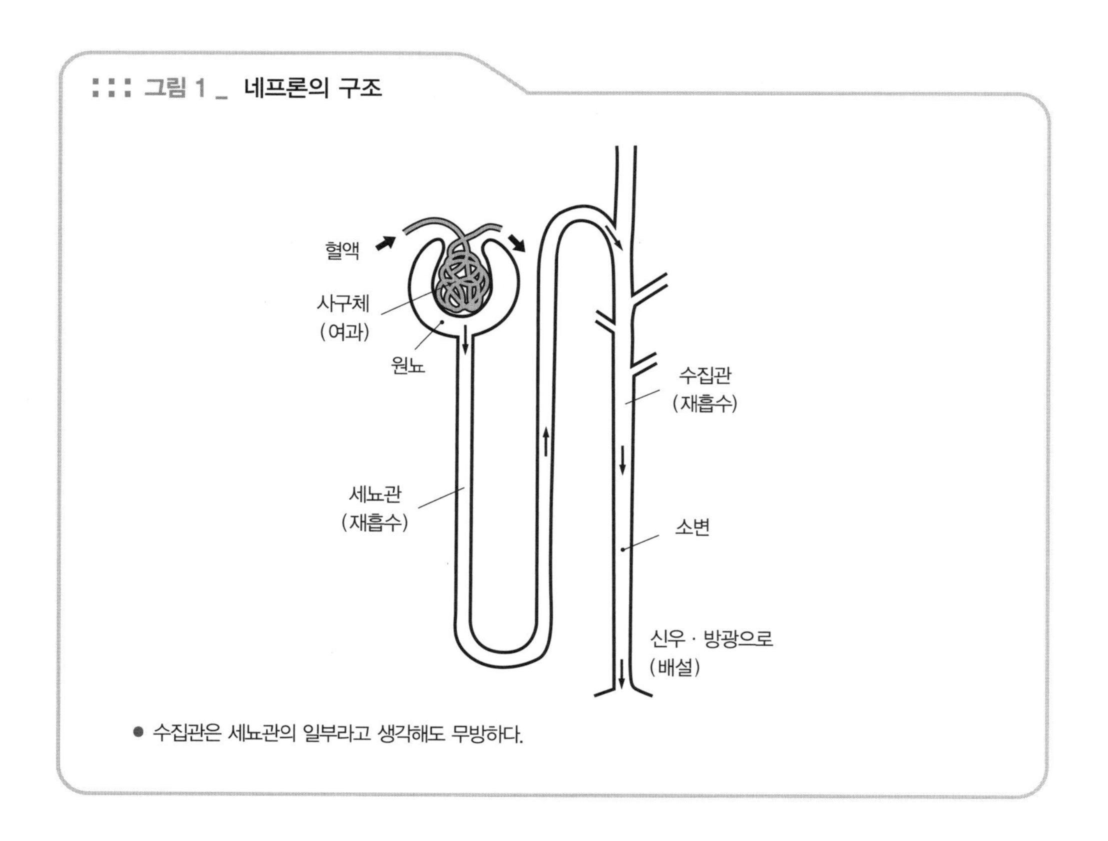

- 수집관은 세뇨관의 일부라고 생각해도 무방하다.

하지만 신장의 생리기능을 파악하려면, 신장을 네프론의 집합체가 아니라 하나의 거대한 네프론이라고 생각하는 쪽이 훨씬 이해가 빠를 것이다.

- 신장의 구조와 기능의 기본 단위를 네프론이라고 하는데, 네프론은 사구체와 세뇨관으로 이루어져 있다.

그럼 네프론에서 소변이 생성되는 과정을 살펴보자. 우선 사구체에서는 혈액을 여과시키는데, 이 여과된 액체를 여과액(濾過液) 혹은 원뇨(原尿)라고 한다. 사구체에서 걸러진 원뇨는 세뇨관에서 재흡수되어 체외로 배설하는 소변이 된다. 이때 세뇨관에서는 원뇨 속에 들어 있는 다양한 물질을 흡수해서 원뇨의 성분이나 양을 변화시킨다. 세뇨관에서는 일단 여과된 수분이나 물질을 다시 흡수하기 때문에 세뇨관에서의 흡수를 재흡수라고 한다.

요컨대 소변이 만들어지는 과정을 아주 간략하게 표현하면, 사구체에서 이루어지는 여과와 세뇨관에서 이루어지는 재흡수 과정이다.

- 소변은 사구체의 여과 과정과 세뇨관의 재흡수 과정을 통해서 만들어진다.

사구체의 활동

사구체의 여과 원리는 우리가 초등학교 때 배운 여과지의 원리와 똑같다. 구정물을 여과지에 거르면 더러운 물이 깨끗해지는 실험, 해본 적이 있을 것이다. 이때 진흙 입자는 여과지의 체보다 크기 때문에 여과지에 남고, 걸러진 액체 속에는 여과지의 체보다 작은 입자만 남게 된다.

사구체도 이와 같은 원리로 혈액을 여과시킨다. 사구체에 여과될지 안 될지는 순전히 혈액 속에 녹아 있는 물질의 크기에 달려 있다. 다시 말해 작은 입자는 여과되고, 큰 입자는 여과되지 않는다. 즉 원뇨에는 물분자, 나트륨 이온, 포도당 등의 작은 입자만 남아 있다. 여과되지 않은 큰 입자 물질로는 알부민 등의 단백질이 있다.

즉 사구체에서는 알부민보다 작은 물질만 여과되고, 알부민 및 알부민보다 큰 물질은 여과되지 않는다.

● 사구체에서는 알부민보다 작은 물질만 여과된다.

건강검진을 할 때 소변검사는 필수 항목이다. 그런데 소변검사 항목 가운데 단백뇨(蛋白尿)라는 것이 있다.

정상이라면, 소변에는 단백질이 포함되어 있지 않으므로 단백뇨 항목이 음성으로 나온다. 그런데 사구체에 병이 생기면, 사구체의 그물망이 느슨하게 벌어져 여과되지 말아야 할 알부민까지 나와 소변에 섞이게 된다. 이런 환자의 소변에는 단백질이 들어 있기 때문에 단백뇨 양성 판정을 받게 된다. 이때 소변에 포함된 단백질이 알부민이다. 즉 단백뇨 검사는 사구체의 이상 유무를 파악하기 위한 검사이다.

● 정상적인 소변에는 단백질이 들어 있지 않다.

사구체의 여과 과정에서 또 한 가지 중요한 사실은 여과 활동이 혈압의 영향을 받는다는 점이다.

앞에서 얘기한 여과지의 원리 실험에서는 중력으로 인해 물이 아래로 떨어졌다. 그런데 사구체의 여과지에 해당하는 그물망을 빠져나가는 힘은 사구체라는 혈관을 안쪽에서 미는 힘, 즉 혈압이다. 달리 표현하면, 혈압이 떨어지면 여과가 제대로 이루어지지 않아 소변을 만들지 못하게 된다.

● 사구체에서는 혈압의 힘으로 여과가 진행된다.

사구체에서 여과되느냐, 여과되지 않느냐는 전적으로 입자의 크기에 달려 있다. 말하자면 해당 물질이 인체에 중요한 물질이냐 아니냐는 전혀 상관이 없다. 단지 문제는 크기일 뿐이다. 사구체의 그물망을 뚫고 빠져나갈 수만 있다면 뭐든지 여과된다. 즉 원뇨에는 노폐물뿐 아니라, 인체에 중요한 물질도 다량 포함되어 있다.

● 원뇨 속에는 인체에 중요한 물질도 많이 들어 있다.

::: 그건 버리지 마!

::: 타나카씨 집의 쓰레기 선별법은 네프론과 흡사하다. 우선 버릴 만한 것을 몽땅 모은 뒤(여과한 뒤), 그 중에서 필요한 것만 다시 회수한다(재흡수). 그 나머지가 바로 쓰레기(소변)!

세뇨관의 활동

원뇨에는 분명 노폐물이 들어 있지만, 중요한 물질도 많이 들어 있다. 따라서 원뇨 속에서 인체에 필요한 물질을 다시 회수하는 작업이 필요한데, 이 작업을 담당하는 곳이 바로 세뇨관이다. 세뇨관에서는 원뇨 속에서 필요한 물질을 취사 선택해 흡수한다. 일단 사구체에서 여과하고 난 후 다시 흡수하는 것이기 때문에 세뇨관에서 일어나는 흡수를 재흡수라고 한다.

● 세뇨관에서는 재흡수가 이루어진다.

건강한 성인의 소변량이 어느 정도인지 혹시 알고 있는가?

물론 일반인들의 경우 정확하게 측정해본 적이 없을 테지만, 하루에 1~1.5*l*

정도라고 한다.

그렇다면 원뇨의 양은 하루에 얼마나 될까?

하루의 원뇨량은 대략 150*l* 이다. 따라서 실제 소변량은 원뇨의 100분의 1 이하이다. 이 말은 사구체에서 여과된 물의 99% 이상이 세뇨관에서 재흡수되고 있다는 의미이다. 세뇨관에서 재흡수되는 대표적인 물질은 물, 나트륨, 포도당이다. 물과 나트륨은 99% 이상, 포도당은 100% 재흡수되고 있다. 그러므로 건강한 사람의 소변에는 포도당이 전혀 들어 있지 않다.

- 포도당은 세뇨관에서 100% 재흡수된다.

소변에 당이 섞여 나오는 이유

당뇨병(糖尿病)은 일반인에게도 널리 알려진 질병으로, 인슐린이 부족해 혈당치가 올라가고, 그 결과 몸의 이곳저곳에 장애가 일어나는 질환이다. 그런데 당뇨병 환자의 소변 속에는 포도당이 들어 있다. 왜 소변에서 포도당이 검출되는 것일까?

앞에서 포도당은 세뇨관에서 100% 재흡수된다고 얘기했지만, 세뇨관의 재흡수 능력에는 한계가 있다.

사구체에서 포도당은 대부분 여과되기 때문에, 혈액 속의 포도당 농도와 원뇨 속의 포도당 농도는 서로 일치한다. 그런데 당뇨병에 걸리면 혈당치가 상승한다. 그렇게 되면 자연히 원뇨 속의 포도당 농도도 높아져서 일정량 이상, 대략 정상의 2배를 초과하게 되면 세뇨관에서 포도당을 재흡수할 수 없게 되고, 재흡수되지 못한 양만큼 소변에 당이 섞여 나오는 것이다.

즉 당뇨병 환자의 소변에서 포도당이 나오는 것은 신장이 나빠서가 아니라, 높은 혈당치가 주원인이다. 따라서 혈당치가 상승하면 꼭 당뇨병이 아니더라도 소변에서 요당(尿糖)이 검출되기도 한다.

- 세뇨관에서 포도당을 재흡수하는 능력에는 한계가 있기 때문에, 혈당치가 지나치게 상승하면 재흡수되지 못한 양만큼 소변에 당이 섞여 나온다.

∷ 당뇨병 환자의 오줌은 정말 달까?

주: 이 이야기는 필자가 학창시절 생리학 강의시간에 교수님한테서 전해 들은 얘기다.

하루에 필요한 소변량은?

그럼 이번에는 소변량에 대해 생각해보자.

몸의 컨디션에 따라 소변량은 변한다. 보통은 하루에 1～1.5*l*이지만, 땀을 많이 흘리거나 물을 적게 마시면 소변의 농도가 진해지고 그 양은 줄어든다. 하지만 그래도 보통 하루에 500m*l* 이상은 된다.

그 이유는 신장의 농축력에 한계가 있어서 터무니없이 진한 소변은 만들지 못하기 때문이다. 소변량이 하루에 500m*l* 이상 되지 않으면 몸에 쌓인 노폐물을 처리할 수가 없다. 즉 이 말은 소변량이 하루에 최소한 500m*l*가 되지 않으면 체내에 노폐물이 쌓이게 된다는 얘기이다.

- 노폐물을 정상적으로 버리기 위해서는 하루에 500ml 이상의 소변량이 필요하다.

소변량은 체내의 수분량에 따라 세밀하게 조절되고 있다. 소변량을 정하는 대표적인 호르몬은 뇌하수체 후엽에서 분비되는 항이뇨 호르몬(ADH, 바소프레신) 이다.

세뇨관에서 물의 재흡수율은 99% 이상인데, 만약 ADH 분비가 완전히 차단되면 물의 재흡수율이 90% 정도로 떨어진다. 90%나 99%는 별 차이 없는 거 아니냐고 반문할지 모르지만, 절대 그렇지 않다. 여기서 잠시 재미난 숫자 공부를 한번 해보자.

원뇨의 양은 하루에 약 150*l*라는 이야기를 앞에서 했다. 이 가운데 99%가 재흡수되고, 재흡수되지 않고 체외로 빠져나가는 물, 즉 소변의 양은 원뇨의 1% 이다. 150*l*의 1%는 1.5*l*, 즉 하루 소변량은 1.5*l*이다.

그런데 재흡수율이 90%라면 소변량은 150*l*의 10%, 즉 15*l*가 된다. 하루 소변량이 15*l*가 되면 정말 큰일이다. 1시간에 몇 번씩, 그것도 잠잘 시간도 없이 하루 종일 화장실에 들락날락해야 한다는 뜻이다. 따라서 90%와 99%에는 큰 차이가 있다는 사실을 알기 바란다.

한편 ADH 부족으로 소변이 증가하는 질환을 요붕증(尿崩症, 오줌이 지나치게 많이 나오는 병)이라고 한다.

- 세뇨관의 재흡수율이 감소하면 소변량은 증가한다.

오줌길은 일방통행

신장에서 만들어진 소변은 '수뇨관(輸尿管, 신장과 방광을 연결하는 관으로 요관이라고도 한다) → 방광 → 요도(尿道)' 라는 루트를 통해 체외로 배설된다. 이 경로를 요로(尿路)라고 한다.

요로는 단순한 소변 통로로, 요로를 통과하는 동안 소변 성분에는 전혀 변화가 없다.

- 수뇨관, 방광, 요도를 요로라 하며, 요로를 통과하는 동안에는 소변 성분에 전혀 변화가 없다.

요로의 또 한 가지 특징은, 소변의 흐름은 일방통행이라는 점이다. 즉 소변은 반드시 수뇨관 → 방광 → 요도의 방향으로 흐르며, 역류하지 않는다. 요도는 외계(外界)와 이어져 있어서, 그곳에는 항상 세균이 득실거리고 있다. 그런데 외계의 세균이 요도로 침입하려 해도 소변의 흐름이 일방통행이라서 세균이 씻겨 내려가 버린다. 그러므로 세균이 방광으로 거슬러 올라오기 힘들고, 신장까지 올라오는 것은 거의 불가능하다.

● 요로에서의 소변 흐름은 일방통행으로, 결코 역류하지 않는다.

배뇨의 메커니즘

방광(膀胱)은 민무늬근으로 이루어진 소변의 저장 주머니이다. 소변이 마렵다는 느낌, 즉 어느 정도 소변이 찼다는 느낌은 방광벽의 긴장도로 감지한다. 방광의 크기가 아닌 방광벽의 긴장도이다. 그러므로 소변이 마렵다는 느낌과 방광 내 소변량이 반드시 비례하는 것은 아니다. 방광이 꽉 차지 않아도 정신적인 긴장으로 방광벽의 민무늬근이 수축하면, 방광벽의 긴장도가 높아져 소변이 보고 싶은 느낌을 받게 된다. 따라서 적은 양의 소변이라도 화장실에 가고 싶은 느낌이 들 때가 있는가 하면, 꽤 많은 양의 소변이 차도 화장실에 가고 싶다는 생각이 별로 들지 않을 때가 있다.

● 소변이 마렵다는 느낌은 방광벽의 긴장도로 감지한다.

소변이 어느 정도 방광에 차면 배뇨를 한다. 이 배뇨 동작은 자율신경도 관여하는 상당히 고도의 작업이다. 말하자면 소변을 보고 싶을 때만 보고, 보고 싶지 않을 때는 배출하지 않는 완벽한 배뇨 동작은 어린 아이에게는 굉장히 어려운 일이다. 혹시 어린 아이가 이불에 실수하더라도 너그럽게 넘어가기를.

한 번의 배뇨 동작으로 방광 속의 소변은 쫙 빠져나간다. 즉 잔뇨(殘尿)가 남지 않게 된다. 잔뇨가 남아 있지 않다는 것은 굉장히 중요한 사실로, 소변의 흐름이 일방통행이라는 점과 더불어 요로를 외계의 세균으로부터 지켜내는 중요한 메커니즘이다.

왜 잔뇨가 남아 있지 않으면 세균 감염을 막을 수 있는지는 〈그림 2〉를 보면 알 수 있다. 흐르는 하수는 깨끗하지만, 고여 있는 하수는 오염되는 것과 똑같은 이치이다.

- 배뇨 뒤 방광에는 소변이 남아 있지 않다.

세균이 요도까지 거슬러 올라가면 요도염(尿道炎), 방광까지 가면 방광염(膀胱炎)에 걸린다. 방광염은 가려움과 따끔따끔한 증상을 동반하긴 하지만 열은 나지 않는다. 그런데 세균이 신장까지 가면 신우염(腎盂炎)으로 발전해 고열이 난다.

여성은 남성에 비해 요도가 짧기 때문에 방광염에 걸리기 쉽다. 방광염을 방지하기 위해서는 물을 충분히 마시고 가능한 한 자주 화장실에 가는 것이 좋다. 소변을 참다 보면 그 사이에 세균이 증식할 수도 있기 때문이다.

::: 그림 2 _ 잔뇨와 세균의 증식

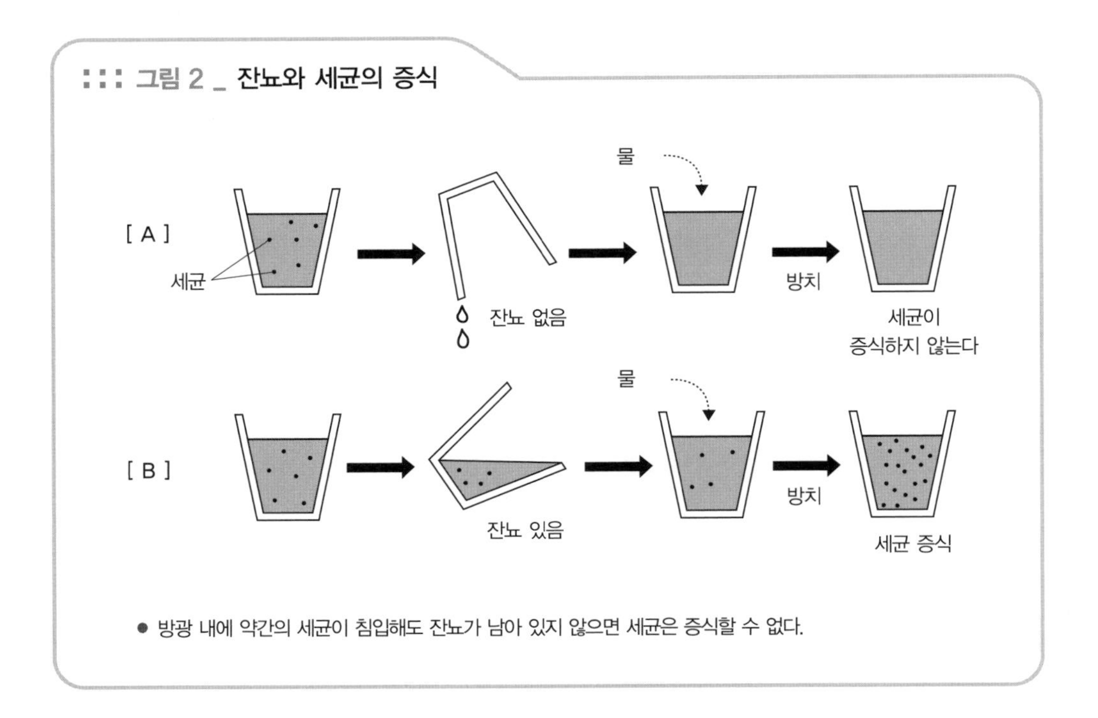

- 방광 내에 약간의 세균이 침입해도 잔뇨가 남아 있지 않으면 세균은 증식할 수 없다.

또 한 가지 중요한 예방법은 요도 입구를 청결하게 유지하는 것이다. 불결한 성행위로 방광염에 걸리는 경우가 상당히 많은 것 같다. 사랑을 나누기 전에는 적어도 손을 씻고, 가능하면 샤워 등을 통해 몸을 깨끗하게 하는 것이 사랑하는 사람에 대한 예의이다.

불결한 성행위는 방광염의 원인이 된다.

기타 신장의 기능

신장에서는 소변을 만드는 일 이외에도 다양한 작업이 이루어지고 있다.

여기에서는 신장의 주요 기능 세 가지를 알아보자.

첫 번째는 에리트로포이에틴이라는 사이토카인(본문 27쪽, 126쪽 참조)을 분비해서 적혈구 생산을 촉진시킨다. 신장은 빈혈과 밀접한 관련이 있어서 신장이 나빠지면 빈혈이 생긴다. 그런 의미에서 보면 신장은 내분비기관이라고도 할 수 있다.

두 번째는 혈압 조절. 신장은 혈압 조절에도 관여하고 있다. 따라서 신장이 나빠지면 혈압이 높아지는 경향이 있다.

세 번째는 비타민 D의 활성화이다. 비타민 D는 음식물을 섭취하거나 혹은 태양광선을 통해 체내에서 만들어지는데, 그대로 활성화되는 것이 아니라 신장세포에서 대사가 이루어져야 활성화된다. 비타민 D는 칼슘 대사에도 관여하고 있어서, 신장이 나빠지면 뼈가 약해진다.

신장은 소변 생성 이외에도 적혈구 생산, 혈압 조절, 칼슘 대사에 관여하고 있다.

신부전과 혈액투석

신장이 제 기능을 다하지 못하는 상태를 신부전(腎不全)이라고 한다. 신부전에 걸리면 체내에 노폐물이 쌓이므로 인공적으로 혈액 속의 노폐물을 제거해줄 필요가 있다.

::: 그림 3 _ 혈액투석 장치

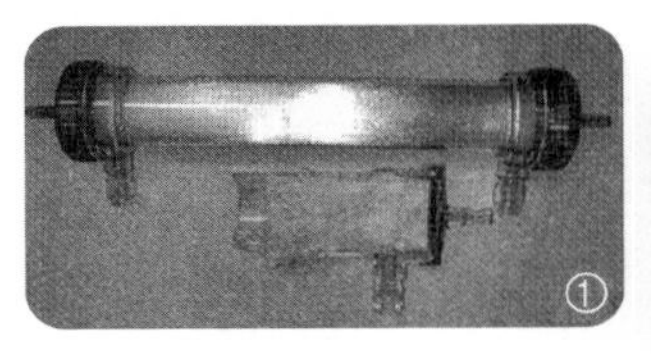

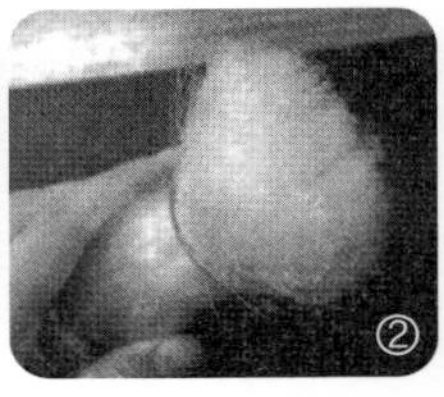

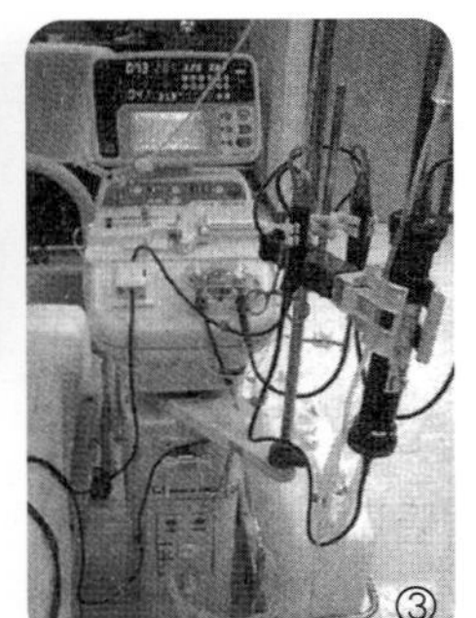

① 혈액투석막의 외관과 그 내용물. 가느다란 빨대 다발이다.
② 내용물의 단면
③ 혈액투석 장치

신부전 치료에는 인공 신장, 즉 굉장히 작은 구멍이 나 있는 인공 막을 이용한다. 이 구멍으로는 물이나 포도당 같은 아주 작은 분자만 통과할 수 있으며, 알부민 같이 큰 분자는 통과할 수 없다. 이 인공 막을 가느다란 빨대 모양으로 1만 개 정도 묶어서 관 속에는 혈액을, 관 밖에는 깨끗한 물을 흘려보내면 혈액 속의 노폐물만 제거할 수 있다. 이를 혈액투석(血液透析)이라고 한다(그림 3). 혈액투석 시 혈액 속에서 주로 걸러내는 물질은 요소와 같은 노폐물이나 칼륨과 같은 과잉 이온, 그리고 과잉 수분이다.

인공 신장은 진짜 신장 기능을 어느 정도 대신할 수 있지만, 고분자 형태의 노폐물은 제거할 수 없으며, 게다가 에리트로포이에틴을 만들 수 있는 기능도 갖고 있지 않다.

결국 신부전의 궁극적인 치료법은 신장이식(腎臟移植)이다. 신장은 오른쪽 복부 아래에 이식한다.

● 신부전의 치료법으로 혈액투석이 있다.

physiology  내분비

화학전달물질을 매개로 한 메시지 전달

세포 간의 명령 전달

우리 인체에서 어떤 세포가 다른 세포에게 뭔가 메시지를 전하고 싶을 때 이용하는 가장 보편적인 방법이 '분비(分泌)'라는 방법이다.

이는 어떤 물질을 분비함으로써 그 메시지를 세포 밖으로 전하고, 상대는 그 화학전달물질(chemical messenger)을 포착하여 해독함으로써 명령을 받아들이는 시스템이다. 즉 발신자는 화학전달물질을 분비하고, 수신자는 그것을 해독한다. 메시지 전달은 우선 이 '화학전달물질의 분비와 수취'라는 과정을 통해 이행된다는 사실을 기억하기로 하자.

- 화학전달물질의 분비와 수취로 세포 간의 명령 전달이 이루어진다.

이때 주의할 점은 명령을 전달하고자 하는 세포에게만 그 내용을 전해야 한다는 것이다. 즉 표적세포 이외의 세포에게는 절대 명령을 누설해서는 안 된다는 것! 그럼, 어떻게 상대를 선별하는 것일까? 그리고 멀리 떨어진 세포에게는 어떤 식으로 메시지를 전하는 것일까? 우선 상대방을 선별하는 방법부터 살펴보자(그림 1).

- 세포 간의 명령은 표적세포 이외의 세포에게는 전해서는 안 된다.

전달하고 싶은 상대가 바로 옆에 있다면 분비된 화학전달물질은 상대방에게 쉽게 도달할 수 있다. 분비된 화학전달물질의 농도는 자신의 주변이 가장 높고, 분비세포에서 멀어질수록 농도가 떨어지게 마련이다. 즉 자기 주변에는 많지만, 조금 떨어지면 농도가 엷어지고, 더 멀리 떨어지면 거의 제로에 가까워진다.

상대방이 자신의 바로 옆 내지는 적어도 자신과 가까이 있는 경우에는 단순히 물질을 분비하는 것만으로도 메시지를 충분히 전달할 수 있다. 그런데 이 경우에는 자신의 주변 세포에게만 메시지를 전할 수 있다. 이 방법은 자신과 이웃한 조직으로 정보전달의 범위가 한정된 경우에 흔히 볼 수 있다. 이 경우의 화학전달물질을 '사이토카인(본문 27쪽, 123쪽)'이라고 한다.

사이토카인은 가까이 있는 세포에게 효과가 있다.

그렇다면 전달하고 싶은 상대가 멀리 떨어져 있다면 어떤 식으로 자신의 마음을 전해야 할까? 방법은 두 가지.

첫 번째 방법은 상대방 세포가 있는 곳까지 자신의 손을 뻗치는 것이다. 손이 닿으면 바로 상대에게 메시지를 전할 수 있다. 다만 모든 표적세포와 완벽한 정보 네트워크를 구축해야만 한다. 이것이 바로 '신경'이다.

더욱이 신경을 매개로 한 명령은 손이 닿은 상대에게만 선택적으로 전달할 수가 있다. 즉 표적세포가 이미 결정되어 있어서 네트워크를 다시 짜지 않는 한, 표적세포를 변경할 수가 없다.

요컨대 신경의 장점은 '굉장히 빠르고', '특정 세포에게만' 메시지를 전할 수 있다는 점이다. 그리고 신경의 경우도 화학전달물질이 신경 말단에서 분비되어 상대방에게 메시지를 전달하고 있다.

신경은 굉장히 빠르게, 특정 상대에게만 메시지를 전달할 수 있다.

멀리 떨어진 상대에게 메시지를 전달하는 두 번째 방법은 '호르몬'이다.

이는 전원에게 명령 메시지를 똑같이 보여주고 그 메시지를 이해하는 자에게만 명령을 전달하는 방식이다. 이때의 화학전달물질은 호르몬(hormone) 그 자

::: 그림 1_ 명령의 전달방법

[사이토카인]

[호르몬]

(장남인 찬호만 독일어를 이해했다)

[신경]

● 사이토카인은 가까이 있는 세포에게, 호르몬은 명령을 이해할 수 있는 세포에게, 신경은 특정 상대에게 메시지를 전달한다.

체이다. 호르몬은 혈액 속에 분비되어 온몸으로 퍼져나간다. 즉 호르몬의 농도는 전신 어느 곳이나 동일하다.

● 호르몬의 농도는 전신 어느 곳이나 동일하다.

액체이고 농도가 점점 엷어진다는 점에서 본다면, 사이토카인은 호르몬의 일종이라고 생각해도 무방하다.

사이토카인과 호르몬과 신경은 화학전달물질을 분비한다는 점에서 동일하다.

이들의 차이점은 전달하고 싶은 상대가 가까이 있느냐(사이토카인), 멀리 있느냐(호르몬), 그리고 특정 상대이냐(신경), 라는 점이다. 또 한 가지 차이점은 화학전달물질이 상대에게 도달하는 시간이다. 사이토카인과 호르몬은 다소 시간이 걸리지만, 신경은 말 그대로 '눈 깜짝할 사이'에 상대에게 전달된다.

● 호르몬과 신경은 화학전달물질을 분비한다는 점에서 같은 시스템이다.

호르몬은 메시지를 전달할 상대를 어떻게 선별하는 것일까?

예를 들어 한국어로 적힌 명령 쪽지는 한국인만 그 내용을 이해할 수 있고, 아랍어로 씌어진 명령 쪽지는 아랍인만 이해할 수 있는 것처럼, 호르몬의 메시지는 그 메시지의 내용을 해독할 수 있는 세포만 이해할 수가 있다.

가령 갑상선자극 호르몬(TSH)이라는 호르몬의 메시지는 온몸의 모든 세포가 동일하게 받지만, 갑상선 세포만 그 의미를 이해할 수 있다. 즉 다른 세포는 해당 메시지를 받아도 '이게 뭔 말인겨?!' 하며 전혀 의미를 모른다는 얘기이다.

● 호르몬은 그 메시지를 이해할 수 있는 세포에게만 효과가 나타난다.

호르몬 수용체

세포가 호르몬을 받아들이는 부위를 '수용체(受容體, receptor)'라고 한다.

어쩌면 '부위' 라기보다는 '장치' 라는 표현이 더 정확할지도 모르겠다.

수용체는 단백질로 구성되어 있으며, 세포 표면에 있는 것도 있고 세포 내부에 존재하는 것도 있다. 수용체와 호르몬이 결합하면, 수용체는 그 의미를 해독하고 세포 중추부에 메시지를 전달한다. 즉 어떤 세포가 호르몬의 메시지를 이해한다는 것은 그 세포가 해당 호르몬의 수용체를 갖고 있다는 것과 같은 의미이다. 다시 말해 수용체의 유무가 호르몬 효과의 유무와 직결되는 것이다.

- 호르몬은 수용체를 매개로 하여 그 효과가 나타난다.

호르몬과 그 호르몬이 결합할 수 있는 수용체는 짝이 정해져 있다. 예를 들면 갑상선 호르몬은 갑상선 호르몬 수용체와 결합하고, 인슐린은 인슐린 수용체와 결합한다.

- 호르몬은 그 호르몬에 한정된 수용체와 결합하여 효과가 나타난다.

수용체를 매개로 한 전달은 호르몬에만 국한된 얘기는 아니다. 앞서 얘기한 사이토카인의 메시지도 사이토카인의 수용체를 매개로 하여 세포에 전달된다. 또 신경의 메시지도 신경전달물질의 수용체를 매개로 하여 전달된다. 신경전달물질의 수용체는 시냅스(synapse) 속에 있다. 시냅스와 관련된 부분은 본문 136쪽에서 자세히 설명하기로 하겠다.

- 신경의 정보나 사이토카인의 정보도 수용체를 매개로 하여 전달된다.

α수용체와 β수용체

지금부터는 조금 어려운 얘기를 해볼까 한다.

앞서 얘기했듯이, 수용체가 없는 세포는 호르몬의 메시지를 읽을 수 없다. 메시지를 해독하려면 수용체를 갖고 있어야 하기 때문이다. 그렇다면 호르몬은 어떤 수용체에게나 똑같은 의미를 전달하는 것일까? 사실은 그렇지 않다. 호르몬의 메시지는 결합하는 수용체에 따라 그 의미하는 바가 달라진다.

예를 들어 설명해보자. 가령 어머니가 세 아들에게 '아버지가방에들어가셨다'는 쪽지를 남겼다고 하자. 여러분이 만약 아들이라면 이 쪽지를 어떻게 해석하겠는가?

큰아들은 '아버지 가방에 들어가셨다'고 이해해서 '그렇게 큰 가방이 어디 있나?!' 하며 사방을 두리번거렸고, 작은아들은 '아버지가 방에 들어가셨다'고 알아듣고는 안방 문을 노크했다. 또 미국에서 오래 살다온 막내 아들은 무슨 말인지 몰라서 고개만 갸우뚱거렸다.

이처럼 같은 명령이라도 그 명령을 받아들이는 사람에 따라 의미가 완전히 달라진다. 받아들이는 방법을 규정하는 것이 바로 수용체이다. 즉 수용체의 종류에 따라 호르몬의 효과는 달라지게 된다.

호르몬의 효과는 수용체의 종류에 따라 변한다.

예를 들어 에피네프린(epinephrine, 흔히 아드레날린이라고 한다)이라는 부신수질(副腎髓質)에서 분비되는 호르몬이 있다(교감신경에서 분비되는 노르에피네프린도 거의 같은 작용을 한다). 이 호르몬은 대개는 혈관을 수축시킨다. 즉 혈관세포(정확하게는 혈관의 민무늬근 세포)의 에피네프린 수용체는 에피네프린을 받아들여 그 메시지를 '수축하시오'라고 해독한다. 그 결과 혈관은 수축한다. 이 수용체를 'α수용체'라고 한다.

한편 이 α수용체의 활동을 특수한 약제로 억제시키면, 에피네프린은 반대로 혈관을 확장시킨다. 같은 에피네프린이라도 정반대의 활동을 하는 셈이다. 그 이유는 혈관에는 α수용체와 함께 'β수용체'라는 것이 있어서, β수용체는 에피네프린의 메시지를 '이완하시오'라고 해독하기 때문이다. 그 결과 혈관은 확장된다. 이처럼 β수용체는 α수용체와는 정반대로 그 의미를 해독한다.

혈관의 민무늬근 세포는 다수의 α수용체와 소수의 β수용체, 즉 두 종류의 에피네프린 수용체를 갖고 있다. 보통은 다수의 α수용체 메시지가 힘이 더 세어서 에피네프린에 의한 혈관 수축이 발생한다.

그렇지만 특수한 약제로 α수용체의 활동을 억제시키면, 에피네프린은 β수용체를 매개로 혈관을 확장시키게 된다.

- 에피네프린 수용체에는 α수용체와 β수용체가 있으며, 이 두 가지 수용체는 정반대의 활동을 펼친다.

혈관의 민무늬근 세포는 α 수용체가 β 수용체보다 많기 때문에, 에피네프린에 의해 민무늬근이 수축된다. 그런데 폐 기관지에 있는 민무늬근 세포는 β 수용체를 더 많이 갖고 있다. 때문에 에피네프린을 투여하면 기관지의 민무늬근 세포가 이완되어서 기관지가 확장되고, 그 결과 호흡이 한결 수월해진다.

이런 성질을 이용해 기관지 천식의 발작이 일어났을 때(이때는 기관지의 민무늬근이 수축한다) 에피네프린을 투여하면, 기관지의 민무늬근을 확장시켜서 천식 발작을 억제할 수 있다. 부신수질(副腎髓質)에서 분비된 에피네프린은 기관지 천식 발작을 억제하는 매우 중요한 역할을 한다.

- 에피네프린은 혈관은 수축시키는 반면, 기관지는 확장시킨다.

내분비

호르몬은 호르몬 분비를 전문으로 하는 세포에서 만들어져 혈액 속에 분비된다. 이와 같이 분비물이 혈관을 통해 몸 안에서만 활동하는 것을 '내분비(內分泌)'라고 한다. 반면에 분비물이 혈관을 빠져나와 몸 밖으로 배출되는 것을 '외분비(外分泌)'라고 한다. 외분비 물질의 대표로는 땀과 소화액이 있다(소화관 내부는 외계나 다름없다).

외분비와 내분비의 공통점은 물질 분비이다. 그런 의미에서 이들의 분비조직을 모두 '선(腺)'이라고 부른다.

내분비선의 주요 구성 세포는 호르몬을 만드는 세포(선세포腺細胞, glandular cell, 샘세포)와 이 호르몬을 받아들이는 혈관이다. 반면에 외분비선은 외분비액을 만드는 세포(이것도 선세포이다)와 외분비액을 외계로 내보내는 관의 세포(도관導管이라고 한다), 그리고 혈관으로 구성되어 있다.

폐도 대표적인 외분비선(담痰을 분비한다)으로, 폐포세포가 외분비액을 만드는 세포에 해당하고, 기관지나 기관이 관의 세포에 해당한다.

내분비와 외분비의 차이는 분비 장소가 체내이냐, 체외이냐의 차이일 뿐이다.

● 호르몬은 내분비 세포에서 만들어져 혈액 속에 분비된다.

호르몬 분비의 조절 메커니즘

많아도 탈, 적어도 탈인 호르몬은 그 분비량을 어떻게 조절하고 있을까?

재미난 사실은 호르몬의 분비량을 조절하기 위해 또 다른 호르몬이 이용되는 경우가 있다는 점이다.

예를 들면 성선(性腺, 생식선)에서는 성호르몬을 분비하는데, 그 분비량은 뇌의 뇌하수체(腦下垂體)에서 분비되는 '성선자극 호르몬'이라는 호르몬에 의해 컨트롤된다.

즉 회사 조직에 비유해서 말하자면, 성선이 일반 사원이라면 뇌하수체는 부장에 해당하는 것이다. 그렇다면 부장은 누구로부터 명령을 받을까? 그것은 바로 뇌의 시상하부(視床下部)라는 부위로, 이곳이 사장에 해당한다. 뇌의 시상하부라는 부위에서 뇌하수체의 호르몬 양을 조절하는 호르몬을 분비하고 있다. 이처럼 다른 호르몬의 분비량을 조절해주는 호르몬도 존재한다.

사춘기의 제2차 성징은 뇌의 성숙이 도화선이 된다. 요컨대 사춘기가 되면 하루아침에 성선이 발달하는 것이 아니라, 우선 뇌가 성숙하고, 그 결과 하수체를 매개로 성선에 전달되는 것이다.

● 호르몬의 분비량이 다른 호르몬에 의해 조절되는 경우도 있다.

그렇다면 사장은 누구의 명령을 받을까? 바로 일반 사원이다. 이와 같이 말단 사원이 사장의 활동을 제어하는 것을 되먹임, 피드백(feedback)이라고 한다.

성호르몬의 양이 증가하면 '사장님, 좀 참아주세요!' 하며 사장을 억제하고, 성호르몬의 양이 부족하면 '사장님, 힘내세요!' 하며 사장을 분발하게 만든다.

이를 조금 다른 각도에서 얘기한다면, 사장은 일반 사원의 실적을 모니터해서 일반 사원의 실적이 나쁘면 부장을 닦달하고, 일반 사원의 실적이 좋으면 부장의 활동을 억제한다. 이렇게 해서 결국은 일반 사원의 실적, 즉 성호르몬의 양이 일정하게 유지되는 것이다(그림 2).

이와 같은 시스템은 호르몬의 세계에만 한정된 얘기가 아니다. 실제로 우리 몸은 이와 같은 시스템으로 운영되고 있으며, 몸의 상태를 일정하게 유지한다는 의미에서 굉장히 중요한 시스템이다. 이를 전문 용어로 '항상성(恒常性, home ostasis)의 유지'라고 한다.

● 항상성의 유지는 생체의 균형을 유지하는 데 굉장히 중요한 시스템이다.

항상성의 예를 몇 가지 들어보자.

인슐린은 혈액 속의 포도당 농도(혈당치)를 떨어뜨리는 작용을 한다. 인슐린의 분비량은 혈당치에 비례한다. 즉 혈당치가 올라가면 인슐린의 양도 증가해서 결과적으로 혈당치가 떨어진다. 혈당치가 정상 농도를 되찾으면 인슐린은 더 이상 분비되지 않는다. 이와 같은 시스템에 의해서 혈당치가 일정하게 유지되는 것이다.

또 다른 사례로는 체온과 땀이 있다. 체온이 올라가면 땀이 나서 몸을 식혀준다. 그 결과, 몸이 냉각되어 체온이 정상을 되찾으면 땀은 멎는다. 이렇게 해서 체온은 항상 일정하게 유지된다.

이와 같이 생체는 주변 상황이 변해도 그 변화에 적응해 자신의 상태를 일정하게 유지하고 있다.

● 생체는 주변 상황이 변해도 자신의 상태를 항상 일정하게 유지하고자 한다.

::: 그림 2 _ 피드백의 구조

호르몬의 종류

우리 몸 속에는 굉장히 많은 호르몬이 존재한다. 여기에 그 일람표를 정리해 두었다.

호르몬 중에는 이름을 여러 개 갖고 있는 것도 있다. 예를 들면 갑상선 호르몬과 티록신(thyroxine)의 경우가 그렇다. 이것은 원래 하나의 호르몬인데, 분비 장기에서 따온 이름과 호르몬 고유의 명칭에 따라 다르게 부른다. 게다가 약호로 부를 때도 많아서 혼동하기 쉬우므로 주의하기 바란다.

표 1 **주요 호르몬의 일람표**

분비 부위	호르몬 명칭(약호)	주요 작용
뇌의 시상하부	갑상선자극 호르몬 방출 호르몬(TRH) 부신피질자극 호르몬 방출 호르몬(CRH) 성선자극 호르몬 방출 호르몬(GnRH)	TSH의 분비 ACTH의 분비 FSH, LH의 분비
뇌하수체 후엽	항이뇨 호르몬(ADH) 옥시토신	신장에서 물을 재흡수, 혈압상승 자궁 수축, 분만
뇌하수체 전엽	성장 호르몬(GH) 갑상선자극 호르몬(TSH) 부신피질자극 호르몬(ACTH) 여포자극 호르몬(FSH) 황체형성 호르몬(LH) 프로락틴	뼈의 성장 갑상선 호르몬 분비 부신피질 호르몬 분비 여포 발육, 에스트로겐 분비 황체 형성, 프로게스테론 분비 유즙 분비
갑상선	갑상선 호르몬(T_3, T_4)	대사 항진, 성장 및 발육 촉진
부갑상선	부갑상선 호르몬(PTH)	혈중 칼슘 농도 상승
부신피질	코티솔 알도스테론	염증 억제, 혈당치 상승 신장에서 나트륨을 재흡수
부신수질	에피네프린	혈압 상승, 심장 자극, 혈당치 상승
췌장	인슐린 글루카곤	혈당치 저하 혈당치 상승
난소	에스트로겐(여포 호르몬) 프로게스테론(황체 호르몬)	임신 성립 임신 유지
정소	안드로겐	남성화

physiology  14 뉴런과 시냅스

우리 몸 속의 디지털 컴퓨터, 신경

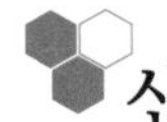

신경과 호르몬

「13 내분비」에서 세포와 세포 사이의 메시지 전달에는 호르몬과 신경이 활동한다는 얘기를 했다.

호르몬과 신경이 정보를 전달하는 방법은 전달물질을 세포 밖으로 분비시켜서 상대가 그 분비물질을 받아들여 메시지를 해독하는 것이다. 이때 신경과 내분비 시스템의 차이점은 신경은 호르몬과 달리, 상대 세포가 있는 곳까지 팔을 뻗쳐 특정 상대(표적세포)에게만 분비물질을 전달한다는 점이다.

신경 말단에서는 화학전달물질이 분비된다. 화학전달물질을 교환하는 신경의 업무는 아주 협소하면서도 특수한 장소에서 이루어지는데, 이 거래 장소를 '시냅스(synapse)'라고 한다(그림 1). 분비된 화학전달물질은 시냅스 외부로 새어나가기 힘든 시스템으로 이루어져 있기 때문에, 원하는 표적세포에게만 이 물질을 전달할 수 있다.

신경에서 분비된 화학전달물질을 신경전달물질이라고 한다. 분비된 신경전달물질은 신속하게 분해되어 소실된다.

- 신경 말단에서는 신경전달물질이 분비된다.

뉴런

신경세포를 '뉴런(神經元, neuron)'이라고 한다.

뉴런은 정보를 주고받기 위해 자신(여기에서 '자신'에 해당하는 것을 '세포체'라고 한다)의 주위에 수많은 돌기를 마치 가지치듯 넓게 쳐놓고 있다. 이때 정보를 받아들이는 돌기를 '수상돌기(樹狀突起)', 정보를 건네는 돌기를 '축색돌기(軸索突起)'라고 한다. 수상돌기는 무수히 많지만, 축색돌기는 단 하나이다.

수상돌기가 어느 정도 넓게 펴져 있는지를 운동 뉴런을 예로 들어 설명해보자. 우선 세포체의 크기를 야구공 정도의 크기라고 가정하자. 그렇다면 수상돌기의 넓이는 원룸 맨션 전체에 미치고, 축색돌기의 길이는 1km 이상이 된다고 할 수 있다. 물론 뉴런에는 다양한 형태와 크기가 있다.

한편 수상돌기와 축색돌기를 합쳐서 '신경섬유(神經纖維, nerve fiber)'라고 하는 경우도 있다.

● 뉴런은 세포체 주위에 다수의 수상돌기와 한 개의 축색돌기를 갖고 있다.

외부로부터의 메시지, 즉 자극을 뉴런에서는 어떻게 받아들일까? 뉴런은 수상돌기 내지는 세포체에서 자극을 받아들인 다음, 그 메시지를 축색돌기 말단

::: 그림 1 _ 뉴런과 시냅스

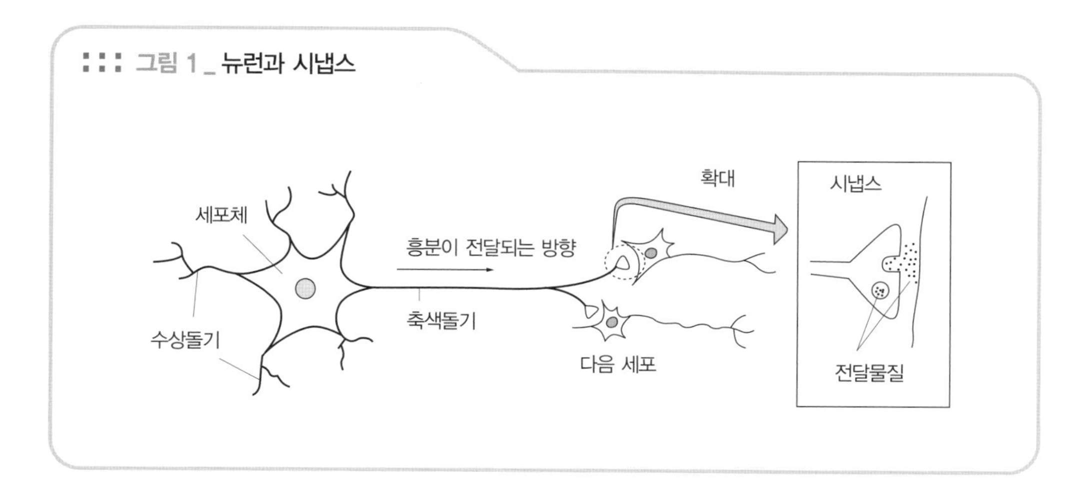

에 전달한다. 이때 메시지를 잘 받았다는 표시는 뉴런의 전기적 변화라는 형태로 나타나는데, 이 전기적 변화를 '흥분(興奮, excitation)'이라고 한다.

한편 세포의 전기적 변화는 이온의 출입에 의해서 생긴다. 칼륨이 주성분인 세포내액(본문 20쪽)에 나트륨 이온이 유입되면서 전기적 변화가 발생한다. 이 시스템은 굉장히 복잡하기 때문에, 뉴런은 자극을 받으면 흥분한다는 사실만 우선 기억하기로 하자.

● 자극을 받으면 뉴런은 흥분한다.

실무율과 역치

뉴런에는 '흥분'과 '정지'라는 두 가지 상태만 존재한다. 즉 흥분과 정지 사이의 어정쩡한 중간 상태는 존재하지 않는다. 즉 흥분성의 변화가 있느냐, 없느냐 둘 중 하나이다. 0이냐 1이냐 하는 디지털 컴퓨터와 흡사한 구조이다.

뉴런은 약한 자극으로는 흥분하지 않는다. 자극을 점점 강하게 하면, 처음에는 흥분하지 않다가 일정 세기가 되면 비로소 흥분을 한다. 또 그 이상 자극을 높여도 흥분의 정도는 동일하다. '반(半)' 흥분된 상태도 존재하지 않는다. 마찬가지로 약한 흥분, 강한 흥분도 없다. 흥분을 일으키는 / 일으키지 않는 경계가 되는 자극의 세기를 '역치(閾値)'라고 한다. 이 역치를 넘으면 비로소 흥분이 일어난다. 이처럼 자극이 약할 경우에는 반응이 일어나지 않고, 자극이 역치 이상이 되면 자극의 크기와는 관계없이 반응을 나타내는 생리학적 원리를 실무율(悉無律, all or none law)이라 한다.

흥분을 일으킬 수 있는 최소한도의 자극의 세기, 즉 역치가 필요하다는 사실은 비단 신경에만 국한된 얘기는 아니다. 흥분성 세포, 예를 들면 근육도 이와 마찬가지이다.

● 자극의 세기가 역치를 넘으면 뉴런은 흥분한다.

::: 그림 2 _ 역치

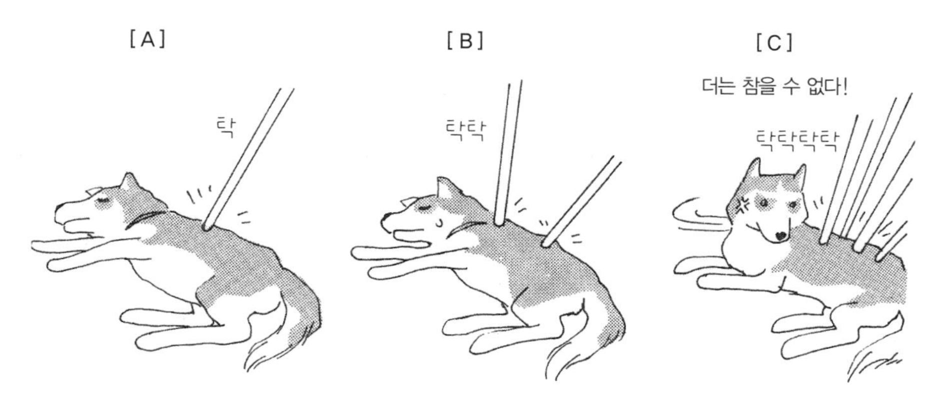

● 처음에 한 번 툭 건드렸을 때 파블로프는 전혀 반응이 없었다(A). 두 번째도 역시 무반응(B). 그런데 세 번째는 드디어 파블로프가 화가 나서 일어났다. '누구야, 날 건드린 놈이!'(C). B와 C 사이에 역치가 존재한다.

신경 네트워크

뉴런은 뉴런끼리 서로 연락해서 복잡한 정보 네트워크를 형성한다. 그 최고봉이 뇌(와 척수)이다. 뇌는 뉴런의 거대한 덩어리이다.

뇌 이외에도 뉴런끼리 상호 네트워크를 형성하는 작은 덩어리가 전신에 퍼져 있는데, 이를 '신경절(神經節, ganglion)'이라고 한다.

뇌와 척수를 합쳐 중추신경계(中樞神經系)라 하고, 중추신경계에서 가지를 쳐서 나온 신경을 말초신경계(末梢神經系)라고 한다.

● 우리 몸의 신경계는 중추신경계와 말초신경계로 나눌 수 있다.

))) MEMO

●● **신경전달물질의 방출**

'1회 흥분으로 신경전달물질(neurotransmitter)이 한 번 방출되고, 그 한 번의 방출로 다음 뉴런이 잇달아 흥분한다'는 시냅스 시스템은 말 그대로 상상 속의 시냅스이다. 실제로는 그와 같은 시냅스 시스템은 존재하지 않는다.

시냅스의 전달구조를 이해하기 위해서는 상상 속의 시냅스 시스템으로도 충분하지만, 각각의 시냅스에서는 실제로 수많은(대개 100번 이상) 흥분이 와야 비로소 신경전달물질이 한 번 방출될까 말까 할 정도이다. 더구나 하나의 시냅스에서 방출되는 신경전달물질로는 다음 뉴런의 흥분으로까지 연결되는 경우가 드물고, 여러 곳의 시냅스에서 신경전달물질이 방출되어야 겨우 다음 뉴런이 흥분하게 된다.

그런데 가령 어떤 시냅스에서는 100번의 자극으로 신경전달물질이 한 번 방출된다고 가정하자. 그런데 이 시냅스에 구조 변화가 생기면, 단 10번(혹은 무려 1000번)의 자극으로도 한 번의 신경전달물질을 방출하는 경우가 있다. 이와 같이 뇌의 기억 메커니즘은 시냅스의 변화와 밀접한 관계가 있는 것으로 알려져 있다.

physiology 15 자율신경

무의식적으로 움직이는 가속과 제동 장치

교감신경과 부교감신경

신경은 크게 중추신경계와 말초신경계로 나누어진다. 중추신경계란 뇌와 척수, 말초신경계란 뇌와 척수에서 가지를 쳐서 나온 신경을 말한다.

말초신경계(末梢神經係, peripheral nervous system)에는 세 종류의 신경, 즉 지각신경, 운동신경, 자율신경(그림 1)이 있다.

지각신경은 온몸에서 얻은 정보를 중추신경에 전달한다. 반대로 운동신경과 자율신경은 중추신경으로부터 받은 명령을 온몸에 전달한다. 골격근에 명령을 전달하는 것은 운동신경으로, 골격근을 의식적으로 수축시킨다.

자율신경(自律神經)은 장기(臟器)를 담당하는데, 특히 중요한 곳은 심근, 민무늬근, 내분비선, 외분비선이다.

심근은 심장의 근육이다. 민무늬근은 혈관에 있지만, 혈관 이외에도 소화관, 기관지, 방광, 눈의 홍채 등에 존재한다. 이들 근육의 수축과 이완을 조절하는 것이 바로 자율신경이다. 또한 자율신경은 내분비선과 외분비선에서 분비물의 생산을 조절하기도 한다.

요컨대 자율신경은 모든 장기에서 중요한 역할을 담당하고 있다.

- 말초신경계에는 지각신경, 운동신경, 자율신경이 있다.

::: 그림 1_ 말초신경

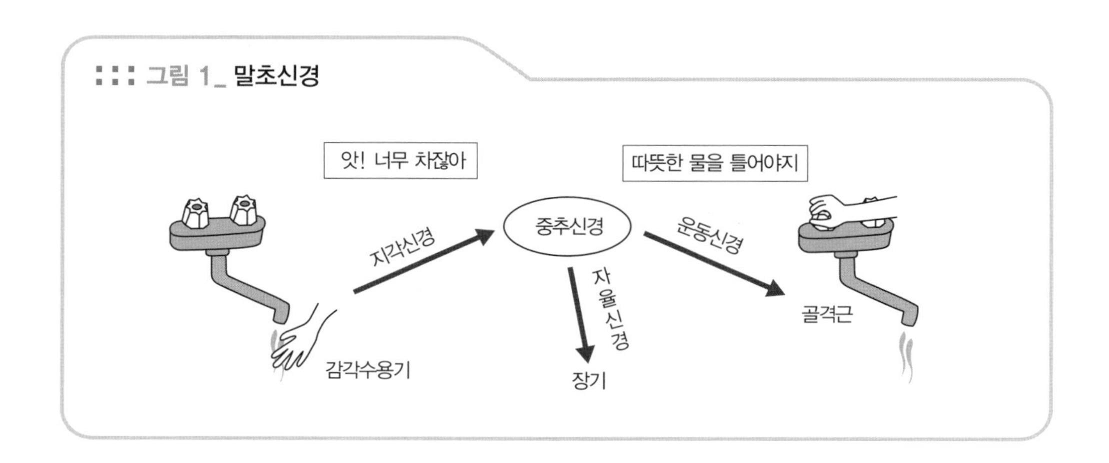

자율신경의 또 하나의 중요한 특징은 '의식적으로 조절할 수 없다'는 점이다. 이를테면 위(胃)를 움직이거나, 혈관을 수축시키거나, 호르몬을 분비하는 일은 자신의 의지로는 불가능하다. 무의식적으로 자동 조절되고 있기 때문에 자율신경이라고 한다.

- 자율신경은 의식적으로 조절할 수 없다.

가속과 제동

자율신경은 교감신경과 부교감신경으로 나눌 수 있다. 예외는 있지만, 교감신경과 부교감신경은 정반대의 역할을 담당한다. 자동차의 가속장치와 제동장치를 생각하면 이해하기 쉬울 것이다.

기본적으로 교감신경은 몸을 활발하게 하고, 부교감신경은 몸을 안정시킨다. 달리 표현하면, 교감신경은 에너지를 소비하고 몸을 공격적인 방향으로 몰고 가는 반면에, 부교감신경은 에너지를 축적하고 몸을 방어적인 방향으로 몰고 간다. 교감신경은 긴장 상태를, 부교감신경은 이완 상태를 만드는 셈이다.

옛날 원시인들이 열심히 사냥을 할 때와 그 사냥감을 집에 들고 가 천천히 식사를 할 때를 떠올려보면, 그 차이를 명확하게 알 수 있을 것이다.

- 자율신경에는 교감신경과 부교감신경이 있으며, 그 작용은 정반대이다.

자율신경의 활동

이번에는 자율신경의 구체적인 활동에 대해 알아보자.

사냥꾼이 맹수와 대치하고 있는 장면을 잠시 상상해보자. 이때 사냥꾼은 초긴장 상태에 있다. 심장이 두근두근 뛰고, 혈압은 수직으로 상승하며, 숨은 헐떡거린다. 또 뒷머리칼은 쭈뼛쭈뼛 서고, 땀은 삐질삐질 나며, 동공은 확장된다. 목도 바짝바짝 타고, 밥 생각 · 화장실 생각도 나지 않는다.

한편 사냥감을 잡아서 집으로 돌아올 때는 호흡이 편안해지고, 심장도 천천히 뛰며, 혈압은 내려간다. 쭈뼛 섰던 머리카락도 제자리로 돌아오고, 땀도 나지 않으며, 동공도 수축된다. 이때는 오로지 소화기만 활발하게 활동한다. 즉 타액과 위액 분비가 활발해지고, 비로소 배변 · 배뇨 기능도 활동을 하게 된다.

요컨대 교감신경이 자극을 받으면 신체 모든 곳이 초긴장 상태가 되고, 부교감신경이 흥분하면 소화기만 활발하게 활동한다고 생각하면 이해하기 쉬울 것이다.

● 심장은 교감신경의 작용으로, 소화기는 부교감신경의 작용으로 활발해진다.

앞에서 얘기한 교감신경이 자극을 받았을 때의 상황을 생각해보자.

먼저 '심장이 두근거린다'는 얘기는 심박동 수가 증가했다는 것을 의미한다. '혈압 상승'은 혈관의 민무늬근이 수축되어서 심장의 수축력이 강화된 상태를, '숨을 헐떡거리는' 것은 기관지가 확장(기관지 민무늬근의 이완)된 상태를, 뒷머리칼이 쭈뼛쭈뼛 섰다면 피부의 입모근(立毛筋)이 수축된 상태를 의미한다. 땀이 삐질삐질 새어나온다면 발한 증가 상태, 동공 확장은 어떤 상태인지 다들 잘 알고 있을 것이다. 또 목이 바짝바짝 탄다면 타액 분비가 저하된 상태를 나타낸다. 이상은 모두 교감신경의 작용에 기인하는 것이다.

반대로 부교감신경이 우위에 있다면, 소화기 활동이 양호해져서 타액 · 위액 · 장액이 모두 활발하게 분비되며, 위장의 활동도 활발해진다. 또 장운동이 활발해져서 대변도 쉽게 나온다. 이처럼 배뇨 · 배변 작용에도 부교감신경

::: 그림 2 _ 교감신경과 부교감신경

교감신경 우위의 상태

- 흥분 상태
- 동공 확장
- 숨이 헐레벌떡
- 심박수 증가
- 발한
- 혈압 상승

부교감신경 우위의 상태

- 릴랙스
- 평화
- 소화작용 촉진

● 대체로 교감신경은 모든 장기를 활성화시키는 반면, 소화기 활동은 억제한다. 부교감신경은 소화기 활동을 촉진시키고 소화기 이외의 활동은 억제한다.

이 관여한다.

여담이지만, 발기는 부교감신경, 사정은 교감신경이 담당한다.

'남성 여러분, 사정하는 순간 가슴이 두근두근하시죠?'

⚈ 심박동 수는 교감신경의 자극으로 증가하고, 부교감신경의 자극으로 감소한다.

이와 같이 모든 기관은 교감신경과 부교감신경의 조절을 받고 있다.

예를 들면 교감신경의 자극으로 심박동 수는 증가하지만, 부교감신경의 자극이 약해도 심박동 수는 증가한다. 이 말은 교감신경의 항진과 부교감신경의 저하는 결국 같은 효과를 낳는다는 얘기이다.

가속장치를 늦추는 것도 제동장치를 밟는 것도, 속도를 늦춘다는 점에서는 같은 결과를 초래한다. 다만 가속이든 제동이든, 계속 밟고만 있으면 건강에 좋지 않다. '자율신경 실조증(自律神經失調症)'을 초래할 가능성이 있다.

이처럼 우리의 몸은 교감신경과 부교감신경이 조화롭게 균형을 이루어야 건강을 유지할 수 있다.

● 사람의 몸은 교감신경과 부교감신경이 균형을 유지해야 건강하다.

부교감신경의 말단에서는 '아세틸콜린(acetylcholine)'이라는 물질이 분비된다. 이것은 화학전달물질의 일종으로 신경전달물질(본문 136쪽)이라고 한다. 즉 부교감신경의 신경전달물질은 아세틸콜린이다.

한편 교감신경의 신경전달물질은 '노르에피네프린'이다. 노르에피네프린은 부신수질에서 분비되는 에피네프린(아드레날린)이라는 호르몬(본문 131쪽)과 굉장히 흡사한 물질로, 작용도 거의 비슷하다. 교감신경이 긴장하면 교감신경 말단에서 노르에피네프린이 방출되는데, 이와 동시에 부신수질에서도 에피네프린이 분비된다.

● 교감신경의 신경전달물질은 노르에피네프린, 부교감신경의 신경전달물질은 아세틸콜린이다.

))) MEMO

●● **자율신경 실조증**

몸에는 이상이 없지만, 환자 자신은 두통, 현기증, 피로감, 불면, 수족 냉증, 발한, 동계, 숨참, 흉부 압박감, 변비, 설사 등의 증상을 나타내는 질환을 말한다. 교감신경과 부교감신경의 부조화로 일어나는 기능실조가 원인이다.

physiology  16 감각

지각할 수 있는 감각과 지각할 수 없는 감각

감각의 종류와 역치

신경은 크게 중추신경계와 말초신경계로 나눌 수 있으며, 말초신경계는 다시 지각신경, 운동신경, 자율신경으로 나눌 수 있다는 사실을 앞에서 공부했다(본문 141쪽).

그럼 여기에서는 지각신경에 대해 좀더 자세히 알아보기로 하자.

지각신경은 온몸에서 얻은 정보를 중추신경에 전달한다. 우리 인체는 언제나 전신의 상태를 살펴보면서 그에 적절하게 대처하고 있다. 온몸으로부터 얻은 정보가 바로 감각(感覺)이다. 감각에는 지각할 수 있는 것과 지각할 수 없는 것이 있다. 소리나 통증은 스스로 지각할 수 있는 것이다. 반면에 혈압이나 장의 팽창 정도, 혈당치는 스스로 지각은 할 수 없지만, 우리 몸은 언제나 이를 모니터링하면서 적절하게 대처하고 있다.

- 감각에는 스스로 지각할 수 있는 것과 지각할 수 없는 것이 있다.

감각은 신경 말단에 있는 '감각수용기(感覺受容器, sensory receptor)'로 감지된다. 여기서 말하는 감각수용기란 지각신경을 뜻한다. 이처럼 지각신경의 말단은 특정 감각을 감지해내는 데 알맞은 구조를 갖고 있다.

예를 들면 눈의 지각신경은 빛을, 피부의 지각신경은 압력이나 통증을 효율적으로 감지하는 데 적합한 구조로 이루어져 있다. 이때 빛이나 압력을 '자극'이라고 한다.

자극의 세기가 일정 수준 이상이 되면 감각수용기는 자극을 받았다는 신호를 중추신경에 보낸다. 이렇게 흥분을 일으키는 데 필요한 최소한의 자극의 세기를 '역치(본문 138쪽)'라고 한다. 역치 이하의 자극은 감각으로 성립되지 않는다. 즉 아무런 느낌이 없어서 자극이 없는 것으로 간주하는 것이다.

● 감각의 자극에는 역치가 존재한다.

역치가 낮은 쪽이 예민하다고 할 수 있다. 반대로 역치가 높으면 둔감해진다. 이 점은 오해하기 쉬우므로 확실히 짚고 넘어가도록 하자.

역치가 낮다는 얘기는 미약한 자극으로도 느낄 수 있다는 뜻이다. 더구나 감각에는 '순응(順應)' 반응이 있어서, 같은 자극이 계속되면 역치가 올라갔다 내려갔다 한다. 예를 들어 갑자기 깜깜해지면 처음에는 아무것도 보이지 않다가 시간이 지나면서 조금씩 보이게 된다. 이는 빛에 대한 역치가 내려갔기 때문이다. 또 화장실에서 자신의 똥 냄새에 익숙해지는 이유는, 똥 냄새를 계속 맡다 보면 냄새에 대한 감각의 역치가 그 순간만큼은 상승하기 때문이다.

● 감각이 예민할수록 역치는 낮아진다.

통각(痛覺)이나 촉각(觸覺)은 피부뿐만 아니라 우리 몸 어디에서나 느낄 수 있는 감각이다. 특히 통각은 내장에서도 느낄 수 있는데, 이는 몸이 우리에게 위험을 알리는 신호를 보내는 것이다. 따라서 몸의 어느 부위가 아플 때는 원인을 알아볼 필요가 있으며, 단순히 참거나 통증을 무시하면 몸이 우리에게 보내는 경고를 못 듣고 지나칠 수도 있다.

● 통각은 위험을 알리는 신호이다.

아이가 상처를 입었을 때, 엄마가 달려가서 부드럽게 쓰다듬어주면 통증이 누그러진다. 통증은 대뇌에서 감지하는데, 부드럽게 쓰다듬어주는 행위가 뇌에서 '엔돌핀(endorphin)' 이라는 물질을 분비시켜, 그 결과 통증을 누그러뜨리는 것이 아닌가 추측되고 있다. 모르핀(morphine) 등의 마약류도 통증을 진정시키는데, 모르핀은 엔돌핀과 동일한 수용체(본문 129쪽)에 작용한다.

- 엔돌핀은 통증을 달래준다.

촉각이나 통각을 '체성(體性)감각' 이라고 한다. 이에 반해 시각이나 청각을 특수감각이라고 한다. 체성감각과 특수감각은 감각을 감지해내는 대뇌피질의 장소가 서로 다르다.

- 촉각이나 통각을 체성감각이라고 한다.

시각

안구(眼球)의 구조는 카메라와 흡사해서 크게 카메라의 조리개와 렌즈, 필름에 해당하는 부분으로 이루어져 있다. 즉 조리개에 해당하는 곳은 눈의 홍채(紅彩, 눈조리개), 렌즈는 수정체(水晶體, lens)와 각막(角膜), 마지막으로 필름에 해당하는 곳은 망막(網膜)이라고 할 수 있다(그림 1A).

망막에는 빛을 감지해내는 지각신경(시신경)이 연결되어 있다. 홍채는 빛의 양을 적당하게 조절해서 안구 안으로 넣어준다. 빛의 양, 즉 광량(光量, 발광체가 빛을 내는 양)이 너무 세면 망막이나 각막이 손상을 입을 수 있다. 홍채의 크기는 가시광선의 양에 따라 결정된다. 그러나 가시광선보다 눈에 보이지 않는 자외선이 오히려 망막이나 수정체에 치명적인 영향을 미친다.

그러므로 강렬한 빛으로부터 눈을 보호하고 싶다면 자외선까지 차단해주어야 한다. 하지만 이런 기능이 없는 선글라스로는 자외선을 제대로 차단할 수가 없다. 질 나쁜 선글라스를 끼면 홍채가 열리는 만큼 불필요한 자외선이 안구 안으로 들어와 눈에 치명적인 손상을 줄 수 있다.

- 자외선을 차단하지 못하는 선글라스는 오히려 눈에 나쁜 영향을 초래한다.

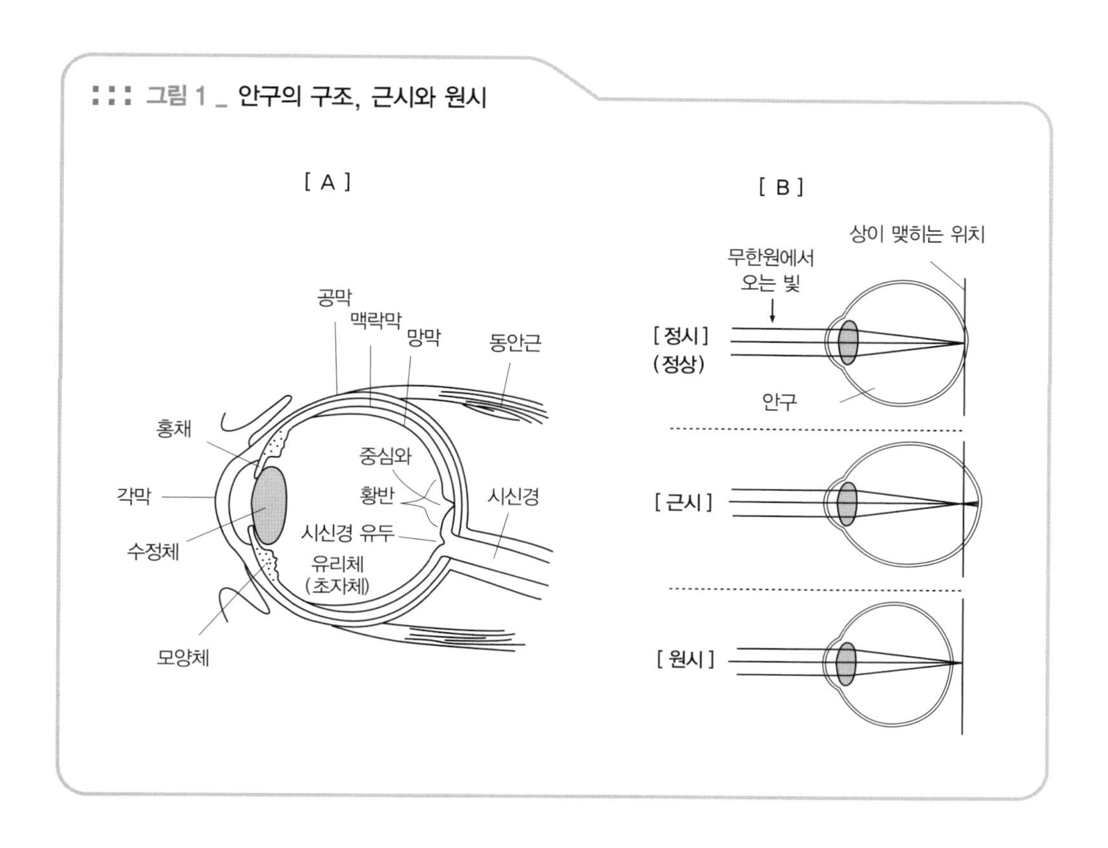

::: 그림 1 _ 안구의 구조, 근시와 원시

수정체는 망막 위에서 선명한 영상을 맺기 위해 그 두께를 달리한다. 수정체의 두께 변화를 '조절'이라고 하는데, 가까운 사물에서 멀리 있는 사물까지 우리가 또렷하게 볼 수 있는 것은 수정체의 조절능력 덕분이다. 그리고 수정체의 양쪽에 붙어 수정체의 두께 변화를 담당하는 부위를 '모양체(毛様體)'라고 한다.

선명하게 볼 수 있는 가장 가까운 거리를 '근점(近點)', 가장 먼 거리를 '원점(遠點)'이라고 한다. 원점이 무한원(無限遠, 렌즈의 초점 따위가 한없이 먼 것. 또는 그런 거리)에 있는 눈을 정시(正視), 원점이 무한원보다 앞에 있는 눈을 근시(近視), 원점이 무한원보다 바깥쪽에 있는 눈을 원시(遠視)라고 한다.

근시의 경우에는 무한원을 또렷하게 보지 못한다. 반면에 원시는 조금 가까이 봤다고 생각해야 비로소 무한원에 초점이 맞는다. 근시 교정에는 오목렌즈를, 원시 교정에는 볼록렌즈를 사용한다.

● 원시와 근시는 원점의 위치가 어긋나 있다.

이처럼 근시와 원시에서 원점이 어긋나는 원인은 안구의 크기 때문이다. 수정체가 원인이 아니다.

근시안은 각막에서 망막까지의 거리가 늘어나 있고, 원시안은 줄어들어 있다(그림 1B). 즉 근시안의 안구(眼球)는 크고, 원시안의 안구는 작다. 왜 눈이 커졌다 혹은 작아졌다 하는 것일까? 안타깝게도 그 정확한 원인은 아직 밝혀지지 않았다.

● 근시안의 안구는 크고, 원시안의 안구는 작다.

'노안(老眼)'이란 노화와 함께 수정체의 탄력성이 약해져서 근점에서 원점까지의 거리가 짧아진 시력장애를 말한다. 이는 수정체의 조절력 감소가 그 원인이다. 나이를 먹으면 근점이 점점 원점에 가까워지기 때문에 가까이에 있는 사물을 보기 어려워진다. 따라서 원시일수록 노안이 빨리 온다.

한편 '난시(亂視)'란 각막이나 수정체의 굴절 이상으로 눈 안에 입사(入射)하는 평행광선이 초점을 만들지 못하는 상태를 말한다. 난시 교정에는 원주(圓柱)렌즈를 사용한다.

● 노안은 수정체의 조절력 감소로 생긴다.

일반적으로 안과에서 시력(視力)으로 검사하는 것은 '두 점(点)의 식별능력'이다. 즉 시력을 검사할 때는 작은 원의 벌어진 틈을 얼마나 잘 식별할 수 있느냐를 측정한다. 여기서 두 점 식별능력이란 '눈으로 두 개의 점을 두 개로 식별할 수 있는 능력'을 말한다.

● 일반적인 시력검사에서는 '두 점 식별능력'을 측정한다.

망막의 시세포(視細胞)에는 '간상세포'와 '원추세포'가 있는데, 간상(桿狀)

))) MEMO

●● 시력 수치의 의미

흔히 시력검사에서 사용하는 틈이 벌어진 원을 '란돌트의 고리(Landolt's ring)'라고 한다. 5m 떨어진 위치에서 식별할 수 있는 최소 란돌트 고리의 각도를 분(1도의 1/60)의 역수로 나타낸 것이 시력이다. 즉 시력 1.0인 눈은 각도 1분의 란돌트 고리를, 시력 0.5인 눈은 각도 2분의 란돌트 고리를 식별할 수 있다. 초원에 사는 자연인의 시력은 5.0 혹은 6.0이라고 한다. 그러나 망막상의 세포 크기를 생각해볼 때, '두 점 식별능력이 그렇게 높은 수치가 과연 나올 수 있을까' 하는 점에서 나는 솔직히 회의적이다. 다만 실제로 시력이라는 것은 두 점 식별능력만으로 결정되는 것이 아니라, 물체의 움직임이나 명암 등의 식별능력도 관련이 있기 때문에, '초원에 사는 자연인의 시력이 2.0의 시력을 자랑하는 보통 사람들보다 훨씬 좋다'는 얘기는 얼마든지 가능한 얘기이다.

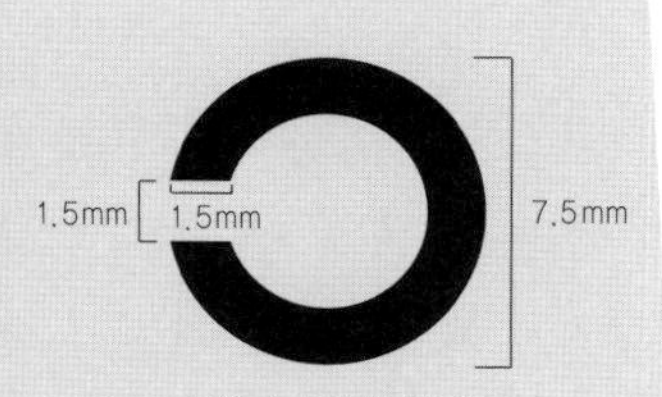

시력 1.0을 측정하는 란돌트의 고리

세포는 역치가 낮아서 사소한 빛도 감지할 수 있지만 색은 구별하지 못한다. 이에 반해 원추(圓錐)세포에는 적색 · 녹색 · 청색에 반응하는 세 종류의 색소세포가 들어 있어서 색을 구별할 수 있다. 그러나 원추세포의 역치는 간상세포보다 높아서 어느 정도의 광량이 필요하다. 그래서 캄캄한 밤에는 빛이 없어서 색깔을 구분하지 못하는 것이다.

시야의 중심에 해당하는 망막의 위치를 '황반부(黃斑部)'라고 하는데, 여기에는 원추세포가 촘촘히 모여 있다. 책을 읽을 때 시야의 중심부에서 벗어나면 글자를 읽을 수가 없다. 이를 달리 표현하면, 평소 우리는 이 황반부만으로 글자를 읽고 있다는 얘기이다. 한편 하늘의 별을 볼 때는 시야의 중심부에서 조금 벗어난 곳에서 보는 것이 훨씬 더 잘 보인다. 이는 황반부의 측면 간상세포를 사용하기 때문이다.

● 망막에서는 황반부가 가장 중요하다.

어류나 조류는 망막에 서너 종류의 색소세포, 즉 시물질(視物質)을 갖고 있다.

거북이도 시물질을 갖고 있다. 잉어는 네 종류의 시물질을 갖고 있기 때문에 4원색의 화려한 색채를 맘껏 즐길 수 있다.

반면에 개 등의 포유류에는 시물질이 거의 없다. 포유류 가운데서 시물질을 갖고 있는 동물은 세 종류의 시물질을 갖고 있는 원숭이와 인간뿐이다.

따라서 어류 · 양서류 · 파충류 · 조류는 기본적으로 주행성(晝行性)이고, 시물질이 거의 없는 일반 포유류는 야행성이다. 원숭이와 인간은 주행성으로, 세 종류의 시물질을 갖게 되었기 때문에 야행성에서 주행성으로 탈바꿈하게 된 것인지도 모른다.

청각

귀는 외이(外耳) · 중이(中耳) · 내이(內耳)로 나눈다(그림 2).

외이와 중이는 소리를 효율적으로 내이로 전달하는 소리의 통로이고, 내이에는 소리를 감지해내는 세포가 있다.

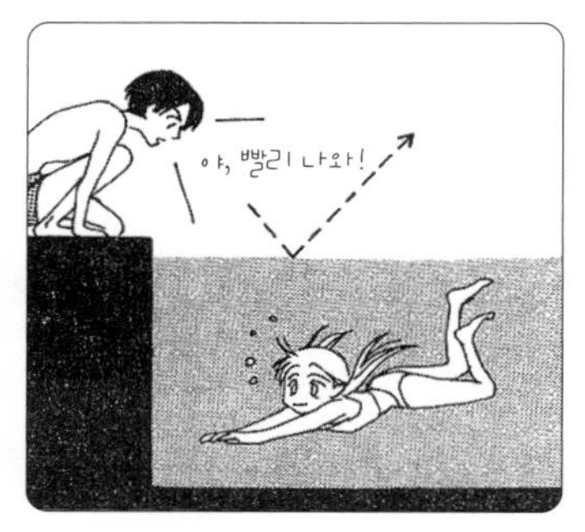

찬호의 목소리는 수면에서 반사되어 유리에게 전달되지 않는다.

소리란 사물의 진동을 말하는데, '진동'이라고 하면 우리는 보통 공기의 진동만을 떠올리지만, 절대 그렇지 않다. 금속 막대나 레일을 두드리면 어느 정도 떨어진 곳에서 귀를 대고 있어도 그 소리가 굉장히 잘 들린다. 또 잠수함은 다른 잠수함의 소리를 예리하게 들을 수 있다. 즉 소리는 기체보다 액체, 액체보다 고체에 훨씬 잘 전달된다. 그런데 바다나 수영장에서 잠수를 하고 있으면 해변가나 수영장 밖에서 이야기를 나누는 사람들의 목소리가 잘 들리지 않는다. 이는 소리라는 공기 진동은 수면에서 반사되어, 물에 진동을 일으킬 수 없기 때문이다.

여기서 잠깐, 앞에서 공부했던 내용을 떠올려보자. 세포는 원래 세포외액으로 둘러싸여 있다고 했다. 즉 소리의 감각수용기(이것도 세포이다)는 액체 속에

그림 2 _ 귀의 구조

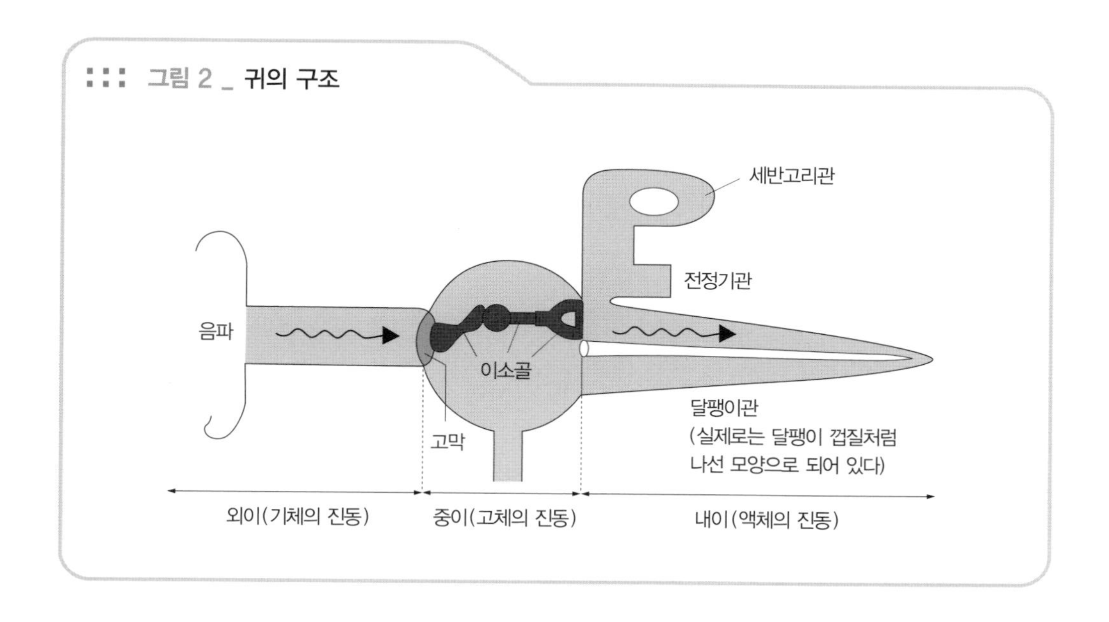

있다. 그렇다면 '소리'라는 기체 진동을 어떻게 액체 진동으로 바꿀 수 있는 걸까? 이를 위한 시스템이 바로 중이(가운뎃귀)이다.

● 소리는 기체 · 액체 · 고체의 진동이다.

외이와 중이의 경계를 '고막(귀청)'이라고 한다. 고막은 가로와 세로가 9mm이고 두께가 0.1mm인 타원형으로, 연분홍색이며 막의 가운데가 안쪽으로 약간 함몰되어 있다. 고막은 피부의 일종으로 혈관과 신경을 모두 갖고 있다. 때문에 피부가 상처를 입었을 때 새살이 돋는 것처럼, 고막은 찢어져도 스스로 재생되며 자연스레 되살아난다. 또한 고막 안쪽에는 작은 뼈(이소골耳小骨)가 붙어 있다.

● 고막은 피부가 봉긋 솟아오른 것으로 안쪽에는 뼈가 붙어 있다.

'북'의 구조를 한번 생각해보자. 북은 가죽의 막(이것은 고체)이 진동함으로써 공기를 진동시키고, 소리를 발생시킨다. 반대로 소리가 북에 닿으면 막을 진동시킬 수 있다. 귀의 고막이 바로 이 북의 막과 흡사하다.

외이(겉귀)에서는 공기의 진동을 효율적으로 귓구멍으로 모아서, 공기의 진동으로 고막을 진동시킨다. 고막 안쪽에는 작은 뼈가 붙어 있고, 이 뼈의 반대쪽은 물을 채운 원뿔형 용기의 뚜껑과 연결되어 있다. 이 용기를 '달팽이관' 이라 하는데, 안쪽 벽에 소리의 감각세포가 있다.

즉 고막의 진동은 뼈를 진동시키고, 뼈의 진동은 달팽이관의 뚜껑을 진동시켜 달팽이관에 있는 물을 진동시키는 것이다. 이 물의 진동을 소리의 감각세포가 감지하는 것이다. 이와 같은 방법으로 귀는 공기 진동을 액체 진동으로 바꾸어 소리를 감지한다.

● 귀는 공기 진동을 액체 진동으로 바꾸어 소리를 감지한다.

달팽이관에서는 소리의 높낮이를 어떻게 구분하고 있을까?

달팽이관의 구조는 원뿔형이다. 원뿔 바닥에 막이 있어서 소리의 진동이 전달된다. 그리고 소리의 진동은 주파수에 따라 원뿔형의 특정 위치에서 공진(共振, 공명)을 일으킨다. 공진이 발생한 부위의 감각세포가 가장 흥분하는 것이다. 즉 달팽이관의 어느 세포가 흥분하느냐에 따라 소리의 질을 구분할 수 있다. 한편 이 원뿔은 매끈한 원뿔 모양이 아니라, 빙빙 돌아가는 달팽이 껍질처럼 생겼다. 그래서 달팽이관 혹은 와우각(蝸牛殼)이라고 부른다.

● 소리는 달팽이관에서 감지한다.

평형감각

내이(속귀)에서는 소리뿐만 아니라, 몸의 방향이나 움직임도 감지하고 있다. 이를 '평형(平衡)감각' 이라고 한다.

내이는 달팽이관과 전정기관(前庭器官), 세반고리관으로 이루어져 있는데, 이 가운데 청각에 직접 관여하는 것은 달팽이관이고, 전정기관 · 세반고리관에서는 평형감각과 회전감각을 담당한다. 전정기관에서는 몸의 기울기, 즉 중력을 감지하며, 세반고리관에서는 몸의 회전을 감지하고 있다. 세반고리관은 말 그대로 세 개의 반(半) 고리관(管)들이 서로 90도 각도로 연결되어 있어서, 3차원적으로 모든 방향의 회전을 감지할 수 있다. 세반고리관이라는 명칭은 반고리관이 3개 있어서 붙여진 이름이다.

내이에 손상을 입어도 현기증, 구토 등의 증상이 생긴다. 또 현기증에는 주위가 빙빙 도는 느낌을 주는 현기증과 자신의 몸이 흔들리는 느낌을 주는 현기증의 두 가지 종류가 있다.

- 내이는 몸의 방향이나 움직임도 감지한다.

후각

후각(嗅覺)의 감각수용기는 코에 있는데, 정확하게 말하자면 비강(鼻腔, 콧구멍 안쪽 공간)의 안쪽 천장 부위인 비(鼻)점막에 있다. 비점막의 표면은 점액으로 덮여 있다.

육상동물이 공기 중에 떠도는 냄새를 맡고 있듯이 물고기도 물의 냄새를 맡고 있다는 사실을 알고 있는지? 육상동물은 공기 중의 냄새를 일단 비점막의 점액 속에서 녹여, 그 점액의 냄새를 맡는다. 가만가만 호흡하는 것보다는 킁킁 공기를 깊이 들이마셔서 냄새 맡는 쪽이 공기가 비강 상부에 잘 도달한다.

개는 후각이 예리한 동물로 유명한데, 사람도 수천 가지 이상의 냄새를 구분한다. 다만 후각은 바로 순응하는 성질이 있으므로 금세 냄새에 적응하게 된다.

후각중추는 섭식 · 성행위 · 노여움 · 쾌감 등의 중추와 같은 장소에 있다. 이는 후각이 원시적인 감각이라는 사실을 대변하고 있는데, 동물에게는 굉장히 중요한 감각이다.

- 후각의 감각수용기는 비강의 최상부인 비점막에 있다.

physiology 17 대뇌

사고는 언어의 산물이다

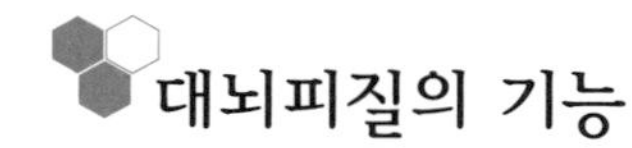

대뇌피질의 기능

뇌(腦, brain)는 몇 개의 파트로 나눌 수 있다(그림 1). 인간이 인간다울 수 있는 건 뭐니뭐니 해도 대뇌의 일부인 '대뇌피질(大腦皮質)' 덕분이다. 여기에서는 뇌의 활동을 대뇌피질을 중심으로 살펴보기로 하자.

우선 중추신경은 뇌와 척수(脊髓, 등골)로 구성되어 있는데, 이 양자는 기본적으로 동일하다. 뇌와 척수를 하나의 막대라고 생각하면 이해가 빠를 것이다. 포유류는 하등동물보다 이 막대 끝에 있는 신경세포(뉴런, 본문 137쪽)의 수가 많아져서, 그 결과 끝이 조금 부풀어 올라 있다.

인간의 경우에는 세포 수가 더 많아서 훨씬 더 부풀어 오른 것이다. 바로 이렇게 부풀어 오른 곳이 대뇌이다. 당연히 그 안에는 수많은 신경세포가 존재한다. 하지만 균일하고 일정하게 분포되어 있는 것이 아니라, 신경세포체가 많이 모여 있는 곳과 신경섬유(축색돌기와 수상돌기) 다발이 모여 있는 곳으로 나누어진다.

대뇌의 경우 신경세포체는 표면에 주로 존재한다. 이를 '대뇌피질' 이라고 한다. 또 표면이 아닌 대뇌 내부에도 신경세포체가 많이 모여 있는 곳이 곳곳에 있는데, 이를 '핵' 이라고 한다.

- 중추신경 말단에 있는 뉴런의 덩어리가 대뇌이다.

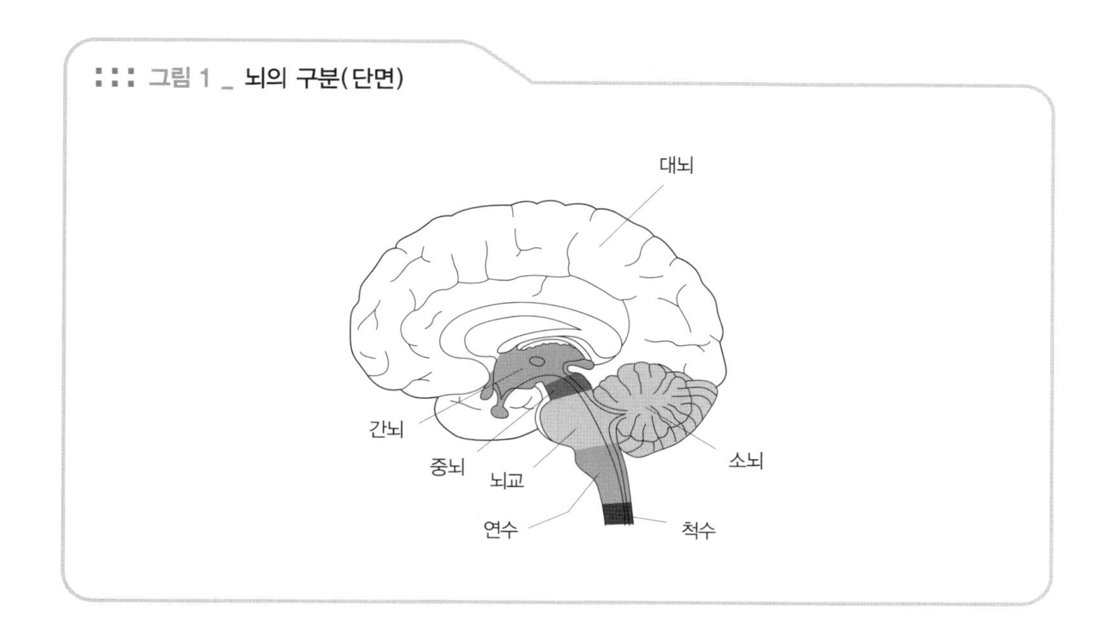

::: 그림 1 _ 뇌의 구분(단면)

온몸에서 받아들인 감각 자극은 마지막으로 대뇌피질에 있는 신경세포체(지각 뉴런)를 흥분시켜야 비로소 감각으로 성립한다. 또한 몸을 움직이려면 대뇌피질에 있는 신경세포체(운동 뉴런)의 흥분이 있어야 한다. 이와 같이 대뇌피질은 감각 · 운동의 최고 중추이다.

- 대뇌피질은 감각 · 운동의 최고 중추이다.

대뇌피질에서 이루어지는 사고의 과정

대뇌피질에서는 운동이나 감각을 담당하는 장소가 정해져 있다. 〈그림 2〉에서 볼 수 있듯이 대뇌피질은 크게 네 부위로 나눌 수 있다.

대략적으로 운동중추는 전두엽(前頭葉)에, 체성감각(촉각이나 통각)의 중추는 두정엽(頭頂葉)에, 그리고 시각중추는 후두엽(後頭葉)에, 청각중추는 측두엽(側頭葉)에 있다.

그러나 대뇌피질에서는 단순히 이들 정보의 수집과 발신뿐만 아니라, 사고(思考)라는 지극히 고도의 작업이 이루어지고 있다. 아마도 사고란 이들 정보

::: 그림 2 _ 대뇌의 기능(좌뇌)

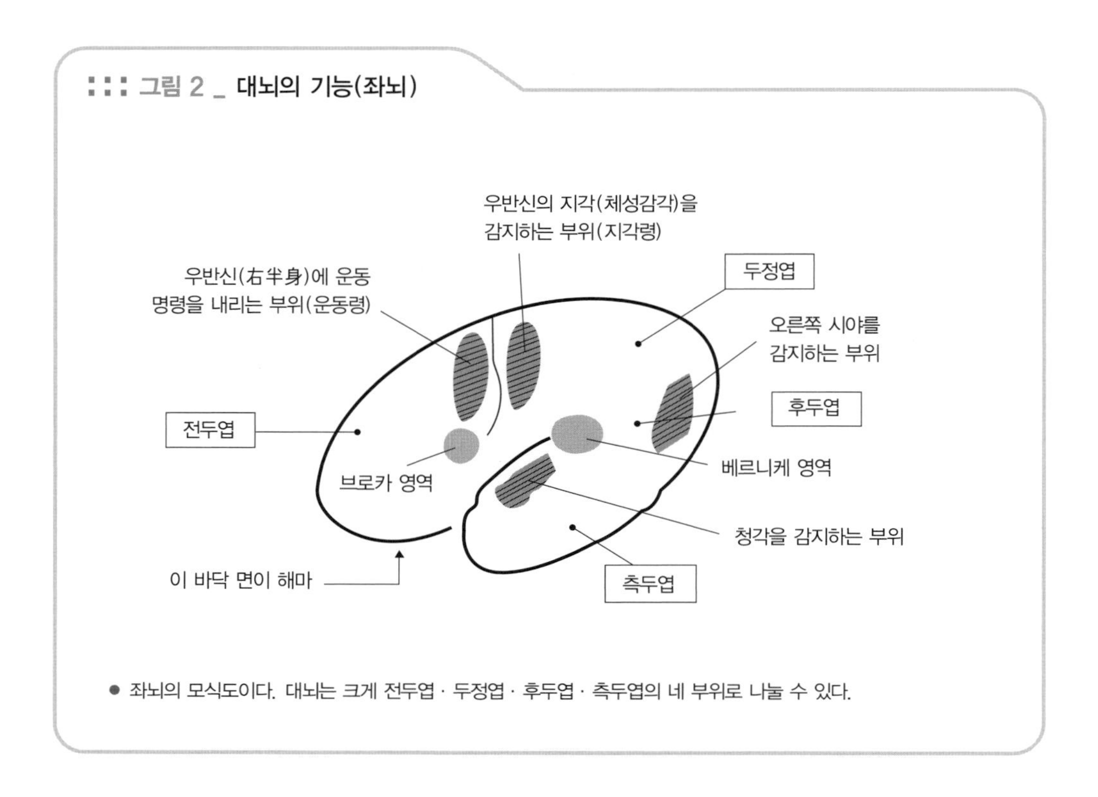

● 좌뇌의 모식도이다. 대뇌는 크게 전두엽 · 두정엽 · 후두엽 · 측두엽의 네 부위로 나눌 수 있다.

를 통합하고 해석하는 복잡한 과정일 것이다.

아무리 과학문명이 발달했다고 해도 현대과학의 힘으로는 아직 대뇌에서 펼쳐지는 사고작업 시스템을 '완전히' 라고 해도 좋을 정도로 알 수가 없다. 그만큼 미지의 세계인 것이다. 아마 100년이 지나도 우리의 머릿속(대뇌)은 여전히 신비로운 미스터리의 세계로 남아 있지 않을까?

인간의 사고는 대뇌피질에서 이루어진다.

사고의 기본은 언어이다.

고도의 사고작업에는 언어가 필수적이다. 그리고 사고가 가능해야 비로소 지성이 탄생하게 마련이다. 이런 사고능력은 모든 생물 가운데 오로지 사람만이 갖고 있다. 언어를 알아듣거나 문자를 읽는 능력과, 이들의 의미를 해석하는 능력 사이에는 엄청난 차이가 있으며, 후자의 경우 고도의 정보처리 능력이 필요하다.

● 모든 지적 기능은 언어를 기반으로 삼는다.

언어의 이해는 '베르니케 영역(Wernicke's area, 측두엽의 위쪽 뒤편에 위치하고 있으며, 오늘날 음성언어의 입력, 이해와 밀접한 관련이 있다고 알려져 있는 장소)'이라고 불리는 장소에서 이루어진다(그림 2). 그리고 언어의 형성은 '브로카 영역(Broca's area, 전두엽의 아래쪽 뒤편에 위치하고 있으며, 현재 언어를 관할하는 장소 가운데 하나로 알려져 있다)'이라고 불리는 장소에서 관장한다.

그럼 '언어와 관련된 정보의 획득 → 발신의 흐름'을 대략적으로 살펴보자.

청각 · 시각 · 체성감각으로 얻은 언어 정보는 통합되면서 베르니케 영역으로 보내지고, 이곳에서 언어의 이해나 지성의 처리를 받는다. 그 정보는 다시 브로카 영역으로 보내지고 언어로 형성되어, 전두엽의 운동 뉴런을 매개로 입술이나 손을 움직임으로써 언어를 밖으로 내보내게 된다.

● 언어의 정보는 '감각령 → 베르니케 영역 → 브로카 영역 → 운동령'으로 전달된다

이런 일련의 흐름은 한 군데만 이상이 생겨도 언어 정보의 획득이나 발신이 순조롭게 진행되지 못한다. 가령 후두엽에 이상이 생기면 시각을 인식할 수가 없다. 실제로 눈에 이상이 없어도 보지 못하게 된다는 뜻이다.

또 베르니케 영역에서는 인지나 해석과 같은 지적 처리를 하기 때문에, 이곳이 손상을 입으면 설사 문자를 읽거나 누가 어떤 말을 했는지 그 차이는 알더라도, 그 내용을 이해하지 못하거나 사고작업이 불가능해 치매에 가까운 상태에 빠진다.

브로카 영역이 손상을 입으면 무슨 말을 하고 싶은지 결정은 내릴 수 있지만, 그것을 언어로 표현할 수 없게 된다. 또 전두엽인 운동령에 장애가 일어나면 손이나 입술을 물리적으로 움직일 수 없게 된다.

● 사고의 중심은 베르니케 영역에서 이루어진다.

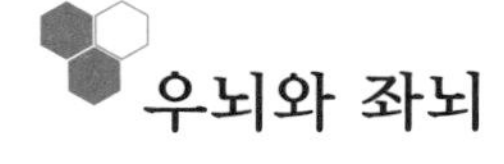

우뇌와 좌뇌

대뇌는 언뜻 보기에는 좌우대칭으로 이루어져 있다. 그러나 그 기능에는 좌우에 큰 차이가 있다.

사고작업에서 중심적인 역할을 하는 베르니케 영역, 또 언어 형성 작업에서 중심적인 역할을 하는 브로카 영역은 90% 이상이 좌뇌피질을 주로 사용한다. 즉 왼쪽이 우위에 서 있다. 극히 일부의 사람만이 좌우의 뇌가 거의 비슷하게 활동하며, 우뇌가 우위인 사람은 거의 없다.

우위에 선 쪽, 그러니까 좌뇌의 베르니케 영역이 손상을 입으면 언어와 관련된 지적 기능의 대부분은 소실되고, 논리적인 사고가 불가능해진다. 그러나 이러한 기능이 100% 소실되는 건 아니라는 점에서 미루어보면, 우뇌도 일부 기능을 보좌하고 있는 듯하다.

우뇌의 기능으로는 음악, 비언어적인 시각 패턴 인식, 제스처, 소리의 억양, 공간 인지 등이 있다.

좌뇌를 우위 반구, 우뇌를 열위 반구라고 부르는데, 이는 언어나 사고능력 측면에서 본 것으로, 예술성과 같이 우뇌 쪽이 우위인 경우도 있다.

- 사고작업은 좌뇌에서 주로 이루어진다.

좌뇌에서 언어나 사고 처리를 한다는 사실은 신생아 때 이미 결정되는 것 같다. 그렇지만 왜 하필 좌뇌인지 그 이유는 아직 밝혀진 바 없다.

뇌졸중의 경우, 병소(病巢, 병원균이 침입하여 조직이 허물어진 부분)가 우뇌에 있는 경우보다 좌뇌에 있을 때 증상이나 후유증이 더 무거운 경우가 많다. 이는 언어나 사고능력에 큰 손상을 입을 뿐만 아니라, 오른손에도 마비가 오므로 오른손잡이의 경우 글자를 쓸 때 또 다른 핸디캡으로 작용하기 때문일 것이다.

- 뇌졸중의 경우 좌뇌에 병변이 있는 쪽이 우뇌에 있는 경우보다 증상이 더 심한 경우가 많다.

기억의 메커니즘

이번에는 기억의 메커니즘에 대해 알아보기로 하자.

기억의 시스템에 대한 견해 가운데 가장 일리가 있는 것으로 다음과 같은 것이 있다. '뭔가를 한 가지 기억할 때마다 복수의 뉴런으로 구성되는 고리 모양의 신경회로가 하나씩 형성되어, 흥분이 그 회로를 빙글빙글 돌고 있는 동안 기억이 지속된다'는 것. 하지만 유감스럽게도 이와 같은 기억 시스템은 과학적으로 아직 증명되지 않았다.

● 뇌에 있어서 기억의 메커니즘은 아직 밝혀지지 않은 미지의 세계이다.

하등 생물도 기억을 할 수 있다.

예를 들면 바다에 사는 '군소'라는 연체동물은 콕콕 찌르는 반응에 깜짝 놀라(?) 아가미를 움츠린다. 이 반사는 아주 단순한 신경회로를 통해 일어난다. 처음에는 찌를 때마다 아가미를 움찔하지만, 몇 번 되풀이하는 동안 점점 아가미를 움직이지 않게 된다. 이는 누가 찌른다고 해서 깜짝 놀랄 필요가 없다. 위험신호가 아니라는 사실을 기억했기 때문이다. 이런 기억은 몇 시간 지속된다.

이때 반사회로를 관찰해보았더니, 기억이 지속되고 있는 동안 반사회로 내부의 시냅스에 변화가 생긴 것이 확인되었다. 이 같은 사실은 시냅스의 변화가 기억에 어떤 영향을 미치고 있다는 것을 나타내는 것이다. 이와 비슷한 시냅스의 변화는 포유류의 뇌에서도 확인되고 있다.

● 시냅스의 변화와 기억과는 서로 관계가 있는 듯하다.

기억은 기억이 지속되는 시간에 따라 크게 두 가지로 나눌 수 있다.

- 단기기억 : 몇 초～몇 분 지속된다. 그 사항을 계속 생각하고 있는 동안에만 지속되는 기억.
- 장기기억 : 몇 분～평생 지속된다. 반영구적인 기억.

이 두 가지 기억은 뇌에서 다른 방식으로 기억되고 있는 것 같다. 단기기억이

::: 어, 분명히 기억했는데……

::: 휴대전화의 번호를 기억하려면 단기기억을 장기기억으로 고정화시키고, 또 그 기억을 끄집어내는 작업이 필요하다. 휴대전화 번호를 암기하는 것도 보통 일은 아닌 듯하다.

장기기억으로 자리를 잡으려면 '기억의 고정' 이라는 절차가 필요하다. 몇 번이고 단기기억을 머릿속에서 반복하다 보면 기억에 관여하는 시냅스에 영속적인 변화가 생길 것이다. 그런데 장기기억의 경우 보존된 정보를 끄집어내는 작업도 필요해서, 이것이 제대로 작동하지 않으면 '아참! 분명히 기억했는데, 잘 생각이 나질 않네' 하는 상태에 빠지게 된다.

● 단기기억과 장기기억은 다른 방식으로 기억되고 있다.

기억을 하는 작업은 뇌의 어느 부분에서 이루어지고 있을까? 유감스럽게도 아직 그 부분에 대해서는 정확히 밝혀진 바가 없다. 그러나 언어성 장기기억에는 해마(본문 158쪽 그림 2)라는 부위가 중요한 역할을 하고 있다는 사실이 밝혀졌다.

해마가 손상을 당하면 새로운 장기기억이 불가능하다. 그렇지만 해마에 손상이 있어도 스포츠나 단순 수작업 등의 육체적인 운동을 학습하는 데는 거의 지장이 없다.

추측건대, '뇌로 기억하는 기억'과 '몸으로 기억하는 기억'은 서로 다른 종류의 기억이 아닐까?

기억에 대한 정보는 뇌의 어딘가에 보존되어 있겠지만, 이 부분에 대해서도 아직 밝혀진 바는 없다.

● 언어성 장기기억에는 해마가 중요한 역할을 담당하고 있다.

뇌사와 식물인간

만약 대뇌피질의 신경세포가 모두 손상된다면?

대뇌피질은 '사고(思考)'를 관장하는 곳이기 때문에 '사고'를 할 수 없게 되고, 그 결과 주위와의 의사소통이 완전히 불가능해진다. 이런 상태를 식물인간이라고 한다. 곧잘 오해하는 사람이 많지만, 식물인간과 뇌사(腦死)는 분명 다르다.

뇌사에 대한 얘기를 잠시 해보자. 인간의 생명 유지에 꼭 필요한 것으로 호흡과 혈액순환이 있는데, 이들을 통괄 억제하는 것이 뇌의 연수(延髓, 숨골)이다. 연수가 상처를 입으면 호흡이나 혈압 조절이 불가능해져 죽음에 이르게 된다. 연수에 있는 뉴런이 완전 사멸된 상태가 바로 뇌사이다(정식으로 뇌사 진단을 받으려면 이 이외에도 몇 가지 조건이 필요하다).

뇌사에 빠진 경우는 인공호흡이 꼭 필요하지만, 식물인간 상태에서는 스스로 호흡할 수 있는 경우도 많다. 연수는 대뇌와 척수 사이에 있다(본문 157쪽, 그림 1). 하등동물의 경우 연수가 있는 위치보다 위쪽에서 뇌를 절단하면 얼마 동안은 생명을 유지할 수 있다.

● 연수는 생명 유지를 위해 필수적인 활동을 한다.

신경안정제

뇌는 뉴런의 활동으로 자신의 임무를 달성한다. 즉 뉴런의 활동을 억제하면 사고능력 등을 억제할 수 있다는 얘기이다.

신경안정제는 뉴런의 활동을 억제하는 약이다. 따라서 신경안정제를 복용하면 조금 멍한 상태가 되어 '지나치게 생각하는 상태'에서 벗어날 수 있다. 수면제도 복용하면 멍한 상태가 되는데, 수면제 역시 신경안정제와 비슷한 작용을 한다. 수면제와 신경안정제. 두 약의 가장 두드러진 차이는 약이 작용하는 시간의 길이이다. 또 멀미약도 신경안정제나 수면제와 마찬가지로 두뇌를 멍하게 함으로써 멀미를 방지하는 것이다.

- 신경안정제나 수면제는 뉴런의 작용을 억제한다.

파블로프의 조건반사

반사란?

꽝 부딪치려 할 때 '무의식적으로' 눈을 감거나 몸을 움찔한 경험, 누구나 갖고 있을 것이다. 이것은 '그래, 지금부터 눈을 감아야지', '위험하니까 몸을 움츠려야지' 라는 생각을 하기 전에 몸이 먼저 행동을 취한 것이다. 이렇듯 주어진 자극에 대해 자동적 · 정형적인 반응을 보이는 것을 '반사(反射, reflex)' 라고 한다.

외부에서 가해진 자극은 구심성 신경(지각신경)을 통과해 중추신경(뇌와 척수)으로 간다. 중추신경으로 흘러 들어간 자극은 중추신경 내에서 정보처리가 이루어지고, 그 정보처리 결과가 바로 원심성 신경을 통해 말초조직으로 전달되는 것이다. 이때 원심성 신경에는 운동신경과 대부분의 자율신경이 속해 있다.

- 구심성 신경 → 중추신경 → 원심성 신경의 반응을 반사라고 한다.

무릎반사

무릎을 치면 그 자극이 지각신경을 통해 척수로 가고, 척수 내 시냅스를 매개로 운동신경에 명령이 전달된다. 명령의 결과 무릎을 쫙 뻗게 되는 것이다. 이를 '무릎반사(knee-jerk reflex, 슬개건반사)' 라고 한다.

이 반사는 척수를 매개로 한 반사로, 대뇌를 거치지 않기 때문에 무의식적으로 일어난다. 치는 장소가 특별히 무릎이 아니어도 괜찮다. 어디나 상관없다. 정도의 차이는 있지만, 골격근을 갑자기 잡아당기면 근육은 반드시 반사적으로 수축한다. 그런데 갑자기 잡아당기려면 힘줄을 때리는 것이 간단하고, 무릎은 반응을 바로 확인할 수 있는 곳이므로 무릎반사가 유명해진 것이다.

- 무릎반사는 대표적인 척수반사(등골반사)이다.

질병과 반사

반사는 중추신경을 매개로 하여 발생하기 때문에, 뇌나 척수에 이상이 생기면 건강한 사람에게서는 볼 수 없는 반사가 일어날 때도 있다. 〈그림 1A〉와 같이 발바닥을 작은 막대로 발뒤꿈치에서 엄지발가락을 향해 문질러 올라가면 건강한 사람의 경우, 〈그림 1B〉와 같이 발바닥 쪽으로 엄지발가락이 굽는다. 여러분도 한번 양말을 벗고 시험해보기 바란다.

그런데 뇌졸중 등의 중추신경 장애가 생기면, 〈그림 1C〉와 같이 엄지발가락이 발바닥이 아닌 발등으로 뻗는다. 이때 5개의 발가락이 동시에 벌어지는 경우도 있다. 이를 '발바닥 반사(plantar reflex, 족저반사)' 라고 하는데, 중추신경의 이상으로 생기는 가장 유명한 반사이다.

- 반사는 질병을 진단할 때 이용되기도 한다.

그런데 '무릎을 굽히세요, 혹은 무릎을 펴세요' 라는 명령은 보통 뇌에서 나오게 마련이다. 따라서 뇌에 이상이 생기면, 무릎반사의 세기에 영향을 미치게 된다. 척수에 장애가 생겨도 반사의 세기가 변하고, 말초신경이나 근육에 이상이 있어도 반사의 세기가 달라진다.

의사가 진찰을 할 때 무릎을 탁탁 치는 것은 뇌 · 척수 · 말초신경 · 근육의 상태를 검사하는 것이다.

무릎반사는 일반적으로 뇌가 손상되면 항진(무릎이 강하고 더 빠르게 펴진다)

::: 그림 1 _ 중추신경에 이상이 있을 때 일어나는 발바닥 반사

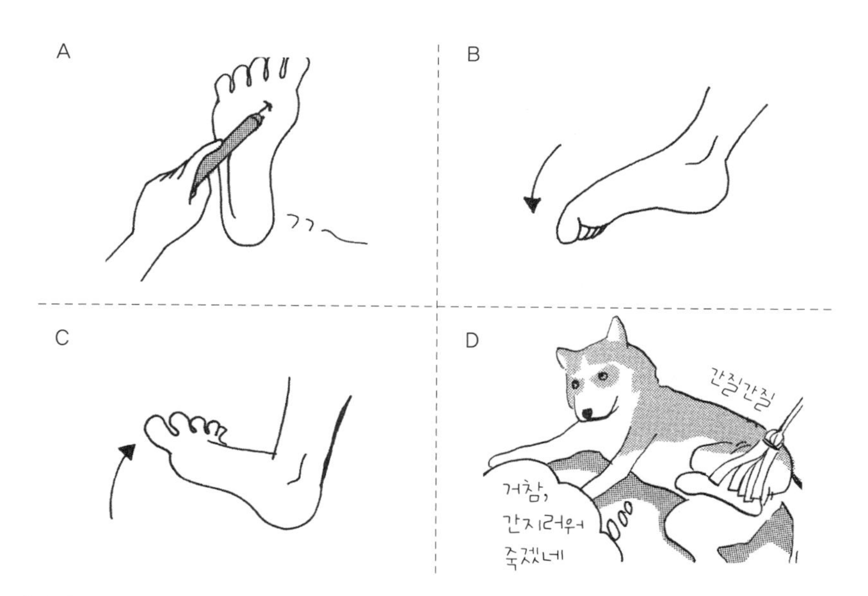

● A와 같이 발바닥을 문지르면, 정상인이라면 B와 같이 반응한다. 그러나 중추신경에 이상이 생기면 C와 같이 반대쪽으로 발가락을 움직인다. 그렇다면 개의 경우는? 실제로 파블로프에게 실험을 했더니 얼굴을 찡그리면서 발 전체를 오므렸다.

하고, 말초신경이나 근육에 이상이 생기면 저하(무릎이 잘 펴지지 않는다)된다. 척수장애의 경우, 장애 부위에 따라 그때그때 다르다.

● 뇌가 손상을 입으면 대개 무릎반사의 세기가 강해진다.

여러 가지 반사

앞에서 원심성 신경에는 운동신경과 대부분의 자율신경이 속해 있다고 했는데, 여기서는 자율신경을 매개로 한 반사를 알아보기로 하자.

음식물이 위로 들어가면(자극) 반사가 일어나고, 자율신경을 매개로 위장의 활동이 활발해지며, 소화액 분비도 활성화된다(여기에는 호르몬도 관여하고 있다). 대장도 활발하게 활동하기 때문에 식사를 하면 화장실에 가고 싶은 마음이 생긴다. 이를 '위 · 대장(胃大腸) 반사' 라고 한다. 그런데 갓난아기는 우유만 먹으면 변을 보는 경우가 많다. 이처럼 갓난아기의 경우는 성인보다 위 · 대장 반사가 강하다. 그렇다면 식사 때마다 매번 화장실에 가는 사람은 아기 때 버릇이 그대로 굳어진 것 아닐까?

● 식사를 하면 변의를 느끼는 것도 반사의 일종이다.

음식물이 들어가면 위장의 활동이 활발해지는데, 실제로 음식물이 위 속으로 들어가지 않아도 위장이 활발하게 활동할 때가 있다.

예를 들어 한 상 가득 차린 밥상이 눈앞에 펼쳐져 있으면, 보기만 해도 침이 꼴깍 넘어간다. 즉 위액의 분비가 촉진된다. 이는 눈앞에 보이는 물체가 음식이라는 것, 더구나 맛있다는 사실을 미리 학습하여 알고 있기 때문이다. 학습에는 대뇌피질이 관여한다. 즉 학습이라는 전제조건이 충족되어야 생길 수 있는 반사이다. 이를 '조건반사(條件反射, conditioned reflex)' 라고 한다(그림 2).

::: 그림 2_ 조건반사

● 조건반사는 '찹쌀떡과 메밀묵은 맛있다'는 것을 학습하여 알고 있다는 것이 전제조건으로 붙어 있는 경우 일어난다.

개에게 먹이를 줄 때마다 종소리를 울리면, 나중에는 종소리를 듣기만 해도 위액이 분비된다는 얘기, 한번쯤 들어봤을 것이다. 이것이 파블로프●가 발견한 대표적인 조건반사이다.

● 파블로프(Ivan Petrovich Pavlov, 1849~1936). 러시아의 생리학자. 1904년 노벨 생리·의학상 수상.

● 조건반사에는 대뇌가 관여한다.

조건반사와 달리 무릎반사나 위·대장 반사는 전제조건이 필요 없기 때문에 '무조건반사(無條件反射, autonomic reflex)'라고 한다. 무조건반사 가운데 한 가지 더 중요한 반사가 있는데, 바로 동공(눈동자)의 '대광반사(對光反射, light reflex)'라는 것이다(그림 3).

눈에 빛을 비추면 동공이 수축한다. 거울을 보면서 직접 실험해보자. 한쪽 눈에 빛을 비춰도 양쪽 눈의 동공이 모두 수축한다. 이는 중추신경을 매개로 한 반사인데, 연수 주변 부위를 매개로 한다. 연수 주변은 생명 유지에 중요한 기능이 집중된 장소로, 대광반사에 이상이 생겼다면 생명이 위태로울 정도로 뇌에 적신호가 발생했다는 것을 의미한다.

● 대광반사에 이상이 생겼다면 생명이 위태롭다는 뜻이다.

::: 그림 3 _ **대광반사**

● 한쪽 눈에 빛을 비추면 양쪽 눈의 동공이 모두 작아진다. 어떤 경우에도 동공의 좌우 크기는 같다.

physiology  19 뇌졸중과 두통

뇌는 고장(?)나기 쉬운 장기))))

뇌졸중의 종류

뇌졸중(腦卒中)이라는 병명, 한번쯤 들어봤을 텐데, 실은 이 '뇌졸중'은 뇌혈관 질환을 통칭하여 부르는 이름이다. 뇌졸중에는 크게 세 가지 질환이 있는데, 뇌경색 · 뇌출혈 · 지주막하 출혈이 그것이다. 뇌졸중의 후유증에 따른 마비를 흔히 중풍(中風)이라고 한다.

● 뇌졸중이란 뇌경색 · 뇌출혈 · 지주막하 출혈을 뜻한다.

뇌혈관

뇌동맥은 뇌의 표면에서 가지치기를 반복하면서 점점 가늘어진다. 뇌의 표면에서 동맥이 위치한 장소는 지주막 바로 아래이다(정확한 명칭은 '지주막하강 蜘蛛膜下腔'이다). 그 동맥의 가지가 뇌의 표면에서 뇌의 내부로 파고 들어간다.

이 뇌동맥이 뇌의 표면, 즉 지주막 아래에서 찢어져 뇌의 표면에 출혈을 일으킨 경우가 '지주막하 출혈'이고, 뇌의 내부에서 찢어져 출혈을 일으킨 경우가 '뇌출혈'이다. 빈도 면에서 본다면 지주막하 출혈보다 뇌출혈이 발생하는 경우가 더 많다.

::: 그림 1 _ 지주막과 대뇌

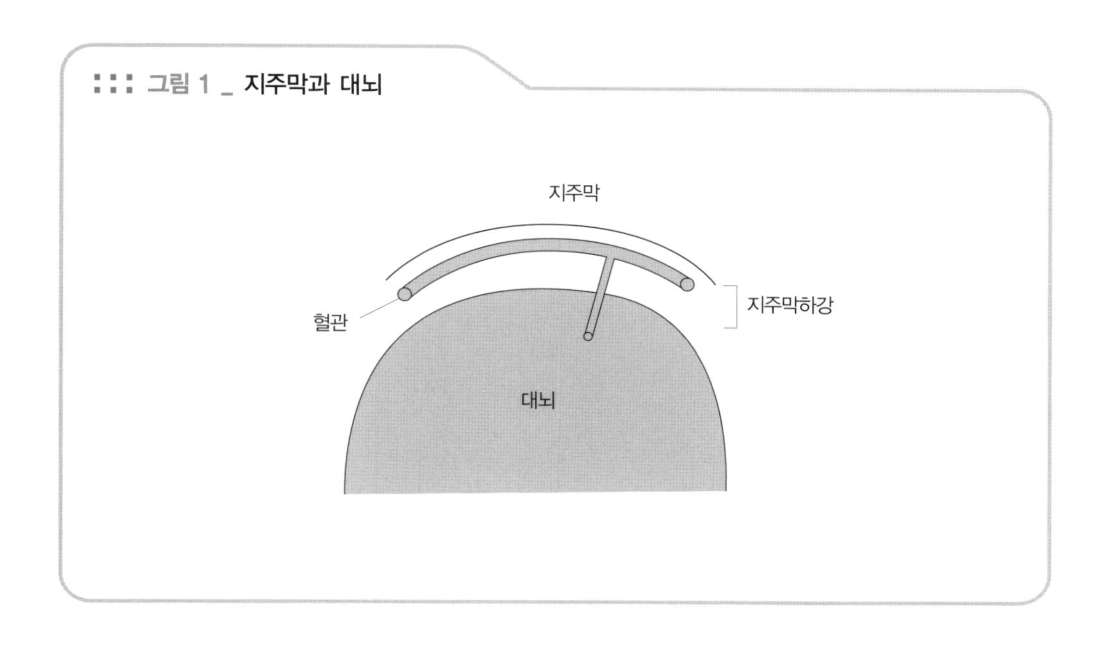

● 뇌출혈과 지주막하 출혈은 뇌동맥이 찢어져 출혈을 일으킨 질환이다.

한편 뇌동맥이 막혀서 혈류가 끊어진 상태를 '뇌경색(腦梗塞)'이라고 한다.

뇌동맥은 나뭇가지와 같이 가지치기를 되풀이하면서 점점 가늘어진다(본문 99쪽 그림 6). 이때 가지와 가지는 서로 떨어져 있기 때문에, 어느 한 곳의 동맥이 막히면 그 하류 부위에 피가 공급되지 못한다.

요컨대 막힌 동맥의 하류 영역에 위치한 세포는 죽게 된다. 뉴런(신경세포체 · 수상돌기 · 축색돌기)도, 그 밖의 일반 세포도 모두 죽는다. 만약 뇌의 표면에 분포되어 있는 혈관이 막힌다면, 뇌경색이 광범위하게 발생할 것이다. 당연히 장애도 심각하고, 증상 또한 심각할 것이다.

● 뇌경색은 뇌동맥이 막힌 질환이다.

뇌의 내부에 있는 동맥은 굵은 것에서부터 가는 것까지 굵기가 각양각색이다. 아주 몹시 가는 것도 많아서, 하나의 동맥이 지배하는 영역은 당연히 매우 좁아진다. 물론 가느다란 동맥이 막혀도 뇌경색이 일어나는데, 그 범위가 굉장히 좁아서 증상이 확실하게 드러나지 않을 때도 많은 듯하다. 막힌 동맥이 하나뿐이면 다행이지만, 2개, 3개, 10개, 20개로 점점 많아지면 작은 뇌경색이 다발적으로 나타나서 건망증이나 치매로 그 증상이 드러날 때도 있다. 노인성 치매 중 몇 퍼센트는 이렇게 해서 발생한다.

● 경미한 뇌경색의 경우에는 증상이 나타나지 않을 때도 있다.

뇌동맥은 관상동맥과 마찬가지로, 일단 가지를 쳐서 뻗어나가면 다시 모아지지 않는 구조이다. 이런 뇌동맥의 특수한 구조로 인해, 뇌는 허혈(虛血, ischemia, 뇌혈류의 감소가 일어나 뇌 활동성에 영향을 미치는 혈류 공급 장애) 상태에 빠지기 쉽다(본문 100쪽).

● 뇌는 허혈 상태에 빠지기 쉬운 장기이다.

두통

그렇다면 '두통'은 왜 생길까?

우리는 두통으로 괴로워하는 사람들을 흔히 볼 수 있다. 그런데 통증은 대뇌피질에서 감지하지만, 뇌 자체에는 지각이 없어서 통증을 느낄 수 없다. 발생빈도 면에서 볼 때 두통의 원인은 ① 근육, ② 혈관에 문제가 생겨서 일어나는 경우가 대부분이다.

①은 두부(頭部)나 목 줄기 근육이 긴장한 탓에 생기는 두통이다. 이때는 머리가 아프다거나 무겁다고 느끼는 경우가 많다.

②는 뇌혈관의 확장으로 인해 생기는 두통이다. 흔히 '편두통'이라고 하는데, 중년 여성에게서 흔히 볼 수 있다. 머리 한쪽이 깨질 것 같은 심각한 통증을 보이는 경우가 많고, 간혹 구토 증세를 동반할 때도 있다. 증상이 나타나기 전에 반짝거리는 빛을 자각할 때도 있다.

하지만 이 정도의 두통으로 목숨을 잃는 경우는 없다. 그런 이유에서인지, 병원에 가봤자 대답이 영 신통치 않다. 최근에는 두통에 효과가 있다는 진통제가

∷ 그림 2 _ 두통의 종류

● 찬호는 근육 긴장성 두통, 어머니는 편두통, 유리는 짝사랑 두통? 아무튼 머리가 깨질 듯이 아파도 이런 정도의 두통으로는 죽지 않는다.

많이 나와 있다.

- 두통은 두경부(頭頸部)의 근육이 뭉치거나 뇌혈관이 확장되어 일어나는 경우가 대부분이다.

반면에 생명을 위협하는 두통도 있다. 뇌종양, 지주막하 출혈, 수막염(髓膜炎, 뇌막염) 등으로 인해 생기는 두통이다. 이런 중증 질환에서 비롯되는 두통의 특징은 '지금까지 한번도 경험해본 적이 없을 정도로 무지무지 아프다'는 점이다.

- 지금까지 한번도 경험해본 적이 없을 정도로 심각한 두통이 생기면 무조건 병원으로 달려가자.

physiology 20 마약

의료용 마약은 엔돌핀과 같은 작용을 한다

마약의 성질

마약은 현재 임상현장에서 흔히 사용되고 있으며, 진해(鎭咳, 기침을 멎게 함), 진통, 수술 시의 마취 등에 없어서는 안 될 약이다. 마약은 뇌에서 만들어지는 엔돌핀과 흡사한 작용을 하며, 습관성이 있어서 남용하기 쉽다는 고약한 성질이 있다. 따라서 스스로 그만두고 싶어도 그만둘 수 없는 상태에 빠지기 쉽다. 그 결과 개인이나 사회에 커다란 해를 끼칠 가능성이 있어서, 국가에서는 법률로 마약류 취급을 엄격히 규제하고 있다. 그러나 비합법적인 방법으로 암암리에 거래되고 있어 커다란 사회문제가 되고 있다.

여기에서는 밀조 · 밀매 · 부정 사용되고 있는 마약류에 대해 잠시 알아보기로 하자.

● 마약을 복용하면 정신과 신체 모두에 의존성이 생긴다.

아편

양귀비의 덜 익은 열매를 특수한 칼로 얇게 상처를 내면 유액(乳液)이 나온다. 이 유액에는 모르핀을 비롯해 20종류의 성분이 들어 있으며, 이를 가열 · 건조한 것이 '아편(阿片, opium)' 이다. 아편은 흡연용으로 사용한다.

이 아편에서 진통 효과를 가진 성분을 분리 정제한 것이 모르핀이다. 모르핀은 의료용 진통제로서 정식 허가를 받아 사용되고 있다. 한편 일반 꽃집에서 살 수 있는 개양귀비는 식물 분류상으로는 양귀비류에 속하지만, 아편 성분은 없다.

양귀비 꽃

● 아편은 양귀비에서 채취한 것으로 모르핀이 들어 있다.

헤로인

외국 스파이 영화에서 단골손님으로 등장하는 헤로인(heroin)은 모르핀을 재료로 화학적으로 합성하여 만든 반(半)합성 마약이다. 진통 효과는 모르핀보다 강력하지만, 그만큼 부작용도 훨씬 심각하다. 때문에 의료용으로는 절대 사용할 수 없으며, 대부분 밀조되고 있다.

헤로인은 효과가 강력하기 때문에 극히 소량으로도 엄청난 파장을 불러일으킨다. 한편 헤로인에 코카인을 섞은 마약이 한때 미국에서 크게 유행했는데, 은어로는 '스피드 볼' 이라고 한다.

● 헤로인은 모르핀을 화학적으로 합성한 마약이다.

코카인

코카인(cocaine)은 중남미에서 생육하는 '코카' 라는 나뭇잎에 들어 있으며, 국소 마취제(가벼운 절개 수술을 할 때 피부에 주사해서 사용하는 진통제)의 일종이다.

코카나무

은어로 '스노' 라고 하는데, 코 점막으로 흡입해 사용한다. 코카인에 탄산수소나트륨을 섞은 것은 흡연용으로, 은어로는 '클락' 이라고 한다. 코카인도 의료용으로 사용하는 경우가 있다.

● 코카인은 국소 마취제의 일종이다.

각성제

각성제는 암페타민(amphetamine)과 메탐페타민(methamphetamine)이라는 두 종류의 약품을 말하는 것으로, 에피네프린의 일종이다. 은어로는 '샤프'라고 하며, 1945년 직후까지 '필로폰'이라는 상품명으로 일본에서 시판되었으나, 현재는 제조와 판매가 완전히 금지되었다.

지금 일본 국내에서 나도는 것은 대부분 밀수품이다. 각성제는 중추신경에 작용해 흥분 상태를 조장하거나 식욕을 감퇴시킨다. 더욱이 복용을 중단해도 환각 등의 착란 상태에 빠지는 경우가 계속해서 일어난다. 이런 현상을 '플래시백(flashback) 현상'이라고 하는데, 이 증상은 각성제 사용자를 평생 따라다니기 때문에, 각성제 경험자의 사회 복귀를 저해하는 커다란 원인이 되고 있다.

- 각성제는 에피네프린의 일종이다.

LSD

정식 명칭은 'LSD-25'로, 정신질환자를 연구할 목적으로 식물에서 합성한 것이다. LSD는 심각한 환각 증상을 야기하며, '플래시백 현상'도 나타난다. 때문에 의료용으로는 사용되지 않는다.

- LSD는 심각한 환각 증상을 야기한다.

대마

대마의 잎이나 꽃을 건조시킨 것을 '마리화나', 대마의 수지(樹脂)를 응고시킨 것을 '해시시'라고 한다. 모두 흡연용으로 사용한다.

야생 대마는 일본에서도 흔히 볼 수 있는데, 대마를 불법으로 재배하면 밀매나 대마 소지자보다 무거운 처벌을 받게 된다. 그러니 절대 재미삼아 기르지 말 것!

- 대마를 건조시킨 것을 마리화나라고 한다.

::: 마약 불법 소지자로 몰리다!

::: 마약 근처에는 얼씬도 하지 말 것! 한편 자기도 모르는 사이에 마약 불법 운반책으로 몰리는 경우도 있다고 하니 주의하기 바란다. 물론 본 만화에 등장하는 콩가루는 그저 콩가루일 뿐이다.

향정신성 약품과 유기용매

향정신성 약품이나 시너 · 톨루엔(toluene) 등의 유기용매에도 환각작용이 있기 때문에, 그 보관이나 취급을 법률로 정하고 있다.

마약이나 각성제 중독자 가운데 대다수는 마약을 하기 전에 유기용매를 흡입한 경험이 있다. 즉 시너나 톨루엔 등의 유기용매는 마약 중독자로 가는 길잡이(?) 역할을 한다는 뜻이다. '시너 정도면 괜찮겠지' 하며 가벼운 마음으로 시작했다가는, 그 끝에 지옥이 기다리고 있다는 사실을 명심하기 바란다.

마약류는 경구 투여로도 효과를 얻을 수 있지만, 마약 중독자는 주사(정맥 내 주사)를 선호한다. 그 이유는 소량으로 높은 효과를 거둘 수 있기 때문이다.

● 마약 중독자 가운데는 과거에 시너를 경험한 사람이 많다.

physiology  근육

다랑어 근육은 빨갛고, 도미 근육은 하얗다

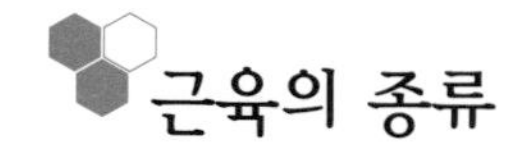

근육의 종류

근육(筋肉, muscle)에는 골격근, 심근, 내장근(민무늬근)이 있다(표 1). 근육의 수축 메커니즘에 대해서는 아직까지 완전하게 밝혀지지 않았다.

여기서는 근 수축에는 칼슘 이온이 중요한 역할을 한다는 사실만 확실하게 기억하자. 구체적인 시스템은 복잡하기 때문에 그냥 넘어가기로 하겠다.

- 근육에는 골격근, 심근, 내장근(민무늬근)이 있다.

표 1 **근육의 종류**

	골격근	심근	내장근(민무늬근)
횡문(가로무늬)	있음	있음	없음
의식	수의근	불수의근	
제어	운동신경	자율신경	
움직임	굉장히 빠르다	약간 빠르다	느리다

굴신운동

골격근은 뼈를 움직이기 위해 근육 말단이 힘줄이 되어서 뼈에 붙어 있는 근

육이다. 다만 얼굴의 안면 근육(표정근)이나 항문의 괄약근과 같이 뼈가 아닌 곳에 붙어 있는 경우도 있다. 혀는 골격근의 덩어리로 이루어져 있다.

팔을 예로 들어보자.

팔에는 팔을 구부리는 근육과 펴는 근육이 있는데, 이 둘은 서로 반대로 작용한다. 따라서 팔을 구부릴 때는 당연히 팔을 구부리는 근육은 수축시키고, 동시에 팔을 펴는 근육은 이완시켜야 한다. 때문에 우리 몸은 근육이 어느 정도 수축되고 있는지를 항상 모니터하고 있다.

이와 같이 팔을 구부리는, 보기에는 아주 간단해 보이는 일에도, 어떤 근육은 적당하게 수축시키고, 동시에 다른 근육은 적당하게 이완시켜야 하는 고도의 작업이 필요하다.

- 팔에는 팔을 구부리는 근육과 펴는 근육이 있다.

골격근은 근섬유의 다발이 뭉쳐서 생긴 것이다. 근육은 근원섬유(筋原纖維)가 살짝 미끄러져 들어감으로써 수축한다(그림 1).

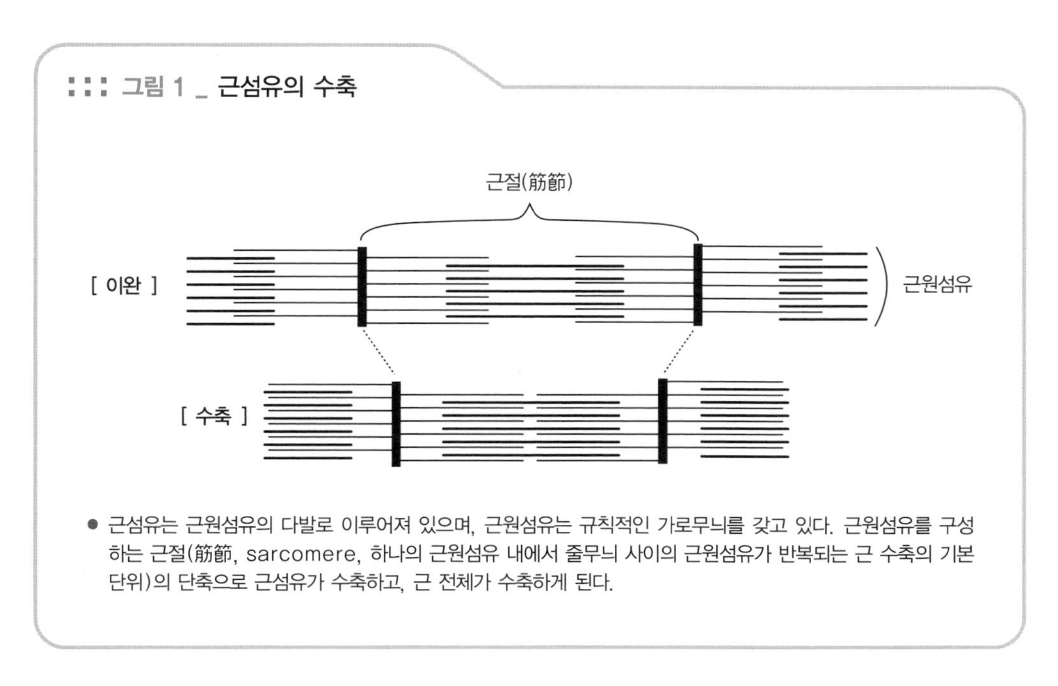

- 근섬유는 근원섬유의 다발로 이루어져 있으며, 근원섬유는 규칙적인 가로무늬를 갖고 있다. 근원섬유를 구성하는 근절(筋節, sarcomere, 하나의 근원섬유 내에서 줄무늬 사이의 근원섬유가 반복되는 근 수축의 기본 단위)의 단축으로 근섬유가 수축하고, 근 전체가 수축하게 된다.

빨간색 근섬유, 하얀색 근섬유

골격근 섬유에는 빨간색 근섬유와 하얀색 근섬유가 있다(그림 2).

다랑어와 도미의 살을 비교해보면, 다랑어는 빨갛고 도미는 하얗다. 다랑어는 망망대해를 쉼 없이 헤엄쳐 다니고, 도미는 급물살 속에서 헤엄쳐야만 한다. 요컨대 빨간색 근섬유는 지구력은 강하지만 순발력은 약하다. 반대로 하얀색 근섬유는 지구력은 약하지만 순발력은 강하다.

인간의 골격근은 빨간색과 하얀색의 근섬유가 서로 혼재해 있다. 몸을 지탱하거나 자세를 유지하고 있는 근육은 쉼 없이 움직여야 하는 탓에, 빨간색 근섬유의 비율이 압도적으로 높다.

- 골격근 섬유에는 빨간색과 하얀색의 근섬유가 있다.

그림 2_ 골격근 섬유의 유형

[빨간색]

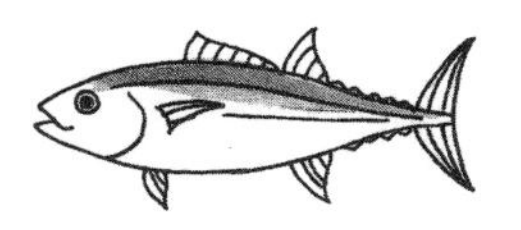

다랑어

[하얀색]

도미

지구력이 강하다

순발력이 강하다

- 빨간색 근육은 지구력이 강하고, 하얀색 근육은 순발력이 강하다.

physiology  피부

인간이 가진 가장 무거운 장기(?)

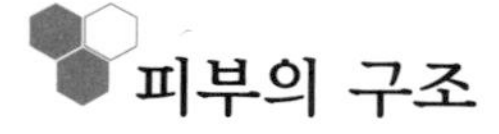

피부의 구조

우리의 몸을 덮고 있는 피부, 그 피부가 우리 몸에서 차지하는 총 무게는 약 4kg이다. 단순히 무게로만 따진다면 피부는 간이나 뇌보다 무겁다. 만약 피부를 장기에 포함시킨다면, 우리는 가장 무거운 장기(?)로 피부를 꼽을 것이다.

피부는 표피, 진피, 피하조직으로 구분할 수 있다(그림 1A). 이 가운데 표피가 상피(上皮)조직이다. 상피의 의미는 뒤에서 좀더 자세히 설명하기로 하겠다.

같은 피부라도 표피와 진피는 분명 다르다. 양자를 혼동하지 않도록 하자.

● 피부는 표피, 진피, 피하조직으로 구성되어 있으며, 표피는 상피조직이다.

표피

표피(表皮)는 수많은 세포층으로 이루어져 있다. 이들 세포층 가운데 진피(眞皮)와 경계가 되는 표피의 맨 아래에 있는 세포가 세포분열을 해서, 이미 분열이 끝난 세포를 서서히 밀어 올린다. 떠밀려 올라온 세포는 점점 납작해지다가 마침내 죽는데, 그 죽은 세포가 켜켜이 쌓여 피부의 가장 바깥쪽 표면을 덮고 있다. 이 죽은 세포가 떨어져나간 것이 바로 '때'이다.

::: 그림 1_ 피부의 모식도

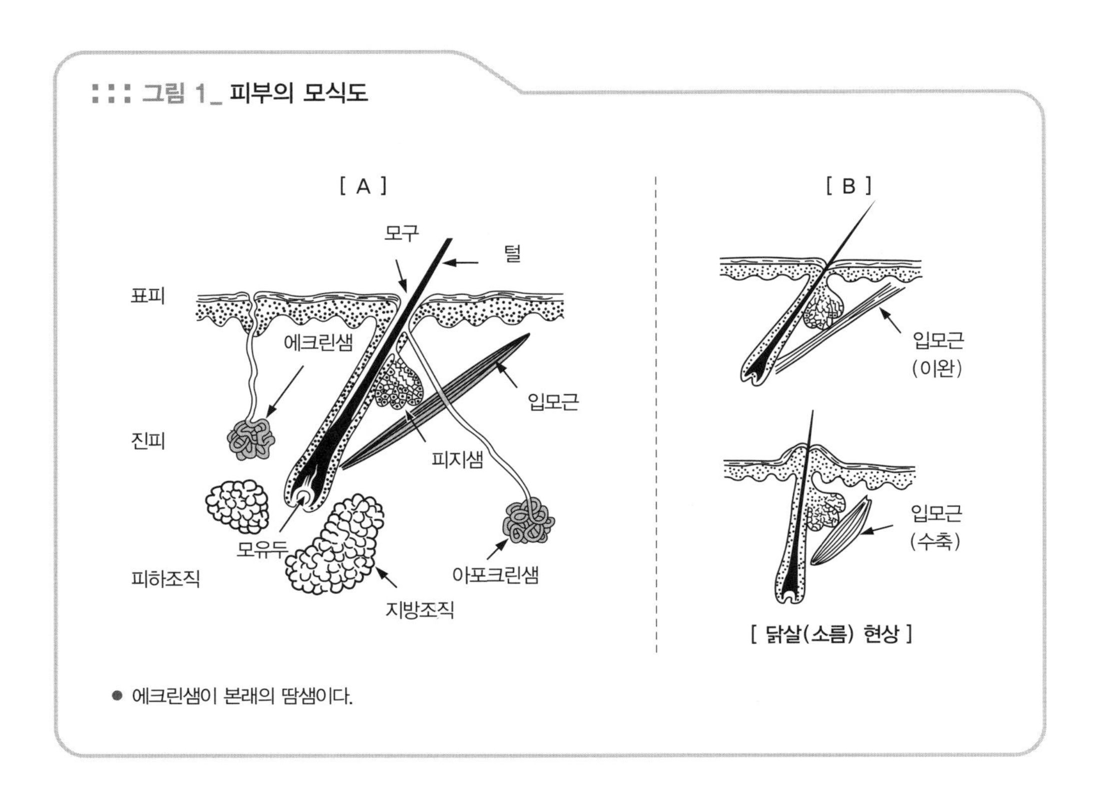

● 에크린샘이 본래의 땀샘이다.

피부에는 또한 털, 손톱, 발톱, 피지샘(皮脂腺), 땀샘 등이 부수적으로 갖추어져 있으며, 이들은 모두 표피의 변형이다. 따라서 이들의 부속물도 상피에 포함시킨다.

털, 손톱, 발톱, 피지샘, 땀샘도 표피의 일종으로 상피에 속한다.

표피에는 멜라노사이트(melanocyte)라는 세포가 있다. 이 색소세포가 '멜라닌(melanin)'이라는 검은 색소를 만들고, 그 색소를 주위에 있는 세포에 나누어준다.

백인은 이 멜라닌의 양이 적고, 흑인은 많으며, 황인종은 그 중간이다. 이 색소가 조금 모이면 갈색으로 보이고, 좀더 많이 모이면 까맣게 보인다. 또 피부 깊숙한 곳에 모이면 파랗게 보인다. 갓난아기의 엉덩이에 있는 몽고반점은 멜라닌이 진피에 모여 있는 것이다.

흰쥐나 흰토끼는 멜라닌이 없는 경우로, 이른바 흰둥이이다. 다만 하얀색 동물이라고 해서 모두 흰둥이는 아니다. 색소 색깔 자체가 하얀색인 경우도 있다. 그 차이는 눈을 보면 알 수 있는데, 원래 멜라닌 색소가 없는 흰둥이는 혈관이 훤히 들여다보이기 때문에 눈이 빨갛다. 반면에 하얀색 색소를 가진 동물의 눈은 빨갛지 않다. 또 까만 점은 색소세포 자체가 모인 것이다.

● 멜라닌의 양이 피부색을 결정한다.

진피

진피에는 탄력이 강한 가느다란 섬유가 그물코 모양으로 연결되어 있으며, 혈관과 신경이 분포해 있다. 피부에 탄력이 느껴지는 것은 바로 진피의 섬유 덕분이다. 이 섬유는 한쪽 방향으로 가지런히 놓여 있어서, 외과의사가 수술을 할 때는 이 방향에 맞추어 피부를 절개한다.

진피의 아랫부분에는 섬유가, 윗부분에는 수분이 많이 들어 있다. 진피에 수분이 많으면 피부가 촉촉하고 윤기가 도는 반면, 수분이 적어지면 피부가 거칠어지고 쭈글쭈글해진다. 그렇다면 혹시 외부에서 수분을 공급해준다면 피부가 좋아질까? 안타깝게도 외부에서 공급되는 수분은 진피에까지 도달하지 못한다.

한편 피하조직이란 지방조직을 말한다. 예방주사를 놓을 때는 바로 이 피하에 주사하는데, 이를 좀 거창하게 표현하면 '지방조직 내 주입'이라고 한다.

● 진피에는 섬유가 풍부하게 있으며, 혈관도 많이 분포되어 있다.

털과 모근

털은 뿌리 부분이 구(球)와 같은 형태로 되어 있으며, 신경과 혈관이 많이 분포되어 있다. 모근(毛根) 부위는 세포분열이 왕성한 곳으로, 새로운 털을 만들어내면서 동시에 오래된 털은 위로 밀어 올린다. 즉 털은 끝부분이 자라는 것이

::: **젊은 애들과는 게임이 안 돼!**

::: 피부의 탄력은 진피의 수분량에 비례한다. 젊을 때는 수분량이 많지만, 나이가 들수록 점점 줄어든다.

아니라, 모근에서 자라서 위로 밀려나면서 길어지게 된다.

털은 피부와 약간 비스듬한 방향으로 자라나며, 입모근(立毛筋)의 수축으로 털을 세울 수가 있다. 이것이 닭살(그림 1B)이다. 동물의 털이 꼿꼿이 서는 것도 같은 원리이다.

털이 자라는 데에는 일정한 주기가 있다. 즉 어느 정도 자랐다 싶으면 휴지기에 들어갔다가 빠진다(그림 2). 사람의 머리카락 중 약 80～90%는 성장기에 속해 있고, 10～20%는 휴지기에 속해 있다. 이 때문에 머리를 가지런하게 잘라도 조금만 지나면 길이가 삐죽삐죽 달라지는 것이다.

동물이 계절마다 털갈이를 하는 것은 모든 털의 사이클이 같은 주기로 돌기 때문이다. 이 경우의 주기는 반년. 한편 사람의 머리카락 사이클은 3～6년 정도. 결국 6년이 되면 수명이 다해 저절로 빠지기 때문에, 평생 머리를 자르지

::: 그림 2_ 털의 사이클

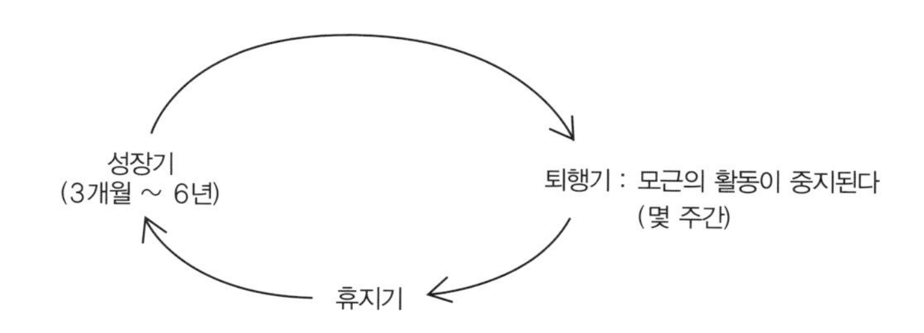

- 털은 끊임없이 신구교체가 반복되는 과정을 밟는다.
- 탈모용 레이저 광선은 검은색에 반응하기 때문에, 레이저로 휴지기의 털(검지 않다)까지 제거하려면 여러 차례 반복할 필요가 있다.

않아도 머리카락의 길이에는 한계가 있다.

● 모근(毛根) 부위에서는 세포분열이 왕성하게 일어난다.

피부 표면

피부 표면은 약(弱)산성이다. 피부를 청결하게 유지하려면 비누로 씻는 것이 기본적이면서도 가장 확실한 방법. 하지만 비누는 알칼리성이라서 비누로 씻은 다음에는 반드시 비눗기가 남지 않도록 깨끗하게 헹궈내야 한다.

또 클렌징 크림과 비누가 똑같은 역할을 한다고 흔히 혼동하는데, 그렇지 않다. 화장품에는 광물성 기름이 들어 있는데,이 광물성 기름 성분을 제거하는 것이 바로 클렌징 크림이다. 예를 들어 자동차를 수리할 때 묻기 쉬운 기름때는 깨끗한 기계 기름으로 닦는 것이 더 잘 지워진다. 이와 비슷한 원리로, 클렌징 크림은 화장품에 들어 있는 광물성 기름 성분을 제거할 뿐, 나머지는 비누로 제거해야 한다. 화장은 '하는 것보다 지우는 게 더 중요하다' 는 말이 있듯이, 밤에 화장을 제대로 지우지 않고 잠자리에 들면 피부에 염증이 생기기 쉽다.

● 피부를 청결하게 유지하기 위해서는 비누로 깨끗하게 씻는 것이 기본이다.

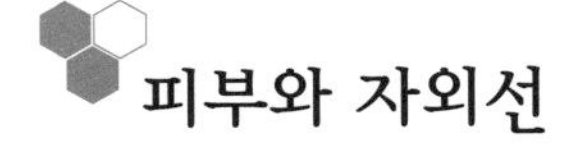

피부와 자외선

자외선은 우리 몸에 좋을까, 나쁠까?

자외선이 비타민 D를 만들어주는 건 사실이지만, 자외선은 피부를 검게 하고 세포의 노화나 세포 장애, 심하면 피부암을 유발하기도 한다. 이는 아마도 활성산소(活性酸素, 본문 262쪽)가 관여하고 있기 때문인 듯하다.

자외선은 파장(본문 267쪽)에 따라 몇 가지 종류로 나눌 수 있는데, 파장이 긴 것, 즉 가시광선에 가까운 자외선보다 파장이 짧은 자외선이 세포 장애를 심하게 유발한다. 다행히도 파장이 짧은 자외선은 대기 중의 오존층에 흡수되어, 우리가 사는 지표면에는 거의 도달하지 않는다. 오존층이 파괴되면 피부암이 늘어나는 이유는 바로 이 때문이다.

그러나 현실적으로 햇볕을 보지 못해 비타민 D 결핍증에 걸리는 경우는 거의 없다. 따라서 햇볕에 직접 노출되지 않도록 자외선 차단에 유의하는 것이 바람직하다.

● 자외선을 너무 많이 쬐면 피부암에 걸릴 가능성이 높아진다.

화상

이번에는 화제를 좀 바꿔서 '화상(火傷)'에 대한 이야기를 해보자.

화상은 그 정도에 따라 치유과정이 다르다. 표피만 상처를 입은 가벼운 화상(빨갛게 달아올랐을 뿐)은 특별한 치료를 하지 않아도 자연 치유된다. 진피까지 손상을 입은 중증 화상의 경우 대개 상처 부위에 물집이 생기는데, 모근부나 땀샘은 그대로 살아 있기 때문에, 모근부 주변의 세포분열로 거의 원상 회복된다.

만약 피하조직까지 상처를 입은 심각한 화상이라면, 모근부 세포까지 죽은 상태이기 때문에, 결국 주변 세포가 분열하지 않는 한 표피의 원상 회복은 불가능하다. 설령 치료가 되어도, 땀샘도 없고 털도 나지 않는 맨들맨들한 피부가 된다.

● 화상을 입어도 모근부가 살아 있다면 피부의 원상 회복이 가능하다.

특히 요즘은 어린이들이 순간 냉온 정수기를 잘못 만지다가 뜨거운 물에 데는 경우가 많은데, 이런 사고를 방지하기 위해서는 어른들의 주의 깊은 관심이 필요하다.

한편 분신 자살이나 화재 등으로 화상을 입었을 때는 피부뿐 아니라, 폐 속까지 손상되어 치유가 불가능한 경우가 많다. 빌딩에서 화재가 발생한 경우에는 화상 자체보다 연기에 포함된 일산화탄소의 영향으로 사망에 이르는 경우가 많다.

● 화재로 화상을 입으면 피부뿐 아니라 폐도 손상을 입는다.

중증 이상의 심각한 화상을 입었을 때는 화상의 면적, 즉 전신의 피부 가운데 몇 퍼센트가 화상을 입었느냐가 치료의 중요한 포인트가 된다.

그럼 여기에서 잠시 화상 면적을 산출하는 간단한 계산법을 알아보자.

우선 전신을 11군데로 나눈다. 머리가 1, 몸통은 가슴 · 배 · 등의 상 · 하로 나누어 계산하면 모두 4군데, 좌우 팔은 2군데, 대퇴 · 하퇴를 좌우로 나누면 하지가 총 4군데, 이렇게 해서 총 11군데가 되는데, 이들 11군데의 면적은 거의 동일하다. 따라서 100÷11≒9가 되므로 한 군데가 전신의 9%씩을 차지하고 있는 셈이다. 9%×11군데의 합계는 99%, 여기에 음부를 1%로 해서 합계 100%가 된다. 화상 면적의 대략적인 계산법은 이와 같다(그림 3).

화상으로 피부 손상을 입었다는 얘기는 피부라는 보호막을 잃었다는 의미로, 우리 몸에서 보호막이 사라지면 세포외액이 체외로 누출될 수밖에 없다. 따라서 화상 면적이 20%를 넘으면, 과다하게 누출된 수분량을 보충해주기 위해 다량의 수액(輸液) 처치가 필요하다.

● 화상 면적을 산출하는 간편한 계산법이 있다.

가벼운 화상의 경우, 즉시 환부를 차게 식혀주는 것이 좋다. 덴 곳을 바로 차게, 시원하게 해주는 것이 기본! 그리고 환부를 청결하게 한 뒤 병원으로 직행하자. 알로에나 이름도 모르는 기름 같은 걸 바르면 절대 안 된다. 감염을 일으키기 쉽고 훗날 치료에 방해가 된다. 화상 부위가 감염되면 치료가 더 어려워진다.

- 초기 화상치료의 기본은 즉시 차게 식히고 청결을 유지하는 것이다.

::: 그림 3 _ 9의 법칙

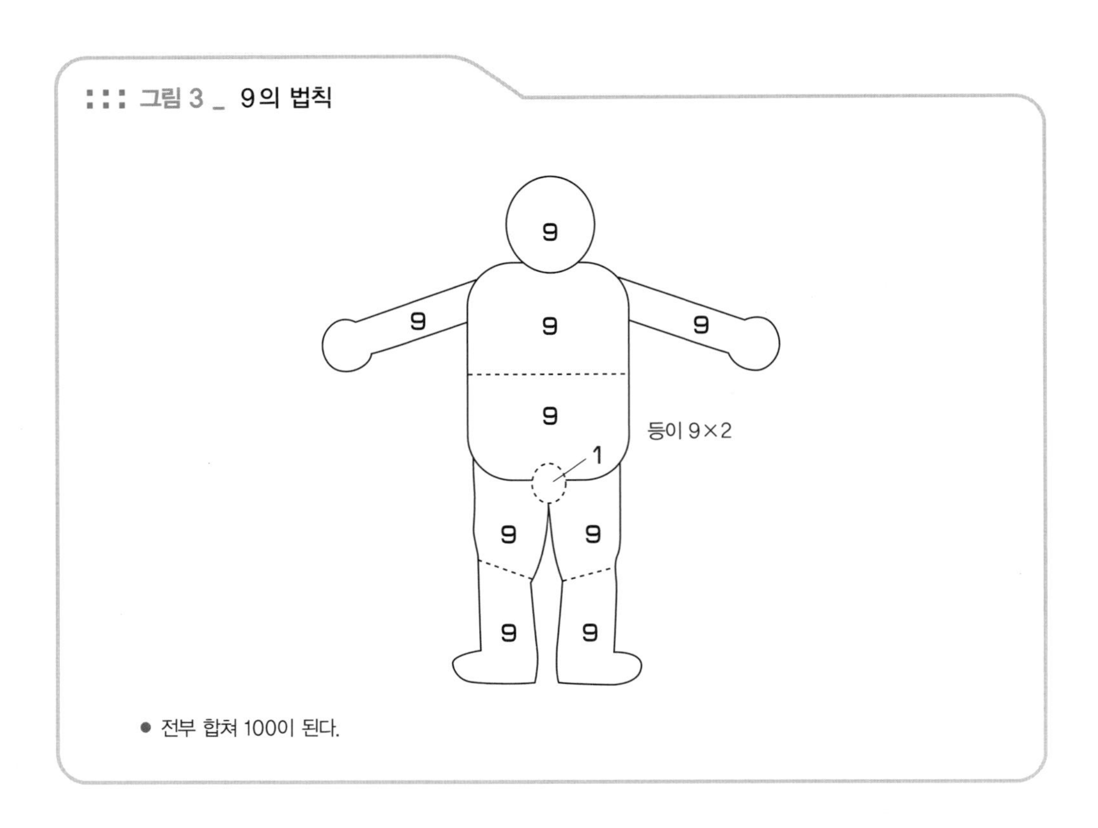

- 전부 합쳐 100이 된다.

physiology 23 체온

우리 몸 속에 냉난방 시스템이 있다

항온동물

척추동물[●]은 환경 온도(주변 온도)에 따라 체온이 변하는 변온(變溫)동물과, 주변 온도가 변해도 체온이 항상 일정하게 유지되는 항온(恒溫)동물로 나눌 수 있다.

● 어류, 양서류, 파충류, 조류, 포유류

어류는 변온동물인데, 물고기가 사는 물이라는 장소는 기본적으로 온도 차가 그다지 크지 않다. 즉 어류의 경우는 체온 유지 시스템이 불필요하다. 한편 온도 차가 있는 환경에 서식하는 양서류(개구리 등)와 파충류(뱀 등)는 주변 온도에 따라 체온이 올라갔다 내려갔다 한다.

그렇다면 항온과 변온 중 어느 쪽이 더 유리할까?

생물의 기본 단위인 세포의 활동은 온도의 영향을 많이 받는다. 세포가 좀더 고도의 기능을 수행하기 위해서는 온도가 일정한 쪽이 유리하다. 그래서 조류와 포유류는 체온을 일정하게 유지하는 쪽으로 진화되었다.

세포가 고도의 기능을 수행하기 위해서는 온도를 일정하게 유지할 필요가 있다.

사람은 산소와 음식물을 섭취해야만 생명을 유지할 수 있는데, 그 이유는 사람은 음식물에서 에너지를 얻기 때문이다. 그리고 음식물 속의 에너지는 열이 된다. 즉 에너지가 어떤 식으로 사용되든(예를 들면 세포 활동에 쓰이든, 근육운동에 쓰이든) 마지막 단계에서는 반드시 열로 변한다.

항온동물은 체온을 일정하게 유지하는 시스템을 갖고 있는데, 그 시스템이란 바로 냉각 시스템이다. 우리 몸은 충분히 먹고서 열을 발생시킨 뒤, 그로 인해 발생한 과잉된 열을 체외로 버려서, 즉 몸을 냉각시켜서 체온을 일정하게 유지하고 있다. 말하자면 난방과 냉방을 동시에 가동하고 있는 셈이다. 뜨겁게 데우고 동시에 서늘하게 식혀서 결과적으로 온도를 일정하게 유지한다. 이 방식은 온도를 일정하게 유지하기 위해서는 더할 나위 없이 좋은 방법이지만, 커다란 결함이 있다. 바로 에너지의 효율성이 떨어진다는 것. 즉 포유류는 체온을 유지하기 위해 많은 양의 음식물을 섭취할 필요가 있다.

● 몸을 따뜻하고 동시에 차게 함으로써 체온을 일정하게 유지한다.

))) MEMO

●● 포유류의 먹이양과 파충류의 먹이양

포유류는 냉방과 난방을 동시에 가동시켜야 하기 때문에 막대한 에너지가 필요하다. 따라서 포유류는 파충류에 비해 더 많은 양의 먹이를 필요로 한다.
돼지(포유류)와 뱀(파충류)을 가축이라고 생각하고, 같은 양의 먹이를 먹여 사육한다고 가정해보자. 똑같은 양의 먹이를 주고 인간이 얻을 수 있는 고기는, 돼지보다 뱀 쪽이 훨씬 더 많을 것이다. 물론 동물에게 줄 먹이가 있다면 그걸 인간이 직접 먹는 쪽이 훨씬 더 효율적이겠지만. 아무튼 변온동물의 장점은 적게 먹어도 된다는 점이다.

열의 생산과 방출

열은 온몸 구석구석에서 발생하는데, 사람의 경우는 골격근이 최대의 열 생산조직이다.

운동을 하면 골격근에서 많은 열이 발생한다. 또 추우면 몸을 부들부들 떨게 되는데, 이렇게 떠는 행위도 골격근의 수축작용으로, 골격근에서 열을 만들어 내는 하나의 수단이다.

● 골격근은 최대의 열 생산기관이다.

몸 속에서 발생한 열은 몸 밖으로 배출되는데, 개는 헉헉거리며 폐에서 열을 버리고, 사람은 피부로 열을 버린다. 즉 사람의 경우 피부의 혈류가 늘어나서 땀이 나는 것이다. 땀의 배출은 우리 몸의 온도를 효율적으로 낮추어주기 때문에 혈액은 몸 속의 열을 피부로 운반한다.

이 발한(發汗) 시스템이 가장 잘 발달되어 있는 동물이 바로 인간이다. 땀(에크린샘에서 나오는 분비물)을 흘리는 것은 인간과 일부 원숭이뿐이다. 다른 동물은 땀을 흘리지 않는다. 코끼리나 낙타는 더울 때 땀을 흘리는 대신 물을 끼얹고, 쥐는 타액을, 돼지는 분뇨를 몸에 발라서 몸을 식힌다.

참고로, 토끼의 귀나 쥐의 꼬리는 중요한 열 발산기관이다.

● 체온은 열 생산량과 방출량으로 결정된다.

::: 그림 1 _ 쥐의 열 방출

[정상 체온]

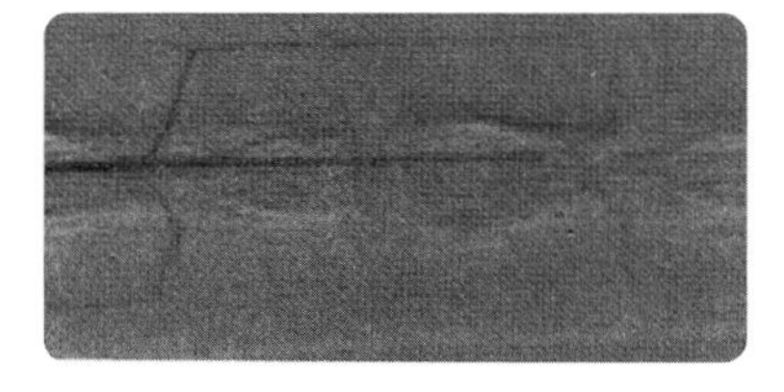

[고체온]

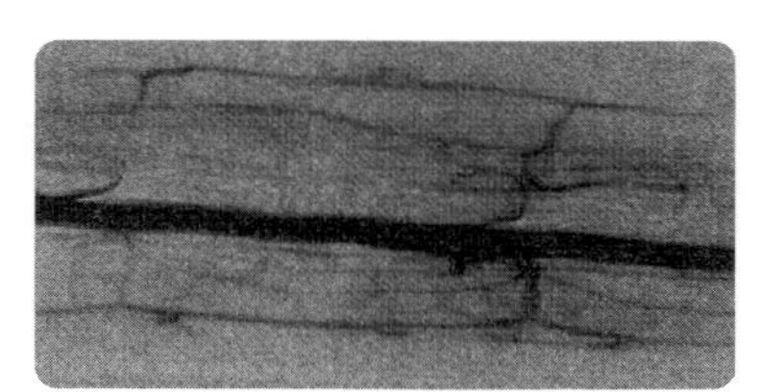

● 쥐꼬리의 동맥 조영상이다. 체온이 올라가면, 꼬리의 혈관이 확장되고 혈류가 증가하는 모습을 관찰할 수 있다.

열중증

열사병으로 대표되는 더위에 의한 심각한 장애를 열중증(熱中症, heat stroke)이라고 하는데, 찜통 더위 속에서 무리한 스포츠나 건설 작업을 할 때 흔히 발생한다.

우선 고온과 지나친 근육운동으로 체온이 올라가고 땀이 난다. 이때 땀으로도 열이 제대로 발산되지 못해 체온이 40도 이상 올라가면, 고체온에 의한 의식장애를 초래한다. 이것이 바로 열사병이다. 또 발한에 의한 탈수 증상이 먼저 나타나면, 뇌의 혈류 저하로 현기증 · 두통 · 구토 등이 생기고, 심해지면 역시 의식장애가 뒤따른다. 이때는 몸을 차게 해주고 수분과 염분을 보충해줘야 한다.

● 무더운 여름철에 하는 지나친 운동은 열중증의 원인이 된다.

체온중추와 체온 변화

체온은 뇌의 체온중추에서 결정된다.

체온중추는 피부 온도와 환경 온도 등의 정보를 받아들인 뒤 '체온을 36.5℃로 해라', '체온을 39.0℃로 올려라' 라는 체온 설정 명령을 내린다. 그 명령에 따라 피부의 혈류가 변하거나, 땀이 나거나, 몸이 떨리게 된다(그림 2, 그림 3).

● 체온은 뇌가 결정한다.

체온은 개인에 따라 차이가 많이 난다. 37℃가 정상인 사람도 있고, 37℃가 발열 상태인 사람도 있다.

또 체온은 다양한 원인에 따라 변한다. 연령에 따라서도 변하는데, 노인은 대체로 체온이 낮고, 소아는 높으며, 신생아는 좀더 높은 것이 정상이다.

체온은 갑상선 호르몬(티록신)의 영향으로도 상승하는데, 체온을 변화시키는 호르몬은 이외에도 많이 있다. 또 체온은 아침에는 낮고 저녁때는 높아진다.

::: 그림 2 _ 체온의 설정 온도

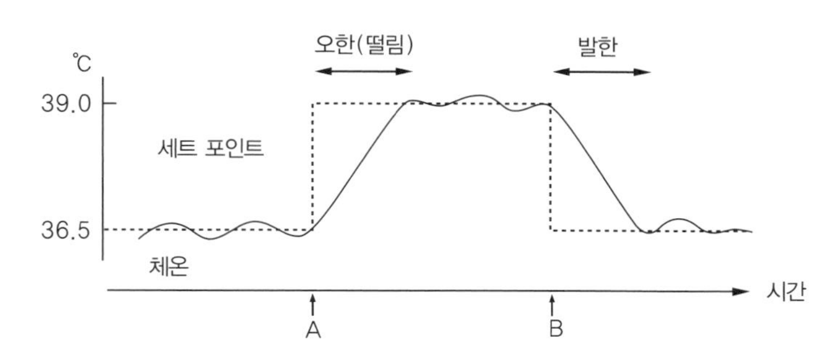

● A에서는 체온의 설정 온도가 급상승하고, B에서는 체온의 설정 온도가 갑자기 떨어진다.

::: 그림 3 _ 체온의 결정

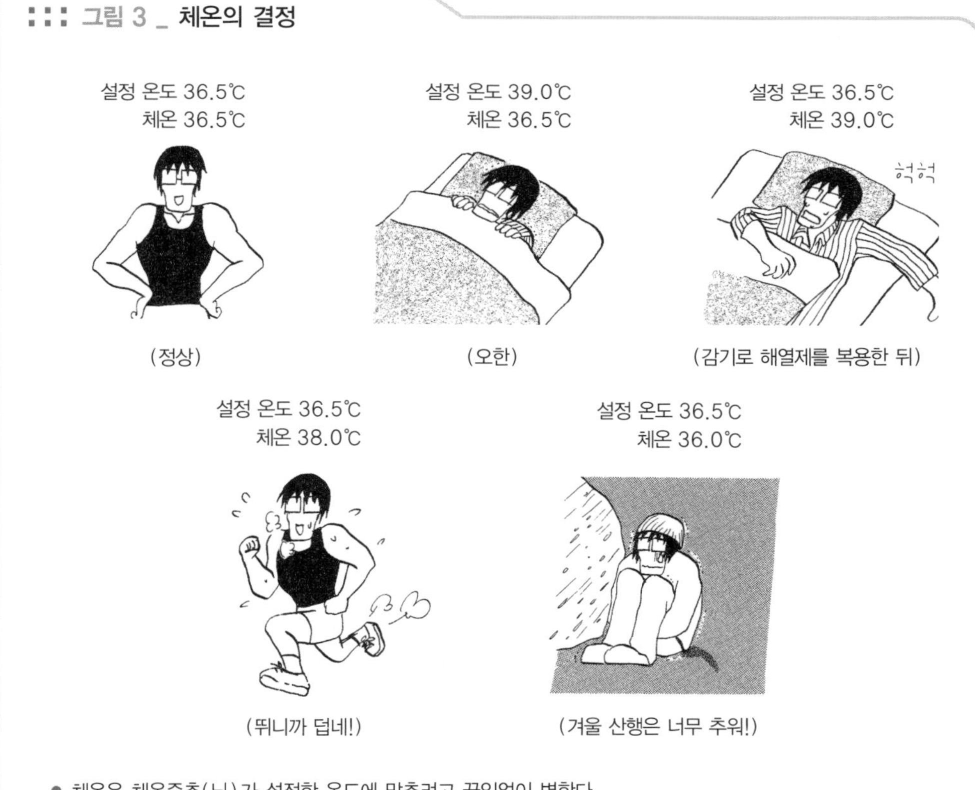

● 체온은 체온중추(뇌)가 설정한 온도에 맞추려고 끊임없이 변한다.

여성의 경우 성주기(性周期)에 따라 배란 전에는 체온이 낮고, 배란 후에는 체온이 상승한다. 아침에 일어나자마자 측정한 구강 체온을 기초 체온이라고 하는데, 난소 기능의 중요한 검사 항목이자 피임의 참고 자료가 되기도 한다.

체온은 세균에 감염되거나 종양에 걸려도 상승한다.

이와 같이 체온이 상승하는 것은 호르몬이 뇌의 체온중추에 영향을 미치기 때문이다. 따라서 우리가 감기에 걸렸을 때 복용하는 해열제는 뇌의 체온중추에 영향을 미쳐 체온을 떨어뜨리는 작용을 한다.

● 체온은 개인차가 크며, 시시각각 변한다.

그렇다면 체온을 측정하는 방법은?

예전에는 겨드랑이에 체온계를 넣고 10분 정도 기다렸다가 온도를 쟀는데, 요즘에는 귀의 고막 온도를 간편하게 잴 수 있는 체온계가 나와서, 귀에 체온계를 대면 1~2초 안에 체온을 확인할 수 있다. 귀의 고막에 흐르는 혈액은 온도가 대개 일정하다.

한편 체온을 모니터하고 싶을 때나 갓난아기의 경우, 직장(直腸)의 체온을 재는 경우도 있다.

● 귀의 고막에서도 체온을 잴 수 있다.

생명 탄생의 주인공, 생식세포

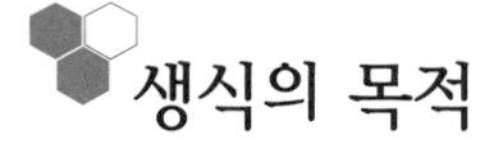

생식의 목적

우리는 왜 이 세상에 태어났을까?

생물학적으로 볼 때 답은 간단하다. 바로 대대손손 자손을 번창시키기 위해서이다. 즉 신이 당신을 세상에 내보낸 이유는 자식을 만들게 하기 위해서이다. 생물학적 관점에서 보면, 종족 보존이라는 작업이 우리가 이 세상에 존재하는 유일하면서도 최대의 목적인 셈이다.

- 생물이 이 세상에 태어난 목적은 자손을 만들기 위해서이다.

생식세포

단세포 생물의 경우, 단순히 하나가 두 개로 분열하면 '아이 만들기'가 완료된다. 이러한 경우 부모와 똑같은 개체가 두 마리 생긴다. 이를 무성생식(無性生殖)이라고 한다.

한편 다세포 생물의 경우, 두 마리의 생물이 서로 협력해서 부모와는 조금 다른 새로운 개체를 만들어내는데, 이를 유성생식(有性生殖)이라고 한다.

인간으로 대표되는 다세포 생물은 수많은 종류의 세포를 갖고 있다고 생각하기 쉽지만, 분류방법에 따라서는 딱 두 종류의 세포만 존재한다. 바로 '생식세포(生殖細胞)' 와 '생식세포가 아닌 세포' 이다.

● 인간은 '생식세포' 와 '생식세포가 아닌 세포' 로 대별되는 두 종류의 세포로 구성되어 있다.

인간의 경우 생식세포보다 생식세포가 아닌 세포의 수가 월등히 많다. 하지만 새로운 생명을 창조하는 주인공은 어디까지나 생식세포이다. 생식세포가 아닌 세포는 생식세포가 활동할 수 있도록 도와주는 역할을 할 뿐이다. 신의 명령을 실행할 수 있는 것은 오직 생식세포뿐이다. 이때 생식세포란 난자(卵子, ovum)와 정자(精子, sperm)를 말한다.

● 인간의 생식세포는 난자와 정자로 이루어져 있다.

::: 그림 1 _ **생식세포**

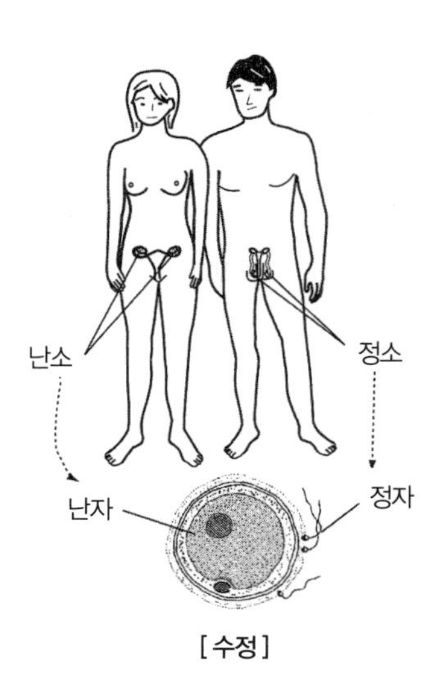

● 난자와 정자 이외의 세포의 목적은 난자와 정자가 활발하게 활동할 수 있도록 도와주는 일이다.

남자

인간의 정자는 하루에 수억 단위로 생산된다. 즉 언제라도 아이를 만들 수 있다.

생물학적으로 볼 때 수컷의 참된 인생을 논한다면, 수컷은 종족 보존을 위해 여기저기 정자를 흩뿌리는 것이 가장 수컷답게 사는 길이다. 아무튼 숫자에 있어서만큼은 그 무엇에도 뒤지지 않으므로, 기회만 닿으면 상대에 상관없이(?) 여기저기 자신의 정자를 뿌리기 위한 시스템이 프로그래밍되어 있다.

이때 좋은 정자를 골라서 훌륭한 자손을 만들고자 하는 의식이 수컷에게는 그다지 없는 것 같다. 그보다는 한 명이라도 더 많은 자손을 만드는 일에만 혈안이 되어 있다. 요컨대 수컷 입장에서는 암컷이기만 하다면, 즉 상대가 치마만 두르고 있다면 좋다는 것.

이처럼 남자가 상대를 불문하고 자신의 종족 번창에만 신경을 쓰는 것은 생물학적으로 그렇게 프로그래밍되어 있기 때문이다.

● 자손을 만들기 위해 수컷은 상대에 상관없이 정자를 여기저기 뿌리고 다닌다.

여자

반면에 난자는 절대 그렇지 않다.

인간의 경우 초경에서 폐경(閉經)에 이르기까지 35년 동안 매달 한 번 배란을 한다고 하면, 평생 배란되는 난자의 수는 약 400개밖에 되지 않는다. 수정 뒤의 임신기간 등을 감안하면, 400개의 난자 가운데 실제로 정자와 만날 수 있는 난자의 수는 기껏해야 20개 정도. 즉 한평생 여성이 임신할 수 있는 횟수는 20회, 만들 수 있는 자손은 20명 정도가 최대치이다(오늘날의 평균 자녀 수는 2명도 채 되지 않지만).

이처럼 암컷의 경우 만들 수 있는 자손의 숫자가 정해져 있다. 그렇다면 질로 승부를 걸 수밖에! 실제로 난자는 여기저기 흩어져 있는 정자 가운데 가장 훌

::: 마구 뿌리고 다니는 것도 좋지만……

::: 인간의 정자는 매일 억 단위로 만들어진다. 그러니 펑펑 낭비해도 전혀 아까울 게 없다. 숫자로 승부를 걸어 자손을 남기려는 것! 지성의 경우 마구 선물을 돌리고는 있지만, 그다지 효과는 없는 듯.

륭한 자손을 만들 수 있는 정자를 신중하게 엄선한다. 언뜻 보기에 암컷은 수컷을 유혹하는 것 같지만, 실제로는 정자를 까탈스럽게 선별하면서 함부로 정자를 받아들이지 않는다. 이것이 암컷의 생물학적인 본능이다.

여성이 남성을 선택할 때 요모조모 따지는 것은 여성의 생물학적 본능이다.

- 암컷은 훌륭한 자손을 만들기 위해 정자를 고르고 골라 그 중에서 하나를 뽑는다.

이와 같이 '화성에서 온 남자, 금성에서 온 여자' 처럼 암컷과 수컷의 행동방식에 큰 차이가 있기 때문에 세상은 재미있는 것 아닐까?!

physiology  생리와 임신

아무 일도 없었는데 임신 4주라고?

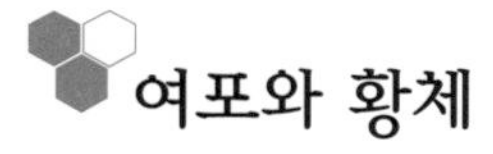

여포와 황체

먼저 여성의 생식기인 난소(卵巢, ovary)의 구조를 간략하게 살펴보자(그림 1).

난소 안에 있는 난세포는 성숙하면 주위에 많은 세포를 거느리게 된다. 이 난세포 주위의 세포 집단을 '여포(濾胞, 난포라고도 한다)'라고 한다. 한편 배란이 이루어져 난세포가 빠져나간 여포는 형태를 바꾸는데, 이를 '황체(黃體, corpus luteum)'라고 한다.

그럼 위의 순서에 맞추어 임신과정을 좀더 자세히 알아보기로 하자.

- 난세포 주위에는 여포가 있으며, 배란 뒤에 여포는 황체로 변한다.

에스트로겐과 프로게스테론

여성 호르몬인 에스트로겐(estrogen)과 프로게스테론(progesterone)을 꼭 기억하자. 에스트로겐은 여포에서 분비되기 때문에 '여포 호르몬', 프로게스테론은 황체에서 분비되기 때문에 '황체 호르몬'이라고도 한다. 이 두 가지 중 에스트로겐은 임신을 성립시키기 위해, 프로게스테론은 임신을 유지하기 위해 활동한다.

- 에스트로겐은 임신의 성립, 프로게스테론은 임신의 유지를 위해 활동한다.

∷ 그림 1 _ 난소와 여포, 난자

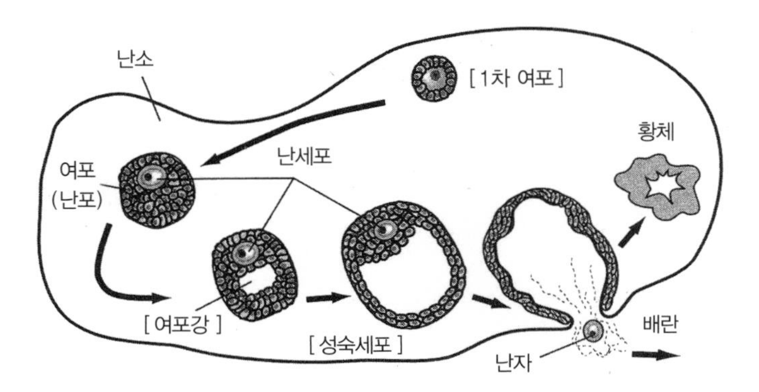

- 난소를 뚫고 나온 난자(배란)는 난관채(采)에서 난관으로 들어가고, 도중에 난관 팽대부(膨大部)에서 정자를 만나 수정한다. 수정란은 자궁으로 들어가 자궁내막에 착상한다.

∷ 그림 2 _ 에스트로겐과 프로게스테론의 작용

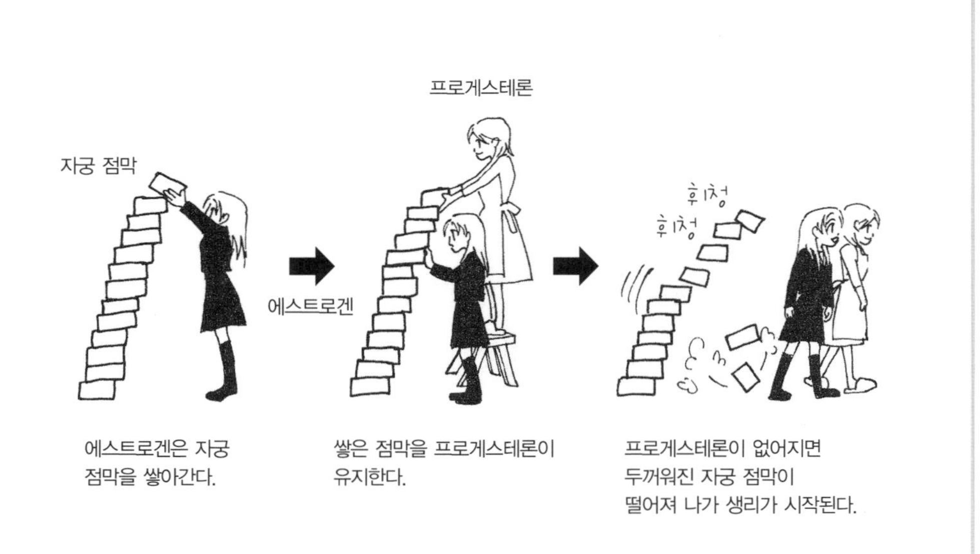

에스트로겐은 자궁 점막을 쌓아간다.

쌓은 점막을 프로게스테론이 유지한다.

프로게스테론이 없어지면 두꺼워진 자궁 점막이 떨어져 나가 생리가 시작된다.

에스트로겐은 임신이 성립되도록 작용한다고 했는데, 임신이 되려면 우선 몸이 성숙해야 한다. 그렇다. '제2차 성징(가슴이 커지고 생리가 시작된다)'이 나타나는 것은 바로 이 에스트로겐의 작용 덕분이다.

그럼 제2차 성징의 과정을 좀더 자세히 알아보자.

우선 사춘기가 되면 뇌가 먼저 성숙한다. 성숙된 뇌는 난소에 명령을 내려 에스트로겐의 분비를 촉진시키고, 그 결과 제2차 성징이 나타난다. 요컨대 사춘기에는 뇌가 먼저 성숙하고, 그 결과 난소가 성숙한다.

그럼 이번에는 제2차 성징이 이미 나타난 성숙한 여성에게 눈을 돌려보자.

에스트로겐은 임신이 성립될 수 있도록 난소와 자궁에도 영향을 미친다.

우선 에스트로겐은 난소 안에 있는 여포의 발육을 촉진시키고, 그 결과 여포는 배란이 가능한 형태로 변한다. 또한 임신이 이루어지도록 자궁내막도 두껍게 만든다.

● 에스트로겐은 여포를 발육시키고, 자궁내막을 두껍게 만든다.

한편 프로게스테론의 사명은 임신의 유지에 있다.

당연한 얘기겠지만, 임신을 '유지'하려면 우선 임신이 '성립'되어야 한다. 즉 임신이 성립될 수 있는 토대가 먼저 마련되어야 하는데, 그 첫 번째 계기가 배란(排卵)이다.

프로게스테론이 사명감을 갖고 임신을 유지하고 싶어도 배란 전에는 임신 자체가 성립되지 않기 때문에, 프로게스테론의 활동은 배란 뒤에 급증한다.

배란 뒤의 프로게스테론은 에스트로겐의 작용으로 두꺼워진 자궁내막을 임신을 유지하는 데 알맞은 상태로 변화시키고, 수정란(受精卵, fertilized egg)이 자궁내막에 편안하게 착상할 수 있도록 도와준다. 수정란이 자궁내막에 안착하는 것을 '착상(着床)'이라고 한다.

● 프로게스테론은 배란 뒤에 분비된다.

난소와 자궁은 난자와 정자가 수정할 것에 대비해 항상 준비를 해둔다. 보통은 불발(?)로 끝나는 경우가 훨씬 많기 때문에 다음 수정에 대비해 다시 준비를 하게 되는데, 이러한 사이클을 '성주기(性週期, estrus cycle)' 라고 한다.

지금까지 얘기한 에스트로겐과 프로게스테론의 분비 패턴을 정리해보면, 배란이 되기까지는 에스트로겐이 분비되고, 배란 뒤에는 에스트로겐과 프로게스테론이 동시에 분비된다. 즉 여포는 에스트로겐을 분비하고, 배란이 이루어져 여포가 황체로 바뀐 뒤에는 황체가 에스트로겐과 프로게스테론을 모두 분비하게 된다(그림 3).

- 성주기의 전반부에는 에스트로겐이 분비되고, 후반부에는 에스트로겐과 프로게스테론이 동시에 분비된다.

성주기

배란이 될 때까지 여포는 무럭무럭 자라고, 자궁내막도 두꺼워진다. 배란 뒤 여포는 황체로 변신해서 에스트로겐과 함께 프로게스테론도 분비한다. 이 프로게스테론이 두꺼워진 자궁내막을 지탱하는 것이다.

그런데 황체는 2주 정도밖에 버틸 힘이 없다. 배란 뒤 2주가 지나면 황체는 힘을 잃기 때문에 프로게스테론의 분비량이 급격히 줄어들게 된다. 그 결과 두꺼워진 자궁내막이 더 이상 유지되지 못하고 외부로 떨어져 나간다. 이 떨어져 나오는 내막이 바로 생리혈이다(그림 3).

여기서 꼭 알아두어야 할 포인트는 황체의 생명은 2주라는 점, 배란 2주 뒤에는 생리가 시작된다는 점이다.

- 배란 2주 뒤에 생리가 시작된다.

그렇다면 생리불순은 성주기 가운데 어느 부분이 어긋나서 일어나는 현상일까?

'황체는 2주 정도밖에 버틸 힘이 없다' 는 사실을 떠올려주기 바란다. 2주 이상도, 2주 이하도 아니다. 배란에서 다음 생리 시작일까지의 기간은 항상 2주로 고정되어 있다.

즉 생리불순은 성주기의 전반부, 즉 최종 생리 개시일부터 배란 전까지의 기간이 뒤죽박죽되었기 때문에 발생한다. 따라서 배란이 언제 일어났느냐에 따라 다음 생리 개시일이 결정된다.

이상은 배란이 있는 경우에 해당한다. 하지만 배란이 없는 경우에도 생리불순이 되기 쉬운데, 이 메커니즘은 복잡하기 때문에 여기서는 생략하기로 하겠다.

배란이 있는 경우의 생리불순은 배란시기가 어긋났기 때문이다.

생리통은 무지무지하게 괴롭다(물론 남자는 모를 테지만).

생리통은 자궁내막에 있는 동맥 수축이 그 원인이라고 추정된다. 자궁내막이

::: 그림 3 _ 성주기

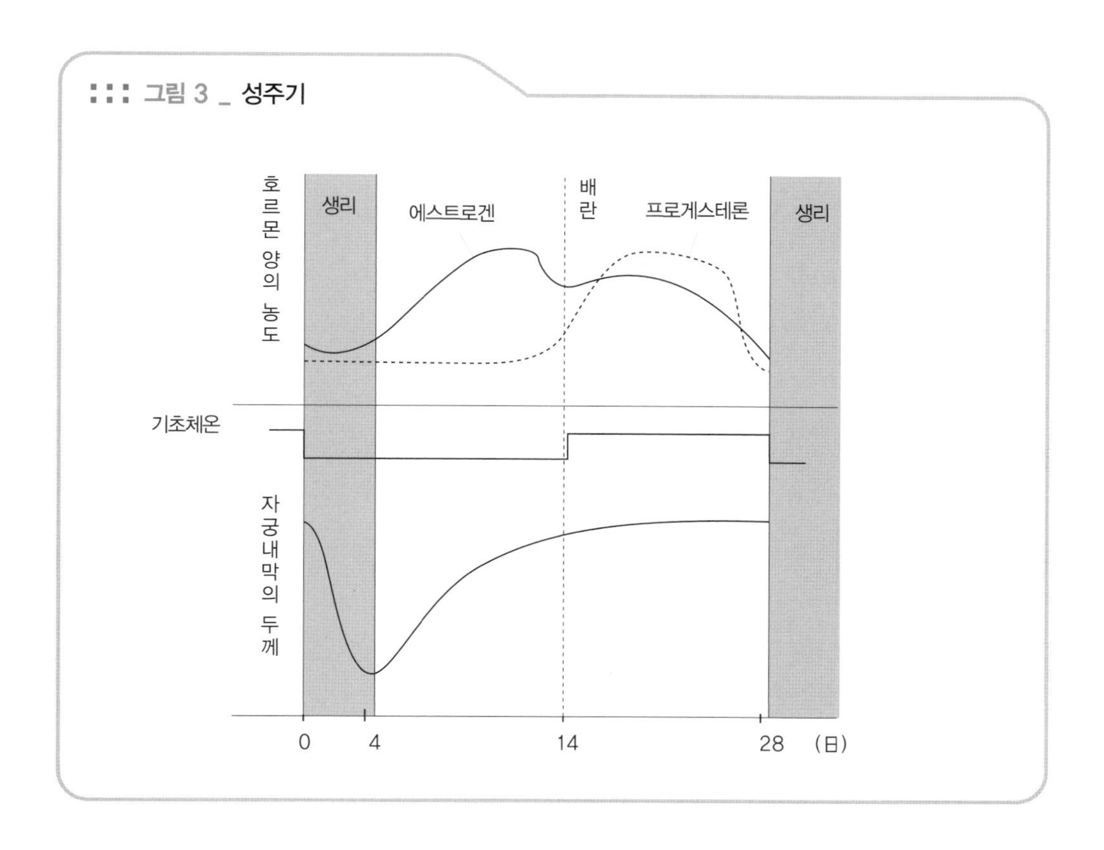

떨어질 때 동시에 내막에 있는 혈관도 수축하는데, 이 혈관 수축에서 비롯된 통증이라고 여겨지는 것이다.

또 자궁내막이 자궁 안이 아닌 다른 장소에서 증식한 경우(예를 들면 자궁 외벽), 생리기간과 같은 시기에 통증을 유발하는데, 이를 '자궁내막증(子宮內膜症)'이라고 하며, 불임의 원인이 되기도 한다.

- 자궁내막이 본래 있어야 할 장소가 아닌 곳에서 증식한 경우를 '자궁내막증'이라고 한다.

수정과 호르몬 분비

난자가 정자와 만나서 생긴 수정란은 자궁 안의 자궁내막에 달라붙고(착상), 그 부위에 태반(胎盤, placenta)을 만들기 시작한다. 완성된 태반은 황체형성 호르몬(LH, 본문 135쪽)과 같은 작용을 하는 호르몬을 분비한다. 그 호르몬의 작용으로 황체는 프로게스테론을 지속적으로 분비하고, 임신이 유지되는 것이다.

한편 임신 중기 이후에는 태반 자체에서 에스트로겐과 프로게스테론이 대량으로 분비되기 때문에 황체는 더 이상 필요 없게 된다.

- 임신 중기 이후에 필요한 호르몬은 태반에서 분비된다.

이와 같이 태반에서도 황체형성 호르몬과 흡사한 작용을 하는 호르몬이 분비되는데, 이 호르몬은 소변을 통해서도 검출된다. 따라서 임신의 유무는 태반에서 분비된 호르몬이 소변에 있는지 없는지를 가지고 판별한다. 소변에 호르몬이 있으면 임신, 없으면 임신이 아닌 것이다.

고감도 검사방법을 이용하면 미량의 호르몬도 바로 검출되므로 임신 4~5주 경부터 반응이 양성으로 나타난다.

- 임신 반응은 태반에서 분비되는 호르몬이 소변에 있는지 없는지를 알아보는 검사이다.

임신주기 계산법

임신기간을 계산할 때는 마지막 생리 시작일을 계산에 포함시켜 '임신 몇 주' 라는 표현을 쓴다. 예전에는 '임신 몇 개월' 이라고 했지만, 지금은 '몇 주' 가 일반적인 표현법이다.

보통은 마지막 생리 시작일로부터 14일째 배란이 되고, 수정이 되지 않으면 28일째 다음 생리가 시작된다. 다음 생리가 시작되기 하루 전날은 이미 28일이 지났기 때문에 '임신 4주' 가 되는 셈이다. 여기까지의 날짜 계산에서 수정의 유무는 상관이 없다. 설령 몸은 기억(?)하지 못하더라도 당신은 '임신 4주' 째를 맞고 있는 셈이다.

● 임신기간은 최종 생리 시작일을 포함하여 계산한다.

::: 선생님은 명의!

::: 출산 예정일은 마지막 생리 시작일에서 월(月)에는 9를 더하고, 일(日)에는 7을 더하면 된다.

수정은 임신 2주째, 태반 완성은 16주 무렵에 이루어진다. 그리고 40주에 분만이 이루어진다. 40주, 즉 280일 뒤가 출산 예정일이 된다.

산부인과 검진을 받으면 병원에서 출산 예정일을 즉석에서 알려주는데, 이 계산법은 자신의 마지막 생리 시작 일자만 알고 있으면 누구나 계산할 수 있는 방법이다.

즉 마지막 생리 시작일에서 월(月)에는 9를 더하고, 일(日)에는 7을 더하면 된다. 물론 '월이 12를 넘으면 9를 더하는 대신 3을 뺀다' 는 식의 약간의 조정은 필요하지만, 애당초 280일이라는 수치, 즉 출산 예정일은 대략적인 기준에 지나지 않는다. 따라서 이 계산법에서는 큰달, 작은달, 윤년 등은 무시한다.

● 임신기간은 40주이다.

배란과 수정의 타이밍

사정(射精) 후 정자의 수명은 48시간이고, 배란 후 난자의 수명은 고작 12~24시간 정도이다. 이 짧은 시간 안에 정자와 난자가 만나지 못하면 수정은 영영 물거품이 된다.

즉 한 달의 성주기 동안, 수정이 가능한 시간은 대략 이틀 정도밖에 안 된다. 그 밖의 날에는 아무리 사랑을 나눠도 수정이 불가능하다. 아이를 원하면 배란일에 맞추고, 아이를 원하지 않으면 배란일을 피해 사랑을 나누면 된다. 이래도 좋고 저래도 좋다면, 언제나 오케이겠지만!

생리불순인 사람은 수정 타이밍에도 주의할 필요가 있다. 생리불순의 원인은 배란일이 들쑥날쑥하기 때문이라고 했는데, 이러한 경우는 배란일을 예측하기가 힘들다.

다만 자궁 점액을 검사하거나 초음파로 난소의 상태를 관찰하면, 배란일을 어느 정도 예측할 수는 있다.

● 정자의 수명은 이틀, 난자의 수명은 하루밖에 안 된다.

프로게스테론의 사명은 임신을 지속시키는 일이라고 했다. 이 임신 유지라는 임무에는 새로운 임신의 성립을 저지하는 일도 포함된다. 즉 일단 임신이 되면 새로운 임신이 진행될 수 없다. 이는 프로게스테론이 배란을 억제하기 때문이다.

한편 경구 피임약에는 프로게스테론이 들어 있어서 배란을 억제시킨다.

또한 프로게스테론에는 체온을 높이는 작용이 있다. 즉 체온을 재면 프로게스테론의 분비 상태를 예상할 수 있는데, 이것이 '기초체온'이다. 배란 후에는 프로게스테론의 분비로 고온 상태가 되는데, 경구 피임약을 복용해도 마찬가지로 고온 상태가 지속된다(그림 3).

● 프로게스테론은 배란을 억제한다.

수유 중에도 배란은 억제된다. 이는 수유할 때 '프로락틴(prolactin)'이라는 호르몬이 뇌하수체 전엽에서 분비되기 때문이다. 프로락틴은 유즙을 분비시키지만, 동시에 배란도 억제한다. 따라서 수유 중에는 임신이 되기 어렵다.

● 수유는 배란을 억제한다.

))) MEMO

●● 태아는 외부의 소리를 들을 수 있을까?

태교를 위해 태아에게 클래식 음악을 들려주는 경우가 많다. 그런데 임산부가 음악을 들을 때, 그 소리가 태아에게도 들릴까?

나는 들리지 않는다고 생각한다. 이유인즉, 외계의 공기 진동은 임산부의 체표면에서 반사되므로 양수의 진동으로는 외부의 소리가 전달되기 어렵다고 보기 때문이다. 다만 엄마가 모차르트 음악을 들으면 엄마 스스로 마음이 편안해져서, 아마도 그 효과가 뱃속의 아기에게 좋은 영향을 미치는 것 아닐까? 물론 진실은 알 수 없지만.

제2부

임상 생리

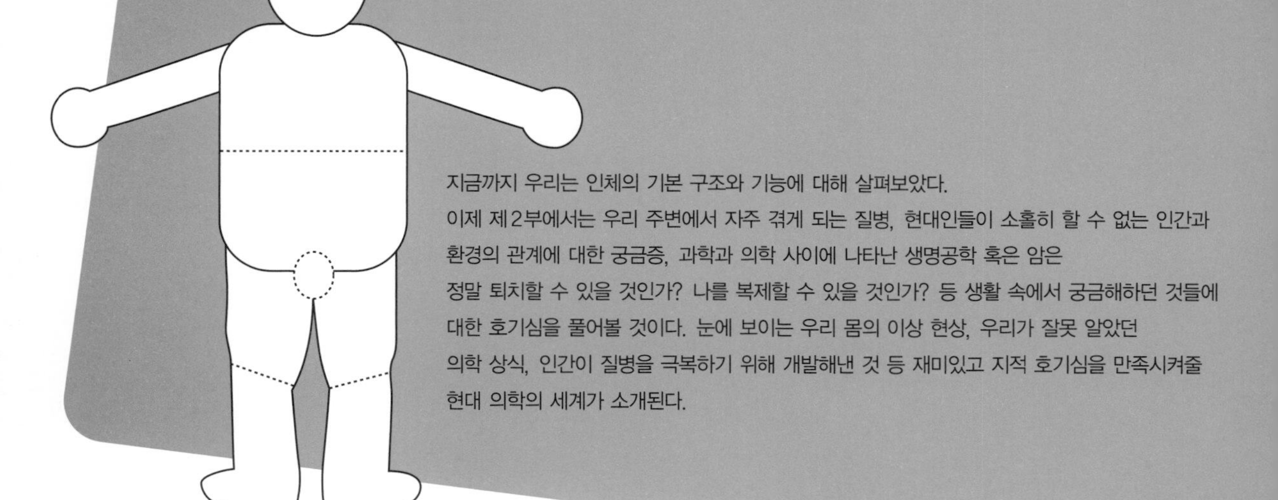

지금까지 우리는 인체의 기본 구조와 기능에 대해 살펴보았다.
이제 제2부에서는 우리 주변에서 자주 겪게 되는 질병, 현대인들이 소홀히 할 수 없는 인간과 환경의 관계에 대한 궁금증, 과학과 의학 사이에 나타난 생명공학 혹은 암은 정말 퇴치할 수 있을 것인가? 나를 복제할 수 있을 것인가? 등 생활 속에서 궁금해하던 것들에 대한 호기심을 풀어볼 것이다. 눈에 보이는 우리 몸의 이상 현상, 우리가 잘못 알았던 의학 상식, 인간이 질병을 극복하기 위해 개발해낸 것 등 재미있고 지적 호기심을 만족시켜줄 현대 의학의 세계가 소개된다.

physiology  발생 분화와 줄기세포

ES세포는 만능 변신 로봇!

분화란?

인간의 출발은 수정란에서 시작한다. 수정란은 분열증식(分裂增殖)을 거듭하고 그것이 점점 모양과 형태를 달리하면서 혈관의 뿌리, 신경의 뿌리, 소화기의 뿌리, 피부의 뿌리 식의 세포 집단으로 변한다. 이 세포 집단에서 좀더 분열증식을 거듭하다 보면, 혈관 · 뇌신경 · 위장이나 간 · 피부 등으로 독특한 제 모습을 갖추어가게 된다.

예를 들면 혈액세포에는 적혈구 · 백혈구 · 혈소판 등 다양한 세포가 존재하지만, 이들은 원래 한 종류의 세포가 분열해서 그 갈래가 나누어진 것이다. 이 뿌리세포를 '줄기세포(stem cell)'라고 한다(그림 1). 즉 줄기세포는 증식능력이 뛰어나고, 다양한 세포로 탈바꿈할 수 있는 가능성을 갖고 있다. 이와 같이 다양한 세포로 변화해나가는 것을 '분화(分化)'라고 한다.

- **뿌리세포(줄기세포)가 다양한 세포로 변화해나가는 작업을 '분화'라고 한다.**

줄기세포의 종류

일반 세포는 줄기세포가 분열해서 생긴 세포라고 했는데, 그렇다면 줄기세포

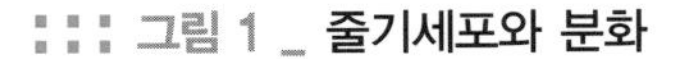
::: 그림 1 _ 줄기세포와 분화

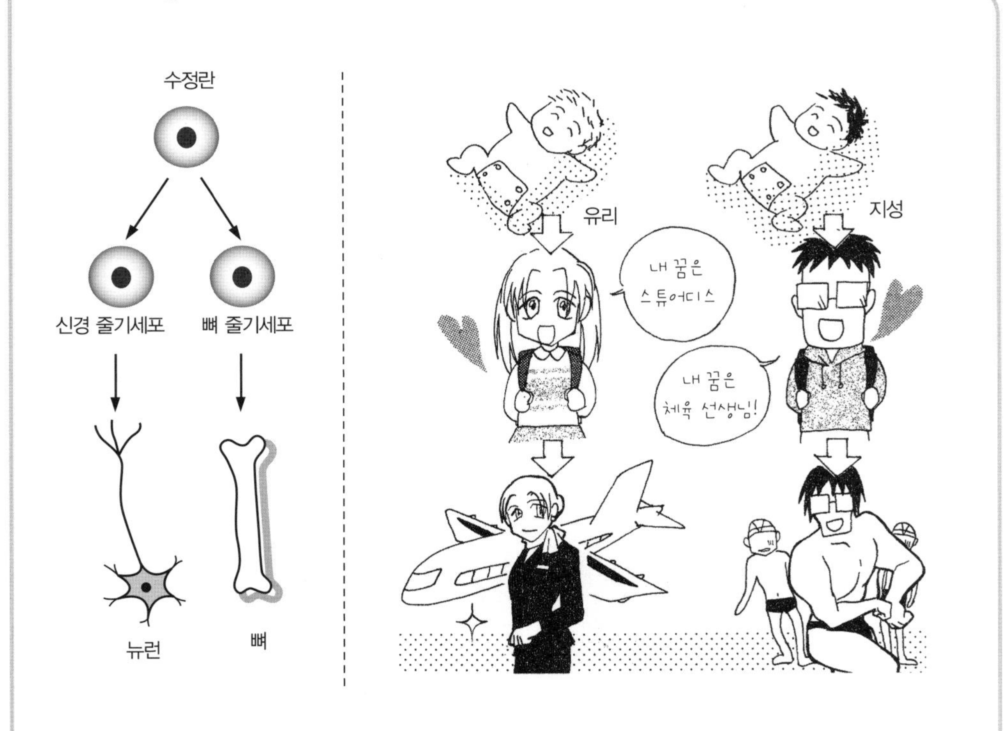

● 모든 세포와 조직은 수정란이 분열하여 생긴 것이다. 세포가 다른 종류의 세포로 변화해나가는 것을 분화라고 한다. 유리와 지성은 태어날 때는 쌍둥이로 서로 비슷했지만, 점점 자라면서 각기 개성을 가진 다른 모습으로 성장한다.

란 분열증식을 담당하는 세포라고도 말할 수 있을 것이다.

줄기세포는 보통 나이를 먹지 않는다. 언제나, 몇 번이고 분열과 증식을 거듭할 수 있다. 줄기세포에도 여러 가지 종류가 있다. 예를 들면 혈구를 만들어내는 세포는 '혈액 줄기세포' 라고 한다. 혈액 줄기세포는 분열해서 적혈구나 백혈구 혹은 혈소판이 될 수도 있고, 분열을 통해 자기 자신의 복제도 가능하다.

신경세포를 만들어내는 것은 '신경 줄기세포' 라고 한다. 또 근육에는 근세포의 줄기세포가 있고, 간에는 간세포의 줄기세포가 있다.

한편 '혈액 줄기세포' 는 혈구밖에 만들 수 없지만, 어떤 세포든 만들어낼 수 있

그림 2 _ 수정란에서 ES세포로

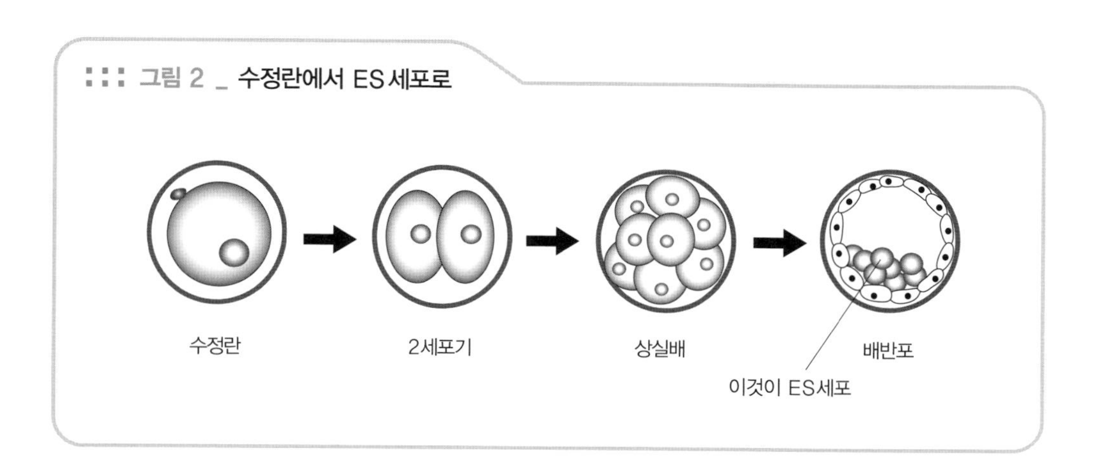

는 전지전능한 '줄기세포'도 있다. 이를 '전능성(全能性) 줄기세포'라고 한다.

● 세포는 줄기세포에서 만들어진다.

그렇다면 전능성 줄기세포란 어떤 세포일까?

우선 전능성 줄기세포 하면 수정 직후의 난자를 꼽을 수 있다. 당연한 얘기지만, 모든 세포는 수정란이 분열된 결과 생긴 것이다.

발생 도중의 포배(배반포胚盤胞) 속에는 전능성 줄기세포가 들어 있다(그림 2). 이를 'ES세포(embryonic stem cells)'라고 하는데, 이 세포는 무한분열이 가능할 뿐 아니라 어떤 세포로도 분화할 수 있다.

그래서 최근 질병으로 손상된 세포를 ES세포로 대체함으로써 질병을 치료하고자 하는 연구가 진행되고 있다. 이는 상처치료나 노화방지, 재생치료, 나아가 인간복제(人間複製)에도 응용할 수 있는 기술이다.

● ES세포는 '전능성 줄기세포'이다.

젊은 세포와 나이든 세포

인간의 세포는 신진대사(新陳代謝)를 통해 신구교체가 쉼 없이 진행되고 있다. 즉 나이든 세포는 죽고, 젊고 새로운 세포가 탄생한다. 나이든 세포는 분열이 불가능하다. 분열은 젊은 세포의 몫이다. 이처럼 분열 전문의 젊은 세포가 바로 줄기세포이다.

일반적으로 세포는 젊을수록 분열증식을 하는 능력이 탁월하지만, 업무 기술은 미숙하다. 반대로 나이든 세포는 업무능력은 뛰어나지만, 분열증식 능력은 떨어진다.

그렇다면 가장 젊은 세포는? 바로 수정란이다.

● 젊은 세포일수록 분열증식 능력이 뛰어나다.

그런데 '젊은 세포', '나이든 세포'란 무슨 뜻일까? 그 전에 우선 세포의 업무에 대해 생각해보기로 하자.

먼저 세포는 우리 몸을 위해 열심히 일하고 있다. 예를 들면 세균을 잡아먹거나(백혈구), 영양을 흡수하거나(장세포), 몸을 움직이거나(근세포)…….

그리고 또 한 가지 중요한 업무는 자신과 같은 세포를 늘리는 일이다. 즉 분열증식의 업무!

보통은 일반 업무를 담당하는 세포와 분열증식을 담당하는 세포로 나누어져 있으며, 하나의 세포가 일반 업무와 분열증식을 균등하게 담당하는 경우는 거의 없다.

예를 들면 간에서도 대사나 해독 업무를 담당하는 일반 간세포와 그 간세포를 공급하기 위해 분열증식을 담당하는 세포로 나누어져 있다. 수적인 측면에서 본다면 일반 간세포의 수가 압도적으로 많다.

● 일반 업무를 담당하는 세포와 분열증식을 담당하는 세포는 별개의 세포이다.

세포의 분화

인간은 유아기에는 한 사람 몫의 일을 제대로 할 수 없다. 사회를 구성하는 한 구성원으로서의 역할을 수행하기 위해서는 학교에 다니면서 일정한 교육과정을 밟아 사회인으로서의 능력을 길러야 한다. 즉 일을 수행할 수 있는 능력을 갖추려면 어느 정도의 훈련이 필요하다.

이는 세포도 마찬가지. 분열을 통해 새로 태어난 세포가 본래의 업무를 수행하려면 일정한 훈련기간이 필요하다. 훈련기간은 세포의 종류에 따라 천차만별이다. 즉 분열 직후 바로 현장에서 일할 수 있는 세포가 있는가 하면, 림프구처럼 상당히 오랫동안 훈련할 필요가 있는 세포도 있다.

세포가 자신의 업무를 수행하려면 어느 정도 훈련기간이 필요하다.

세포는 태어난 직후, 어떤 기능을 가진 세포로 변할까? 인간의 경우로 바꾸어 말하면, 어떤 직업을 가진 사람으로 성장할까?

태어날 때부터 해야 할 일이 정해져 있는 경우가 있는가 하면, 복수의 선택지가 있는 경우도 있다. 나아가 뭐든지 할 수 있는 세포도 있다.

앞에서 '다양한 세포로 변화해나가는 것을 분화'라고 했는데, 바꿔 말하면 세포가 자신의 업무를 결정해나가는 것을 분화라고 할 수도 있다. 또 업무능력을 향상시켜나가는 것을 '성숙(成熟)'이라고 한다. 갓 태어난 세포는 '미분화' 내지 '미숙' 상태에 있다. 하지만 훈련을 거듭하면서 분화 · 성숙 과정을 거쳐 자기 몫을 할 수 있는 어엿한 세포로 성장한다.

미분화 · 미숙 세포가 분화 · 성숙해서 자기 몫을 해내는 어엿한 세포로 성장한다.

조직의 분화

분화하는 것은 개개의 세포만이 아니다. 우리 몸의 조직도 분화한다. 수정란에서 발생(發生, 다세포 생물의 난자가 수정하여 배胚 · 유생幼生을 거쳐 성체가 되기까지의 과정)이 진행됨에 따라 어떤 목적을 가진 세포 집단이 형성되어가는 것이다. 요컨대 세포가 모여 조직(예를 들면 근육조직, 지방조직, 신경조직 등)을 형성하고, 조직이 모여 장기를 만든다.

가령 발생 도중에 있는 배(胚, 아직 태아가 되기 이전)에는 몸의 중심에 하나의 관(管)이 생긴다. 이것이 소화관의 원형(原形)으로, 미래에 식도 · 위 · 장이

::: 그림 3 _ 장관(腸管)에서 장기가 생성되는 과정

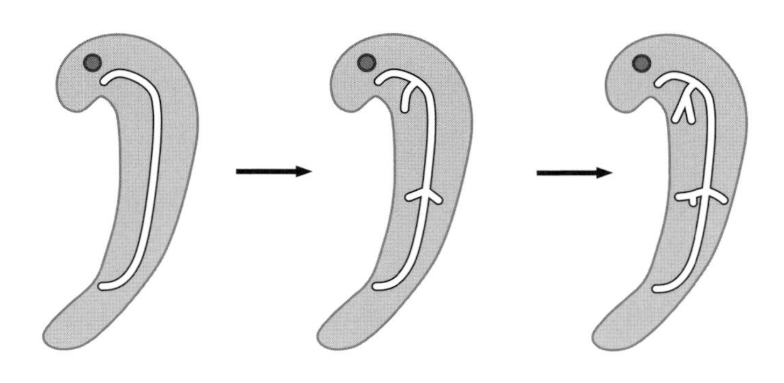

● 태생기에 관의 일부가 옴폭 파이고, 그곳에서 폐와 간 · 담낭 · 췌장이 생긴다.

되는 것이다. 단순한 관이 위나 장으로 변화하는 것도 분화에 속한다.

이처럼 처음에는 단순한 하나의 관이었는데, 분화가 진행되면서 서서히 머리와 중앙 쪽에 옴폭한 모양이 생긴다. 머리 쪽의 옴폭한 모양은 폐가 되고, 가운데 생긴 옴폭한 모양은 간 · 담낭 · 췌장이 된다(그림 3). 말하자면 위장과 간 · 담낭 · 췌장은 같은 부서의 동료인 셈이다. 마찬가지로 소화관과 폐도 같은 부서의 친구이다.

⊙ 소화기와 폐는 발생학적으로 같은 친구이다.

실은 신경도 피부와 절친한 관계이다. 막대 모양의 척수는 등 쪽의 피부(이 단계에서는 피부가 아직 완성되었다고 할 수 없지만)가 함몰되어 생긴 것이다. 그리고 뇌는 척수 말단이 성장해서 생성된 것이다. 신경과 피부는 같은 동료라서 선천성 신경질환이 있을 경우, 피부 이상을 동반할 때도 있다. 마찬가지로 혈관과 심장, 혈구와 혈관도 단짝 친구 사이라고 할 수 있다.

⊙ 신경과 피부도 발생학적으로 같은 친구 사이이다.

세포분열에 있어서 변화는 필요할까?

세포가 분열증식할 때, 기본적으로 원래 세포와 똑같은 세포가 2개 생기는 것이 정석이다. 이때 다른 종류의 세포로 변화해서는 안 된다. 똑같은 세포가 2개 생겨야 정상이다.

그러나 장기적인 시간 축의 연장선상에서 본다면, 생물은 환경에 따라 적절히 대처해나갈 수 있는 유연함도 필요하다. 즉 세포분열은 정확함과 유연함이 동시에 요구되는 고도의 작업이다.

- 세포분열은 정확함이 생명이지만, 긴 시간 축의 연장선상에서 본다면 유연성도 필요하다.

세포분열의 횟수

세포에도 수명이라는 것이 있을까?

다세포 생물의 경우 신진대사를 유지하려면 노화된 세포는 죽고, 그 자리를 젊고 팔팔한 세포가 보충하는 신구교체 과정이 이루어져야 한다.

- 노화된 세포는 사멸과정을 밟는다.

일반 세포의 경우, 분열 횟수의 최대치가 정해져 있다. 가령 혈관 안쪽에 있는 혈관 내피 세포는 50회 정도로 그 분열 횟수가 정해져 있다. 더는 분열할 수 없다.

그럼 어떤 시스템에 따라 이런 한계치가 정해지게 되었는지 그 과정을 잠시 알아보자.

모든 세포는 유전형질을 결정하는 인자인 '유전자(遺傳子, gene)'를 갖고 있다. 유전자의 정체는 'DNA(디옥시리보 핵산)'이다. DNA는 '뉴클레오티드(nucleotide)'라는 분자가 하나의 끈처럼 길게 이어져서 생긴 것이다. 이 끈을 영어로는 'chain'이라고 하고, 우리말로는 'DNA 사슬'이라고 한다.

DNA 사슬은 2개가 하나의 세트로 구성되어 있다. 세포가 분열할 때는 DNA 사슬도 똑같이 복제되지만, 사슬의 말단은 복제되지 않는다. 그 이유는 DNA 사슬은 한 방향으로만 복제되기 때문인데, 자세한 과정은 복잡하므로 여기에서는 'DNA 사슬은 복제될 때마다 조금씩 짧아진다' 고 이해하면 된다.

- DNA 사슬은 복제될 때마다 조금씩 짧아진다.

텔로미어

DNA 사슬의 끝부분을 '텔로미어(telomere, 염색체의 말단 부위)' 라고 한다.

세포는 분열할 때마다 텔로미어가 짧아지는데, 일정한 길이만큼 짧아지면, 그 세포는 '노화되었다' 고 우리 몸에서 판단을 내려 사멸과정을 밟게 된다. 즉 젊은 세포는 텔로미어가 길지만 분열하면서 점점 짧아진다.

말하자면 텔로미어는 전철 정기권과 같은 것이다. 보통 세포는 50번 탈 수 있는 정기권을 보유하고 있는데, 한 번 분열할 때마다 횟수가 한 번씩 줄어들

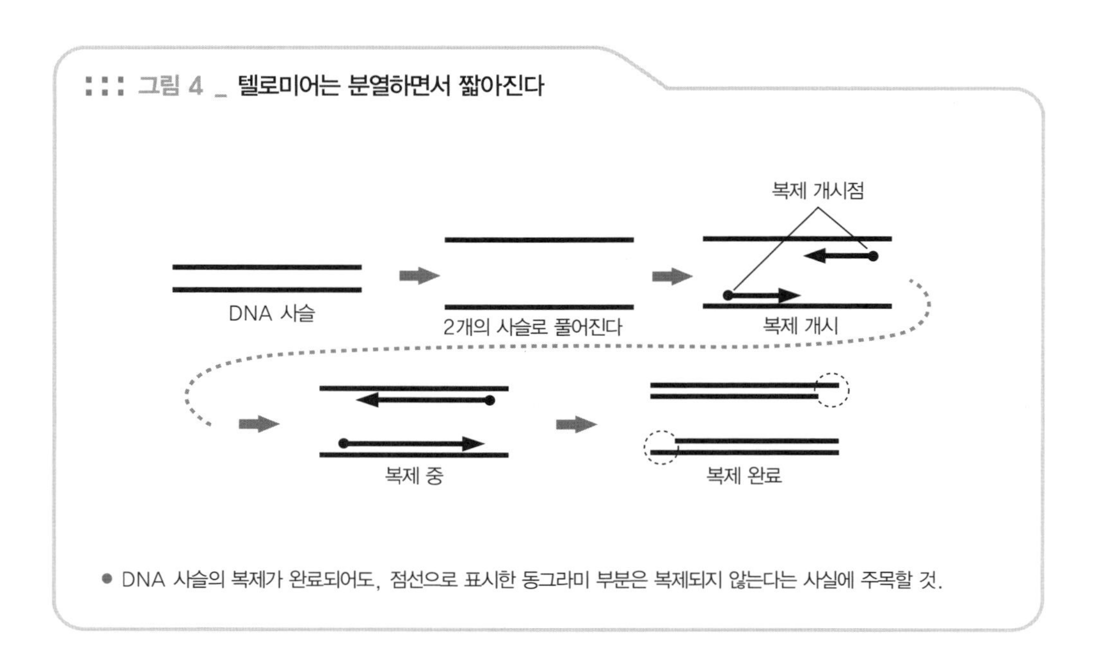

::: 그림 4 _ 텔로미어는 분열하면서 짧아진다

● DNA 사슬의 복제가 완료되어도, 점선으로 표시한 동그라미 부분은 복제되지 않는다는 사실에 주목할 것.

어 마지막에는 제로(0)가 되는 것이다.

⚈ 세포분열 시 분열 가능한 횟수가 정해져 있다.

DNA 사슬의 말단은 다른 DNA 사슬의 말단과 서로 결합하려는 경향이 있다. 이러한 결합반응을 막기 위해 사슬 말단의 반응을 억제하는 것이 바로 텔로미어이다.

그런데 텔로미어가 어느 정도까지 짧아지면, 이와 같은 결합반응을 억제하지 못해서 DNA 사슬 말단끼리 서로 엉겨 붙는다. 유전자 이상이 생긴 세포는 보통 곧 죽지만, 극히 드물게 비정상적인 세포, 즉 암세포로 생존하는 경우도 있다. 실제로 어떤 암세포에서는 이런 유전자 이상이 관찰되기도 한다.

⚈ DNA 사슬 말단의 결합반응을 억제하는 것이 텔로미어이다.

세포 가운데는 거의 무한대로 분열이 가능한 세포도 있다.

수정란이나 줄기세포라고 불리는 세포군(群)이 그 대표주자. 암세포 역시 매우 막강한 분열능력을 갖고 있다. 그렇다면 이런 세포는 어떻게 횟수에 관계없이 무한대로 분열할 수 있는 것일까?

그 이유는 짧아진 텔로미어를 세포 스스로 늘릴 수 있기 때문이다. 다 써버린 정기권을 복사해서 수명을 늘려가는 일명 뺀순이 뺀돌이! 이런 능력을 갖춘 세포는 거의 끝없이 무한대로 분열할 수 있다.

텔로미어를 늘리는 효소의 유전자를 인공적으로 세포 안에 주입하면, 그 세포는 강력한 분열증식 능력을 갖게 된다. 이 유전자를 인체 세포 내에 배양하면 어쩌면 인간은 불로장생의 카드를 손에 쥐게 될지도 모른다. 물론 반대로 암세포로 전락할 수도 있겠지만.

⚈ 텔로미어를 스스로 늘릴 수 있다면, 그 세포는 무한대로 분열이 가능하다.

∷ 무한대로 쓸 수 있는 설거지 쿠폰

텔로미어를 스스로 늘릴 수 만 있다면 세포는 거의 무한대로 분열할 수 있다. 어쩌면 불로장생의 길이 열릴 수도……. 설거지 쿠폰을 복사한 똑똑한 어머니, 과연 설거지에서 해방될 수 있을까?!

physiology  유전자 치료와 재생의료

도마뱀 꼬리처럼 다시 살아난다고?

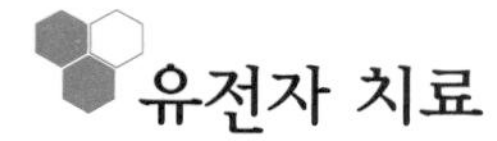

유전자 치료

어떤 특정 단백질이 체내에 부족하다 보면 그것이 원인이 되어 병이 될 수 있다. 이 말은 어떤 단백질은 질병 치료제로서 그 몫을 톡톡히 해낼 수도 있다는 얘기이다. 이와 같은 자료를 토대로 몸에 부족하거나 효과적인 단백질을 체내에 투여하는 치료법이 있다.

그러나 문제는 순수 단백질을 치료에 효과가 있는 질과 양만큼 확보하는 일이 쉽지 않다는 점이다. 타인이나 동물, 대장균 등에서 원하는 단백질을 정제(精製)해야 하는데, 순수 단일 단백질이 될 때까지 정제해야 하고, 더구나 원하는 만큼 유효한 양을 얻는 것이 기술적으로 상당히 복잡하다. 물론 비용도 만만치 않다. 그래서 자기 자신의 세포로 이 단백질을 스스로 만들게 하자는 것이 '유전자 치료'의 기본 취지이다.

● 유전자 치료란 자신의 세포로 원하는 단백질을 만들 수 있게끔 하는 치료이다.

앞에서 유전자란 '유전 형질을 결정하는 인자'라고 정의를 내렸다.

좀더 구체적으로 말하자면, 유전자란 세포의 핵 속에 있는 DNA(디옥시리보핵산)로, 단백질의 설계도와 같은 것이다. 세포는 이 설계도를 보면서 단백질

을 만든다. 따라서 세포 안에 원하는 단백질 설계도를 삽입하면, 세포는 그 설계도대로 단백질을 만들기 시작한다.

이때 문제가 되는 것이 '어떻게 유전자를 세포 안에 집어넣을 것인가' 하는 점이다. '고양이 목에 방울 달기' 보다 더 어려운 이 작업을 위해 지방을 사용하거나 단백질을 사용하거나 혹은 바이러스를 사용하는 등등의 다양한 방법이 시도되고 있지만, 아직까지 효율적이면서도 안전한 '삽입' 기술은 없다. 유전자 치료가 일반화되기 위해서는 아직은 넘고 넘어야 할 산이 많다.

● 바이러스를 사용하는 유전자 치료도 있다.

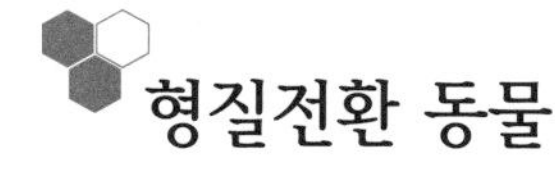

형질전환 동물

'유전자 조작(操作)' 도 유전자 치료와 같은 원리이다.

식물, 예를 들면 콩에 다른 유전자를 삽입해서, 본래는 없던 단백질을 콩 세포 자체에서 만들게끔 조작한 것이 바로 유전자 조작을 한 콩이다.

동물도 수정란 단계에서 유전자를 삽입하면, 성장 후 모든 세포에 그 유전자가 새겨지게 된다. 이것이 '형질전환 동물(transgenic animals)' 이다(그림 1).

그렇다면 이런 조작을 하는 이유는 무엇일까?

삽입된 유전자의 기능을 알아보기 위해서이다. 이 경우는 치료보다는 연구가 주목적이다. 현재 이미 몇만 종류의 유전자 도입 쥐가 의학 연구용으로 만들어져 있다.

● 어떤 유전자를 가미한 동물을 형질전환 동물이라고 한다.

아직 알려지지 않은 어떤 유전자의 기능을 조사할 때는 우선 그 유전자를 조합하여 형질전환 동물을 만들고, 그 동물에게 어떤 특징이 나타나는지를 살펴보는 방법이 있다. 또 한 가지는 위와는 반대로 해당 유전자를 제거해서 그 동물이 어떤 변화를 일으키는지 알아보는 방법이다. 이는 형질전환 동물을 만드는 작업보다 더 복잡하지만, 특정 유전자만을 제거하는 것은 가능하다. 이와

::: 그림 1 _ 형질전환 동물

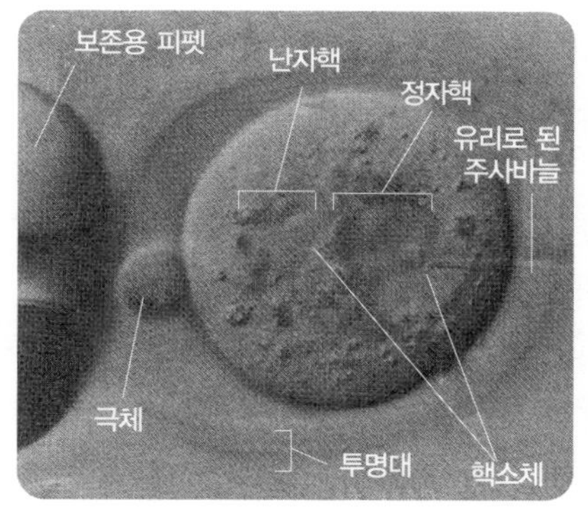

[수정란에 유전자를 주입하는 모습]
수정 직후 쥐의 난자에 미세한 주사바늘로 유전자를 주입하고 있는 모습. 난자핵과 정자핵이 보이고 정자핵 속에 바늘을 삽입하고 있다. 현미경을 보면서 실험자가 수동으로 실험을 한다.

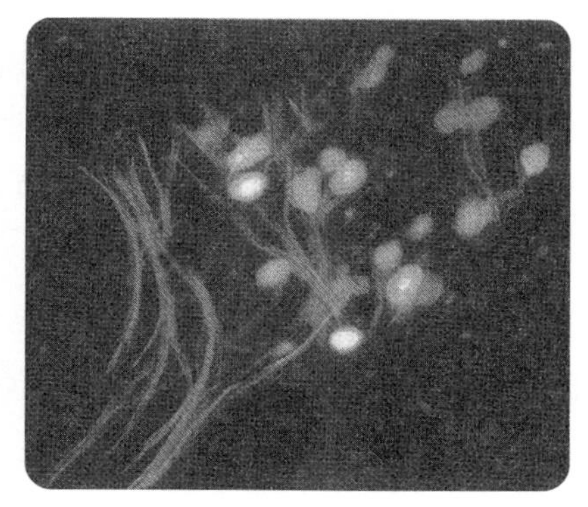

[형질전환 쥐의 뉴런]
발광 해파리에서 얻은 발광 유전자를 주입한 쥐의 뇌 현미경 사진. 이 쥐는 발광 유전자의 작용으로 뇌의 뉴런이 녹색으로 빛난다(사진은 흑백이라서 하얗게 보인다).

같은 동물을 '유전자 녹아웃(knock-out, 유전자 제거) 동물'이라고 한다. 이런 방법을 이용하여 제거된 유전자의 기능을 알 수 있다. 다만 이 방법은 인간에게는 적용할 수 없다.

⚉ 특정 유전자를 인위적으로 제거한 동물을 '유전자 녹아웃 동물'이라고 한다.

형질전환 동물은 본인의 유전자에 일부 타인의 유전자를 가미한 것이다. 유전자 녹아웃 동물도 본인의 유전자에서 특정 유전자만을 제거한 것이다.

그런데 매스컴에서 떠들썩하게 소개한 복제 양(羊) '돌리'는 이와는 다르다. 돌리는 복제동물로, '복제(複製)'란 자신의 유전자는 모두 버리고 타인의 유전자를 그대로 복사한 것이다. 수정란에서 자신의 핵(이 속에 유전자의 대부분이 들어 있다)을 버리고, 대신 타인의 체세포 핵을 주입하는 엄청난 거사를 통해, 1996년 7월에 탄생한 것이 바로 돌리이다.

다만 이 방법은 자연의 섭리를 거스르는 방법으로, 아직 해결되지 않은 문제가 많고, 또 성공률도 저조하다. 여기서 대표적인 미해결 과제가 바로 텔로미어이다(본문 218쪽). 삽입한 타인의 유전자는 이미 성숙한 것이다. 따라서 텔로미어가 당연히 짧을 것이라는 예상은 여러분도 충분히 할 수 있을 것이다.

한편 돌리는 2003년 2월 세상을 떠났다.

● 타인의 유전자를 자신의 것과 완전히 통째로 바꿔치기한 것이 복제동물이다.

텔로미어 등의 문제점이 해결되지 않은 채 그대로 남아 있기 때문에, 안전한(?) 복제인간 제작은 아직 현실성이 없는 것이 사실이다. 그런데 복제인간이라고 하면 왠지 지구의 종말이 올 것 같은 으스스한 기분이 들기도 하지만, 윤리적인 문제를 도외시한다면 복제인간의 내용물(?)은 일란성 쌍둥이와 동일하다. 만약 당신과 똑같은 복제인간이 생긴다면, 그것은 당신에게 일란성 쌍둥이 동생이 태어난 것과 같은 일이다. 단지 그 동생은 쌍둥이지만, 당신보다 나이가 훨씬 어릴 뿐이다.

● 복제인간은 당신의 일란성 쌍둥이 동생이다.

재생의료

도마뱀의 꼬리는 잘라내도 새로 생긴다. 도마뱀만큼 뛰어나지는 않지만, 인간에게도 조직의 재생능력이 있다. 피부에 생긴 작은 상처 정도는 자연스럽게 낫는다. 이처럼 완벽하지는 않아도 손상당한 인체 조직은 신속하게 복구되어 원래 상태로 돌아가고자 한다. 이런 조직의 재생능력이야말로 여러 가지 질환으로부터 원상 회복할 수 있게 해주는 인체의 놀라운 복구 시스템이다.

이처럼 인체가 원래 갖고 있는 복구기능을 도와줌으로써 질병으로 입은 손상을 도마뱀 꼬리처럼 재생하고자 하는 치료를 '재생의료(再生醫療)' 라고 한다.

재생의료는 지금까지 치료법이 전혀 없어서 손을 쓸 수 없었던 수많은 난치병 환자에게 희망을 줄 수 있는 획기적인 치료법으로 기대를 모으고 있다. 또 앞으로는 의학의 중심 과제가 될 것이다.

질병이나 노화로 손상된 내장이나 신경, 뼈, 피가 통하지 않는 조직 등이 원래대로 재생될 수 있다면 얼마나 멋질까?

● **질병으로 입은 손상을 원상 회복시키는 것이 재생의료이다.**

동맥경화로 혈관이 막혀 혈액 공급이 원활하지 못한 상태를 '허혈(虛血)'이라고 한다. 허혈에 대한 근본적인 치료법은 혈관을 새로 만들어주는 것이다. 이처럼 혈관을 새로 만드는 작업을 재생의료라고 한다.

혈관을 새로 만드는 방법에는 여러 가지가 있다. 예를 들면 '혈관을 새로 만들어라' 라는 명령을 가진 유전자를 투여하는 방법이 있다. 이것이 바로 유전자 치료이다. 또 하나는 혈관세포의 줄기세포를 투여해 혈관을 새로 만들 수 있다.

● **유전자 치료는 재생의료에 이용된다.**

재생의료에 이용되는 유전자 치료의 사례를 들어보기로 하자(그림 2).

이 사례는 토끼를 이용한 실험이다. 우선은 토끼의 다리를 허혈 상태로 만든다. 그리고 치료를 위해 이 토끼에게 '혈관을 새로 만들어라' 라는 명령을 가진

::: 그림 2 _ 허혈에 대한 유전자 치료의 효과

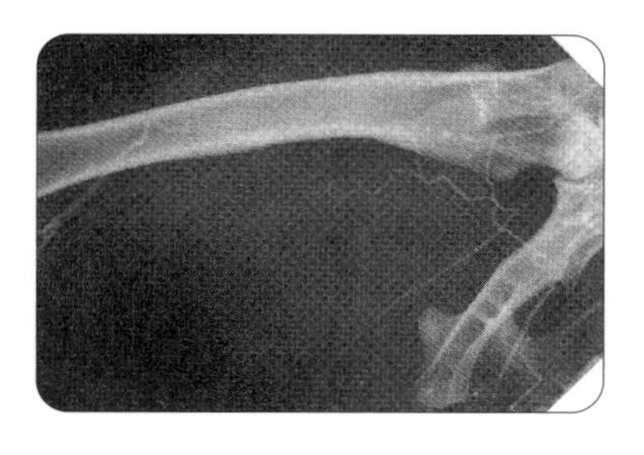

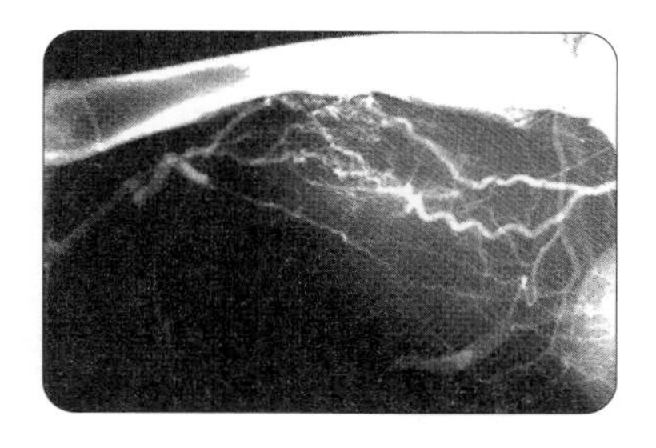

● 혈액을 공급하고 있는 동맥이 막히거나 좁아져 혈액 흐름이 원활하지 못한 상태를 허혈이라고 한다. 왼쪽 사진이 허혈 상태에 빠진 토끼의 다리, 오른쪽 사진이 유전자 치료를 받은 토끼의 동맥 X선 조영상. 하얀 선이 동맥이다. 유전자 치료를 통해 새로운 동맥이 생겼다는 것을 알 수 있다.

유전자를 투여한다. 그러면 혈관이 새로 만들어져 다리의 허혈이 치료된다.

〈그림 2〉의 토끼의 다리 동맥의 X선 조영상을 보면, 유전자 치료로 혈관이 늘어난 모양을 육안으로 관찰할 수 있다.

● 동물 실험을 통해 유전자 치료의 효과가 증명되고 있다.

재생의료는 현재 눈부신 발전을 거듭하고 있다. 특히 혈관 · 뼈 · 말초신경 · 피부 분야는 곧 실용화가 가능한 단계에 있다.

또한 재생의료가 좀더 발전하면 난치병 치료와 치료 후의 환자의 생활의 질도 좋아지리라 예상한다. 이는 건강한 장수(長壽)사회를 구현하는 데 큰 도움이 될 것이다.

● 재생의료는 환자의 치료 후 생활의 질도 향상시킨다.

physiology  한방치료

자연 치유력을 최대한 살린다

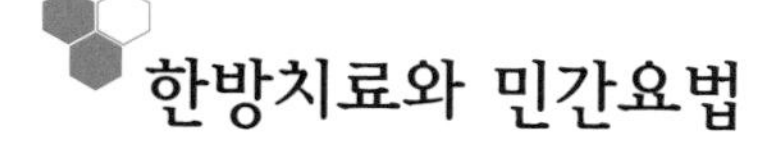

한방치료와 민간요법

서양의학의 치료법은 병명이나 증상에 대한 치료가 주를 이루는 데 반해, 동양의학은 '항상성(homeostasis) 유지'에 주안점을 둔, 이른바 자연 치유력을 최대한 살리는 치료법이 주를 이룬다.

한방치료는 의학계에서도 확실하게 인정된 치료법이다. 물론 한방치료도 건강보험 혜택을 받을 수 있다.

그런데 한방치료와 곧잘 혼동되는 것이 '민간요법'이다. 민간요법이란 예로부터 민간에 전해 내려오는 치료법을 말하는데, 요즘은 특히 '어떤 특수한 식품으로 암을 고쳤다'는 식의 비과학적인 얘기가 많은 것 같다. 이는 한방치료와는 전혀 별개의 것으로, 의학계에서는 인정하지 않는 치료법이다.

- 한방치료와 민간요법은 엄연히 다르다.

한방치료의 원리

한방에서는 병을 진단할 때 '팔강변증(八綱辨證)'이라 하여 질병을 다면적으로 분석하는 변증적인 진단방법을 사용한다. '변증'이란 체질이나 질병 상태를

재는 척도로, 간략하게 설명하면 〈그림 1〉과 같이 병세나 체질을 분류한다.

'변증' 이외에도 기(氣)·혈(血)·수(水)와 같은 척도가 있다. 이러한 여러 가지 척도를 조합해서 약을 쓴다.

가령 감기에 효험이 있는 '갈근탕(葛根湯)'이라는 약재가 있는데, 이 약은 '양실(陽實)'의 상태에 있을 때 사용한다. 따라서 감기에 걸린 지 며칠 지났거나 허약 체질인 사람에게는 그다지 효험이 없다. 이처럼 같은 약재라도 효험이 있는 사람이 있고, 그렇지 않은 사람이 있다.

● 한방에서는 '팔강변증'이라는 원칙에 따라 진단한다.

::: 그림 1 _ 팔강변증

음(陰)
양(陽)

질병의 시기를 나타낸다. 질병과 싸우고 있는 급성기면 양이고, 만성기면 음이다.

병에 대한 저항력의 유무. 저항력이 있으면 실, 없으면 허이다.

환자가 열감을 호소하면 열, 한기를 호소하면 한이다.

질병의 위치가 몸의 표면(피부나 관절)에 나타나면 표, 심층부(내장 관계)에 나타나면 리이다.

한약의 이모저모

한약재는 식물·동물·광물의 재료를 거의 자연 그대로의 상태로 사용한다. 따라서 한약에는 다종 다양한 성분이 서로 섞여 있는 경우가 많다. 한편 서양 의학의 약제(藥劑)는 단일 물질로 이루어져 있다. 주로 인공 합성 내지는 식물·동물·광물에서 정제한 것이다.

예를 들면 갈근탕은 갈근(칡뿌리), 계피, 생강, 대추, 작약, 감초, 마황 등 일곱 종류 식물의 특정 부위를 일정 비율로 혼합한 것이다. 감초와 마황은 약

언제쯤 나오려나……

초라고 할 수 있지만, 다른 다섯 가지는 흔하디흔한 풀에 불과하다. 이것들은 모두 단독으로 쓰이면 감기에 효과가 없는 것이다. 즉 특수한 효과를 내기 위해서는 어떤 약초의, 어느 부위를, 어떤 비율로 섞으면 좋은지 알아야 하는데, 이렇게 해서 탄생한 한약은 정말 굉장한 약이다.

● 한약재는 자연에서 나는 식물 · 동물 · 광물의 원료를 거의 그대로 사용한다.

'한약은 부작용이 없다'는 말은 거짓말이다.

확실히(?) 부작용이 있다. 앞서 얘기한 갈근탕의 경우 마황이 들어가는데, 이 마황에는 '에페드린(ephedrine)'이라는 에피네프린(본문 131쪽)과 흡사한 성분이 들어 있다. 마황에서 정제한 에페드린은 양약의 치료제로, 천식 등에 쓰인다. 따라서 갈근탕을 복용하면 에페드린이 갖고 있는 부작용, 예를 들면 동계나 불면증 등이 생길 수 있다.

● 한약에도 부작용이 있다.

서양의학의 경우 약은 식후에 복용하는 것이 기본이다. 그런데 한약은 대개 식전에 복용한다. 그 이유는 공복 시에 먹는 것이 흡수가 더 잘 되기 때문이다.

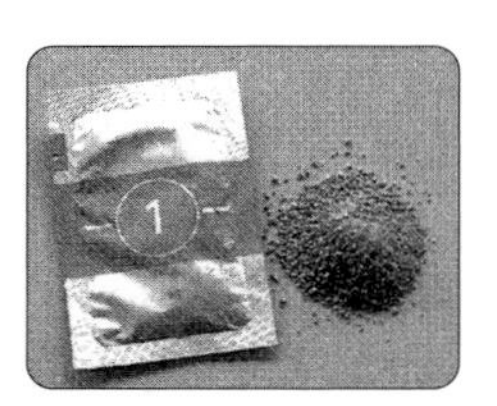

의료용으로 만든 갈근탕

원래 한약은 달여서 먹는 탕약이다. 뜨거운 물에 우려낸 성분을 복용하는 것이다. 양이 많은 탕약은 식전에는 마실 수 있어도 식후에는 배가 불러 마시기 어려울 수 있다. 이것도 식전 복용을 권하는 한 가지 이유가 아닐까?

현재 병원에서 처방되는 한약의 대부분은 이 탕약 성분을 냉동 건조하여 가공한 것이다. 즉 인스턴트 커피와 같은 방식이다. 설령 과립으로 가공했다 하더라도 한약은 식전에 복용하는 것이 기본이다. 물론 예외는 있겠지만.

● 한약은 식전에 복용한다.

physiology  상피세포와 암

'백혈병'은 왜 '백혈구암'이라고 하지 않을까?

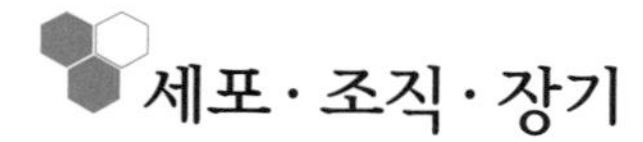

세포 · 조직 · 장기

우리 인체는 세포로 이루어져 있다. 세포는 모여서 기능 집단을 형성한다. 이 기능 집단을 '조직'이라고 하는데, 조직에는 신경조직 · 지방조직 · 근육조직 등이 있다. 그리고 이 조직이 모여 장기가 만들어진다. 간이나 신장 등이 바로 장기에 속한다.

또한 사람의 세포는 생식세포와 비(非)생식세포로 나눌 수 있는데, 생식세포의 수는 얼마 되지 않으며, 대부분이 비생식세포이다. 비생식세포는 다시 상피(上皮)세포와 비상피세포로 나눌 수 있다.

- 인체는 상피세포와 비상피세포로 구성되어 있다.

상피조직

상피세포와 비상피세포의 차이를 알아보기 전에, 우선 수정란에서의 발생과정을 잠시 복습해보자.

수정 후 수정란의 세포분열이 시작되고, 관을 가진 물고기와 같은 모양으로 성장한다(본문 215, 216쪽). 이 관이 소화관이 되는데, 관의 입구 부근에서 일

부가 잘록하게 들어가 폐가 되고, 정중앙의 일부가 잘록하게 들어가 간 · 담낭 · 췌장이 된다. 또 출구 부근도 잘록하게 들어가서 비뇨생식기가 된다.

기타 뇌하수체 · 갑상선 · 부신 등의 내분비선도 우선 잘록하게 들어간 뒤 관에서 독립한다.

즉 인체는 외계와 접하는 부분과 그렇지 않은 부분이 있다. 외계와 접하는 부위를 〈그림 1〉에 표시해놓았다. 이때 외계와 접하는 부분을 '상피조직' 이라고 한다. 구체적으로는 소화기계, 호흡기계, 비뇨생식기계, 내분비계와 피부이다.

소화기계, 호흡기계, 비뇨생식기계, 내분비계와 피부는 상피조직이다.

잠시 기차를 한번 머릿속에 떠올려보기로 하자.

아시다시피 기차에도 종류가 많이 있지만, 기차 바닥 밑은 모두 같은 구조로 되어 있다. 즉 기차의 바닥 밑에는 한결같이 바퀴, 모터, 브레이크 등이 장착되어 있다. 고속열차든 완행열차든 차체 밑에는 이와 같은 물체가 존재한다. 다만 모터의 출력이나 용수철의 세기 등에 큰 차이가 있어서 질적인 차이는 있겠지만, 종류는 대략 같은 것이다.

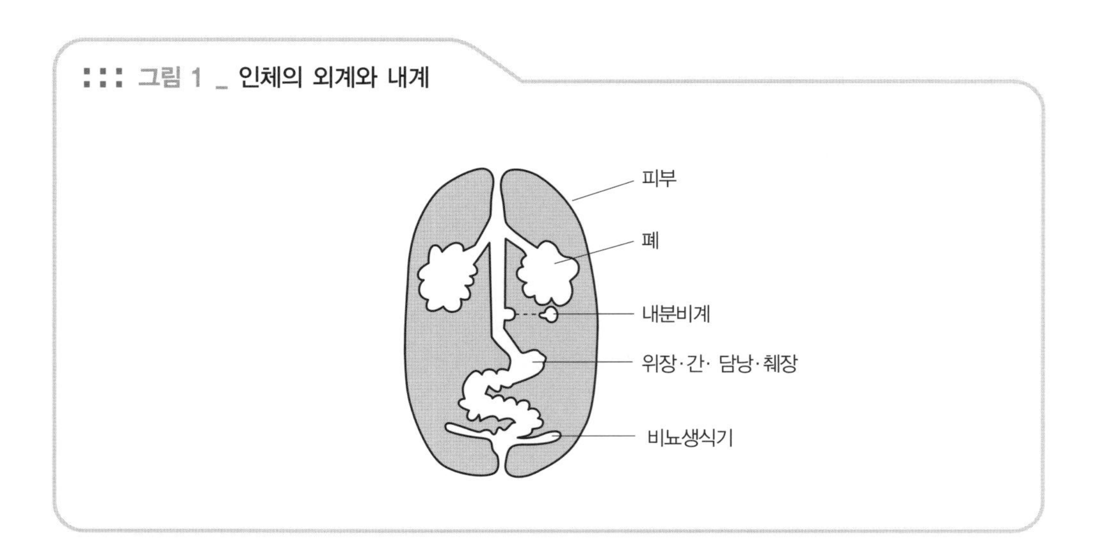

::: 그림 1 _ 인체의 외계와 내계

이에 반해 바닥 위 상판의 구조는 차량의 목적에 따라 모양새가 천차만별이다. 통근전철이라면 딱딱한 의자가, 고속철도의 특실이라면 안락한 소파가, 침대차라면 침대가, 식당차라면 주방 설비와 테이블이 장착되어 있을 것이다.

요컨대 바닥 아래는 같은 구조, 바닥 위는 다른 구조로 되어 있는 것이 기차이다.

- 어떤 기차든 바닥 아래는 유사한 구조로 이루어져 있고, 바닥 위는 그 목적에 맞게 설계되어 있다.

상피세포의 차이가 장기의 차이

상피조직도 기차와 흡사하다. 상피조직은 외계와 접하고 있는데, 외계와 접하고 있는 부위의 세포를 '상피세포'라고 한다. 상피세포는 각각의 장기에 따라 전혀 다른 세포가 배치되어 있다. 기차에 비유해서 말하자면, 의자가 장착되어 있는 기차와 침대가 있는 기차의 차이라고 할 수 있다.

실제로 폐에는 산소를 받아들일 수 있는 기능을 가진 세포가 배치되어 있고, 위나 장에는 소화흡수 능력을 갖춘 세포가, 부신이나 갑상선에는 호르몬 분비 능력을 갖춘 세포가 배치되어 있다. 그리고 그 아래에는 이들 상피세포가 능력을 발휘할 수 있도록 혈관이나 신경, 근육 등이 배치되어 있다. 혈관은 혈액을 공급하고, 신경이나 근육 등은 상피세포의 활동을 제어한다.

혈관이나 신경, 근육 등의 존재는 정도의 차이는 있지만, 모든 조직이 공통적으로 갖고 있는 기본 존재이다. 폐, 위, 장, 부신, 갑상선 등은 심부(深部)에 공통적으로 혈관 · 신경 · 근육을 갖고 있다. 물론 양의 차이는 있지만.

폐에는 산소를 교환하기 위해 혈관이 풍부하게 존재한다. 위에는 소화를 위해 민무늬근이 발달해 있다. 하지만 모두 같은 종류의 부품이 배치되어 있다. 즉 폐, 위, 장, 부신, 갑상선 등의 모든 비상피 부분은 같은 종류의 세포로 이루어져 있으며, 모두 비슷한 구조를 갖고 있다.

즉 조직이라는 것은 예외 없이 같은 종류의 비상피세포 위에 그 조직 특유의 상피

::: 그림 2 _ 상피세포와 비상피세포

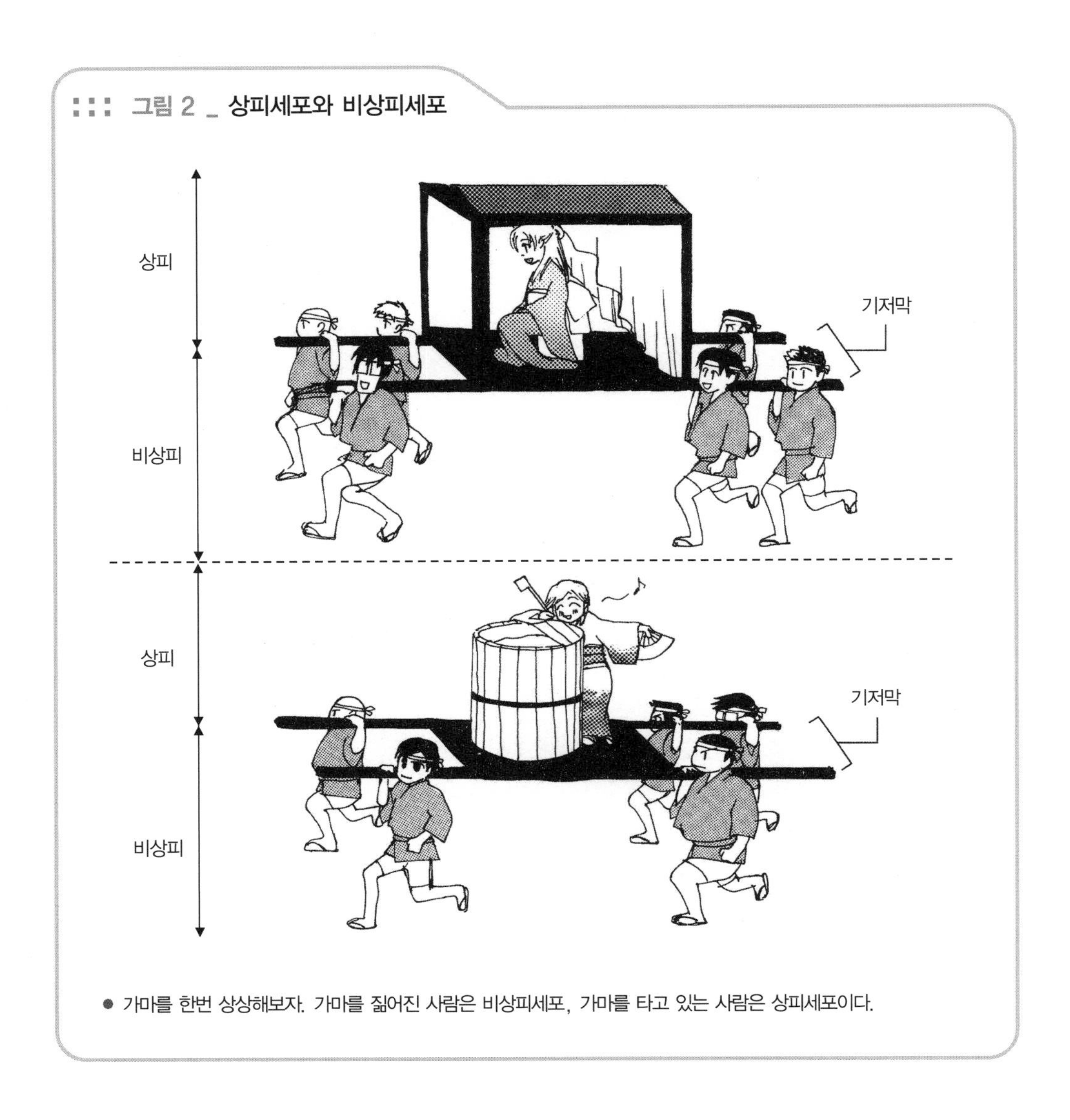

● 가마를 한번 상상해보자. 가마를 짊어진 사람은 비상피세포, 가마를 타고 있는 사람은 상피세포이다.

세포가 덮여 있다. 그리고 장기의 기능 차이는 상피세포의 기능 차이와 동일하다. 〈그림 2〉를 보면 상피세포와 비상피세포의 차이를 쉽게 알 수 있을 것이다.

● 모든 장기는 상피세포만 다를 뿐, 비상피세포는 모두 같다.

상피세포와 비상피세포는 '기저막(基底膜, basement membrane, 기초막, 경계막이라고도 한다)' 이라는 막으로 확실하게 구분되어 있다. '기저막' 이란 섬유성의 막(세포가 아니다)으로, 한 장의 옷감과 같은 것이다.

즉 기저막 겉에는 상피세포가, 기저막 안쪽에는 비상피세포가 있으며, 양쪽의 경계가 되는 것이 기저막이다. 이때 기저막은 기차 바닥에 해당한다.

● 상피세포와 비상피세포의 경계가 기저막이다.

암

여기서 '암(癌, cancer)' 얘기로 화제를 돌려보자.

암세포란 어떤 세포일까?

모범답안은 '정상 세포가 암으로 발전한 것이 암세포' 이다. 하지만 이 설명만으로는 암세포가 도대체 어떤 세포인지 감을 잡을 수 없다.

암세포를 엄밀하게 정의하기는 힘들지만, 아주 쉽게 얘기한다면 '암세포란 무질서하게 증식한 세포' 라고 할 수 있다.

어? 그럼 상피세포와는 무슨 관계가 있는 거지?

● 암세포란 정상 세포가 암으로 발전한 세포이다.

암세포가 암으로 발전하기 이전의 세포에는 두 가지 종류의 세포가 있다. 그렇다. 바로 상피세포와 비상피세포!

즉 이 세상에 존재하는 모든 암은 '상피세포가 암으로 발전해서 생긴 암' 과 '비상피세포가 암으로 발전해서 생긴 암' 으로 나눌 수 있다.

상피세포가 암으로 발전해서 생긴 암을 '암(정확하게는 암종癌腫)' 이라고 하고, 비상피세포가 암으로 발전해서 생긴 암을 '육종(肉腫)' 이라고 한다(그림 3). 간혹 텔레비전 드라마에서 뼈(비상피세포) 암을 골암이라고 하지 않고 '골육종' 이라고 부르는 장면을 본 적이 있을 것이다.

암종은 상피성, 육종은 비상피성이다.

● 상피세포가 암으로 발전한 것은 '암', 비상피세포가 암으로 발전한 것은 '육종' 이라고 한다.

그렇다면 암과 육종을 굳이 구별하는 이유는 무엇일까? 암과 육종은 임상적인 성질이 확연하게 다르기 때문이다. 즉 빈도, 증상, 치료법, 질병의 진행상황 등이 완전히 다르다.

상피세포가 없는 장기나 조직(예를 들면 뼈나 뇌)에서 발생하는 암은 모두 육종이다. 뼈가 암으로 발전하면 골육종, 백혈구 세포가 암으로 발전하면 백혈병, 뇌세포가 암으로 발전하면 뇌종양이 된다. 이를 골암, 백혈구암, 뇌암이라고는 하지 않는다.

이와 같이 세포를 상피세포와 비상피세포로 분류하는 것은 장기별 기능을 이해하는 데 효과적일 뿐 아니라, 암이라는 질병의 이해와도 직접적인 관계가 있다.

● 암과 육종은 그 성질이 엄연히 다르다.

::: 그림 3 _ 암과 육종

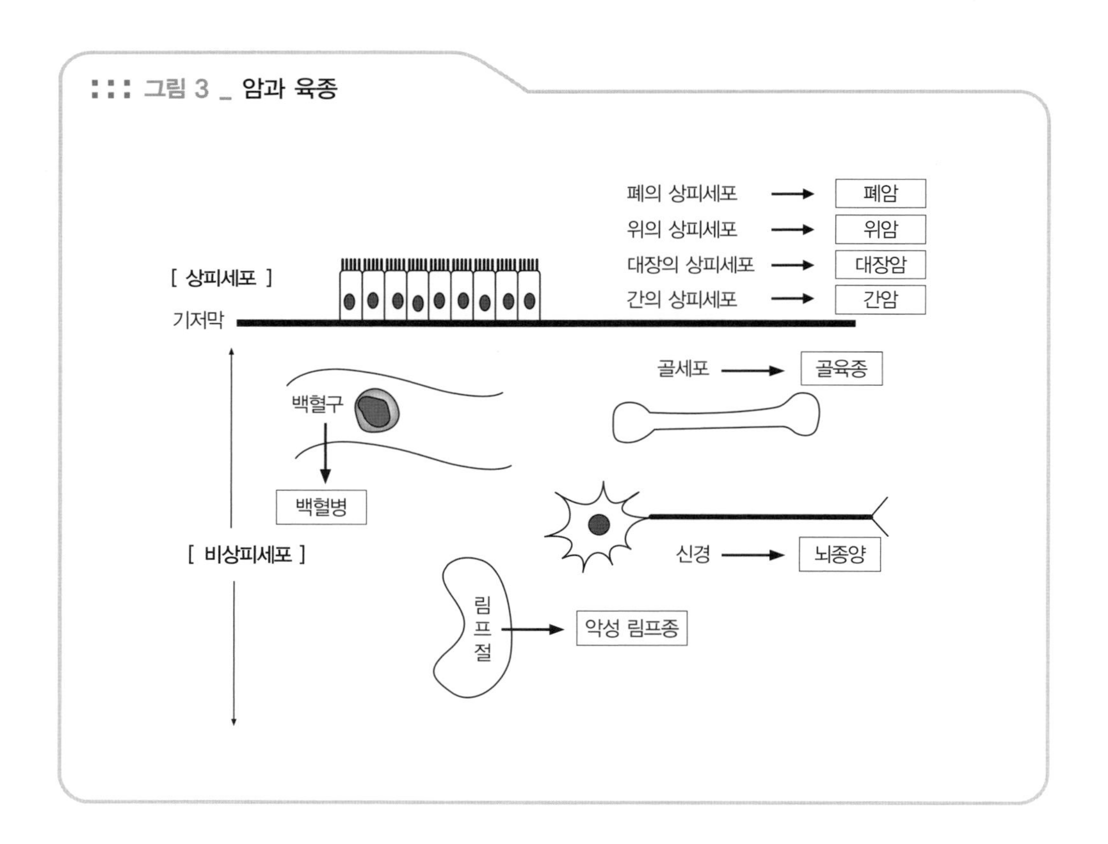

))) MEMO

●● 항암제의 부작용이 생기기 쉬운 조직은?

우리 인체 가운데 세포의 분열과 증식이 활발하게 일어나는 조직이 네 군데 있다. 골수 · 장 · 모근 · 정소이다. 그런데 이보다 더 예민한 조직이 신경과 난소이다.

암세포는 굉장히 활발하게 분열을 하는데, 항암제나 방사선은 바로 이 세포분열을 억제하여 암세포를 퇴치하는 것이다. 따라서 항암제나 방사선 치료의 부작용은 세포분열이 활발한 세포와 예민한 세포에서 많이 나타난다. 즉 빈혈 · 감염 · 출혈(이상은 골수), 설사 · 소화관 출혈(이상은 장), 탈모(모근), 불임(정소·난소), 그리고 신경장애 등이 항암제의 대표적인 부작용이다.

physiology 30 항생물질

세균 세포와 인간 세포의 차이점을 찾아라!

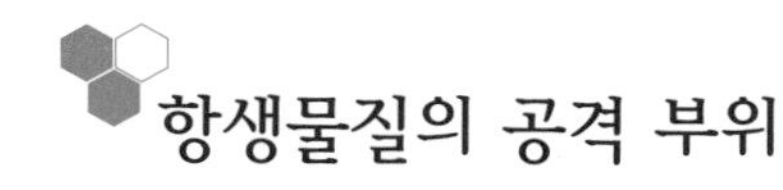

항생물질의 공격 부위

항생물질(抗生物質, antibiotic)은 인체에는 거의 영향을 미치지 않고 세균만을 골라 죽이는 아주 훌륭한 약이다(그림 1). 그렇다면 어떻게 세균만을 골라 없앨 수 있는 걸까?

::: 그림 1 _ 항생물질의 작용점

● 햇빛은 인간에게는 해를 끼치지 않지만, 드라큘라에게는 치명적이다. 항생물질도 인체에는 거의 해를 끼치지 않지만, 세균에게는 치명적인 존재이다.

인체나 세균은 모두 세포로 구성되어 있다. 인간은 동물 세포이고, 세균은 세균 세포이다. 그럼 이들 세포는 구조도 같을까?

실은 이 둘의 구조에는 미묘한 차이가 있다. 이러한 차이점을 이용해, 동물 세포에는 없지만 세균 세포에는 꼭 있는 것을 공격하는 것이 바로 항생물질이다.

- 인간의 세포에는 없지만, 세균 세포에는 없어서는 안 되는 것을 공격하는 것이 항생물질이다.

예를 들면 세포는 세포막이라는 주머니로 둘러싸여 있다. 사람의 세포는 이 세포막의 바깥쪽에 더 이상 막이 없다. 하지만 세균 세포의 경우에는 세포막 바깥쪽에 또 한 장의 막이 있으며, 이를 세포벽이라고 부른다. 식물 세포도 이와 흡사한 세포벽을 갖고 있다.

그런데 세균은 이 세포벽이 없으면 생존할 수 없다. 세포벽의 유무는 인간의 세포와 세균 세포를 구분짓는 커다란 차이점이다.

- 세균은 세포벽을 갖고 있지만, 인간의 세포에는 세포벽이 없다.

만약 세균이 갖고 있는 세포벽을 파괴하면 그 세균은 어떻게 될까?

세포벽을 잃은 세균은 죽고 만다. 그렇다면 인간 세포의 세포벽을 파괴하면 어떤 일이 벌어질까? 그러나 이런 가정은 성립되지 않는다. 인간의 세포에는 세포벽이 없기 때문이다.

그래서 세균의 세포벽을 파괴하는 약을 인간에게 투여하면, 인간의 세포에는 영향을 미치지 않으면서 세균 세포만을 골라 죽일 수 있다. 이처럼 세균 세포에 대항해 동물 세포와의 차이점을 공격하는 것이 바로 항생물질의 원리이다.

페니실린(penicillin, 자낭균류나 푸른곰팡이류를 배양하거나 합성하여 얻은 항생물질)은 바로 이 세포벽을 만들지 못하게 하는 약이다.

그런데 우리가 잘못 알고 있는 상식 하나. 페니실린이라는 것은 하나의 약 이름이 아니라, 약의 그룹명이다. 페니실린 그룹 가운데는 많은 약제가 있다.

- 페니실린은 세포벽의 합성을 억제한다.

세포벽의 유무 이외에도 동물 세포와 세균 세포의 차이점은 많다. 이와 같은 차이점을 규명해 만든 많은 항생물질이 속속 개발되고 있다.

세균 가운데는 애초에 세포벽이 없는 세균도 있다. 그 대표주자가 성행위로 인해 감염되는 클라미디아(*Chlamydia*). 따라서 클라미디아에 감염된 경우에는 페니실린이 전혀 효과가 없다.

● 항생물질이 모든 세균에 효험이 있는 만병통치약은 아니다.

세균의 반격

물론 세균도 일방적으로 당하기만 하는 것은 아니다. 어떤 세균은 페니실린을 분해하는 능력을 획득하기도 했다. 페니실린이 듣지 않는 세균, 즉 페니실린 내성균이 출현한 것이다. 이런 균에는 좀더 강력한 항생물질이 필요하다. 그렇다면 좀더 강력한 항생물질에 대해서도 내성균이 나타난다면? 이런 균에는 더욱 강력한 항생물질이 필요할 것이다. 그리고 이에 대항할 수 있는 세균 역시 다시 출현할 것이다.

이처럼 새로운 항생물질과 내성균과의 전쟁은 지금 이 시간에도 치열하게 벌어지고 있다.

● 세균은 항생물질에 대한 내성을 획득하기도 한다.

페니실린의 친척뻘 되는 항생물질로 '메티실린(methicillin)'이 라는 항생물질이 있다. 또 세균의 대표주자로 '황색 포도구균'이라는 세균이 있다. 그런데 황색 포도구균 가운데 메티실린에 내성을 가진 물질이 출현했다. 이를 메티실린 내성 황색 포도구균, 줄여서 'MRSA'라고 한다. MRSA는 페니실린뿐 아니라, 다른 항생물질에도 잘 듣지 않아서 임상현장에서 아주 골칫거리이다.

항생물질과 내성균과의 치열한 싸움에서 태어난 새로운 말썽꾼이 MRSA라고 할 수 있을 것이다.

● MRSA는 거의 모든 항생물질에 끄떡없다.

::: 소낙비쯤은 문제없어!

내성균 : 세균도 항생물질에 일방적으로 당하기만 하는 것은 아니다. 내성을 획득하는 경우도 있다.
유리가 세균, 파블로프가 인간의 세포, 비가 항생물질이라고 가정한다면, 유리는 갑작스런 소낙비로 물에 빠진 생쥐 꼴이 됐지만, 전날의 쓰라린(?) 경험을 토대로 우산을 미리미리 챙기게 되었다. 우산만 있으면 까짓거 문제 없어!

바이러스와 세균

바이러스는 세균과는 전혀 다른 생물이다. 세균은 세포로 이루어져 있지만, 바이러스는 세포가 아니다. 바이러스는 '핵산이 든 단백질 주머니'와 같은 것이다. 즉 생물과 비생물의 중간에 위치하는 존재이다.

바이러스는 세균보다 훨씬 작다. 일반 항생물질은 세균의 '세포'를 죽이도록 만들어져 있기 때문에 바이러스에는 효과가 없다. 바이러스만을 제거하는 약은 만들기가 상당히 어려워서 현재 20종류 정도가 시판되고 있는 실정이다.

'감기'는 대개 바이러스에 의한 감염이다. 따라서 감기에 걸렸을 때는 항생제를 복용해도 감기 바이러스를 죽이지 못하기 때문에 잘 듣지 않는다. 즉 감기에는 항생물질이 효과가 없다.

- 일반 항생물질은 바이러스에는 효과가 없다.

physiology 31 기생충

인간은 지구의 기생충?

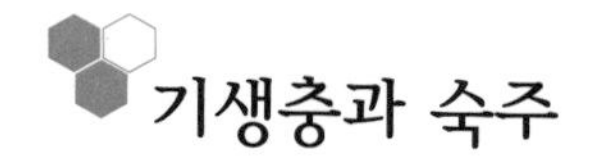

기생충과 숙주

기생충(寄生蟲, parasite)은 병원체(病原體)의 일종이다. '충' 이기 때문에 다세포 생물이다.

이때 기생의 대상이 되는 생물을 '숙주(宿主)' 라고 한다. 보통은 알을 숙주의 체외로 배출하면, 이를 다른 생물이 먹고 그 속에서 유충이 된다. 이를 '중간숙주' 라고 한다. 그 뒤 이 중간숙주가 다른 생물에게 먹히게 되면 무사히 성충이 될 수 있다. 중간숙주가 몇 단계나 되는 기생충도 있다. 한편 성충으로까지 성장할 수 있는 환경을 제공하는 숙주를 '종숙주(終宿主)' 라고 한다.

그런데 기생충마다 중간숙주와 종숙주가 엄격하게 정해져 있다. 착각해서 다른 숙주에 들어가 버리면 환경이 맞지 않아서 성장을 못하게 되거나, 안정된 거처를 찾아 체내 이곳저곳을 이동하기 때문에, 기생충· 숙주 양쪽 다 불행한 결과를 초래하게 된다.

- 기생충은 중간숙주와 종숙주를 엄격하게 구분하고 있다.

다수의 기생충이 기생하는 숙주는 죽는 경우도 있지만, 원칙적으로 기생충은 숙주를 살해하지 않는다. 아니, 숙주를 절대 죽여서는 안 된다. 숙주가 죽으면 기생충 자신도 살 수 없기 때문이다. 기생충은 숙주가 죽지 않는 범위 내에서 숙주의 영양분을 갉아먹는다. 이것이 영악한 기생충의 기본원칙이다.

그렇다면 범위를 좀더 넓혀서 거시적인 시각으로 지구와 인간의 관계에 대해서 생각해보자. 지구의 입장에서 보면 인간은 기생충이나 다름이 없다. 따라서 인간은 지구를 죽여서는 절대 안 된다.

- 인간은 지구의 기생충에 불과하다.

회충

기생충의 대표는 뭐니뭐니 해도 회충(蛔蟲)이다(그림 1). 얼마 전까지만 해도 세계의 많은 사람들이 이 회충과 함께 동거동락(?)했다. 물론 지금은 대부분 퇴치했지만.

회충은 장 속에 살고 있는데, 생각해보면 장만큼 기생충이 살기 좋은 곳도 없으리라. 완벽한 냉·온방 시스템에 식사는 원하는 만큼 맘껏 할 수 있고, 하는 일이라고는 아이 만들기뿐! 완벽한 파라다이스다. 한 가지 단점이라면, 항상 장의 상류를 향해 헤엄쳐(?)다니지 않으면 밑으로 떠내려가 체외로 밀려 나갈 위험이 있다는 점. 따라서 구충제는 이러한 점을 이용, 회충의 운동을 마비시

::: 그림 1 _ 회충의 성충

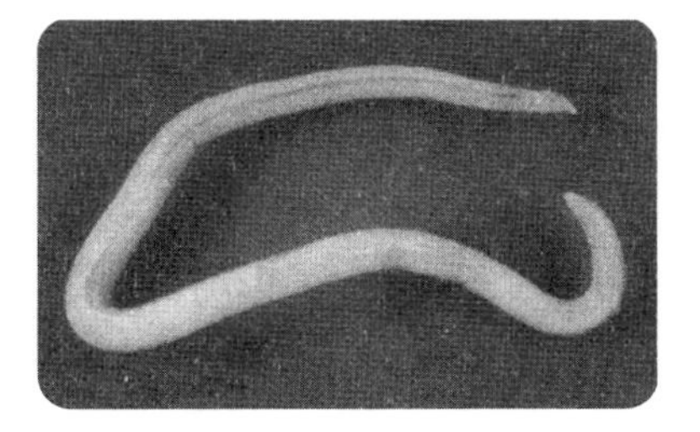

켜 회충을 구제(驅除)한다.

1마리의 암컷 회충은 하루에 약 20만 개의 알을 낳는다. 수명이 약 1~2년이므로, 한평생 낳는 알의 총수는 약 1억 개 정도이다. 이 가운데 단 두 마리(수컷과 암컷)만 무사히 성충이 된다면 종족 보존의 임무는 무난히 달성할 수 있다. 회충은 한 번에 낳는 알의 수가 어마어마하기 때문에, 대변검사로 간단하게 감염 여부를 알 수 있다.

예전에는 인분이 상당히 중요한 비료의 역할을 했다. 그런데 인분을 비료로 사용할 때는 그대로 밭에 뿌리는 것이 아니라, 우선 골고루 섞어서 오랫동안 발효를 시켜야 한다. 이때 발효열이 발생하는데, 기생충 알은 온도가 60℃ 정도로 올라가면 모두 죽는다. 옛 선인들의 지혜에 경탄을 금할 수 없다.

- 회충은 한 번의 산란으로도 어마어마한 수의 알을 낳는다.

기생충의 내부

회충은 입과 소화관과 항문을 갖고 있다. 그런데 흡충류가 되면 입만 남고 항문은 없어진다. 마치 항아리 같은 모양이다. 때문에 완전히 소화시킬 수 있는 것만 먹는다.

촌충(寸蟲)은 입도 없으며, 장을 뒤집어놓은 듯한 구조를 취하고 있다. 체표면에서 바로 영양분을 흡수한다. 그렇다면 촌충의 몸 안에는 무엇이 들어 있을까? 대부분 생식기이다. 더구나 자웅동체(雌雄同體, 암수한몸)로 수컷의 성기와 암컷의 성기를 모두 갖고 있다. 즉 촌충은 생식기를 가득 채워넣은 주머니가 끈으로 연결된 모양을 하고 있다. 상상만 해도 엽기적인 생물 아닌가!

- 촌충은 입도 항문도 없으며, 자웅동체이다.

아니사키스

최근 '아니사키스(Anisakis)' 라는 기생충이 원인이 되어 복통을 일으키는 사

::: 그림 2 _ 소화관 벽 속에 숨어 지내는 아니사키스

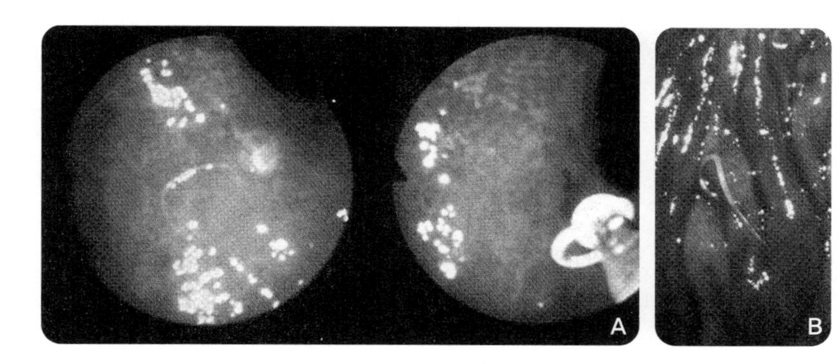

● A : 급성 복통을 호소한 환자의 위 내시경 사진. 왼쪽에 위벽 내에 붙어 있는 아니사키스 유충의 그림자가 보인다. 오른쪽은 겸자(鉗子)를 이용해 아니사키스를 집어 올린 모습.
B : 장에 붙어 있는 아니사키스.

례가 많다는 보도를 자주 접하는 것 같다. 잠시 이 아니사키스라는 기생충에 대해 알아보기로 하자.

아니사키스란 원래 고래나 바다표범 같은 해산 포유류의 위장에 기생하는 기생충이다. 기생충의 알은 대변과 함께 바닷속에 방출되어 새우 등 갑각류의 먹이가 되고, 그 체내에서 유충이 된다. 즉 새우가 중간숙주에 해당하는 셈이다. 중간숙주가 본래의 종숙주인 해산 포유류에게 잡아먹히면 무사히 위장에서 성충으로 성장할 수 있다. 하지만 크릴새우가 오징어나 고등어에게 먹힐 경우 새로운 숙주의 체내에서는 성충이 되지 못하고, 유충인 채로 기생을 지속하게 된다.

● 오징어나 고등어에는 아니사키스의 유충이 기생하고 있다.

사람이 오징어를 날것으로 먹으면 아니사키스의 유충을 산 채로 그대로 섭취하게 된다.

그런데 아니사키스의 입장에서 보면 인간은 본래 숙주가 아니기 때문에 사는

∷ 아니사키스에게 당했다?

∷ 오징어 회는 먹기 전에 밝은 빛에 비춰보면 달라붙어 있는 기생충이 보인다. 하지만 다른 사람들과 함께하는 자리에서 그런 행동을 취하기는 어려울 터. 그렇다고 다 먹은 뒤 몸을 통째로 불에 비춰본들 아니사키스가 과연 그 정체를 드러낼까?!

환경이 맞지 않아서 위벽이나 장벽 속으로 숨어들어 가려고 한다. 그렇게 숨어드는 과정에서 심한 복통을 유발하는데, 이것이 바로 아니사키스증(症)으로 식후 2~8시간 즈음에 증상이 나타난다. 다만 모든 아니사키스 유충이 급성 증상을 야기하는 것은 아니다.

참고로, 인간의 체내에서는 성충이 될 수 없다.

● 아니사키스 유충이 소화관 벽으로 숨어들어 올 때 복통이 생긴다.

아니사키스의 유충은 대략 1~3cm 정도의 크기로, 육안으로도 식별이 가능하다. 복통을 호소하는 아니사키스증 환자의 위를 내시경으로 보면 위벽에 붙어 있는 아니사키스 유충을 관찰할 수 있는데, 내시경 끝에 붙어 있는 겸자(鉗子, 외과 영역의 수술 또는 처치에 쓰이는 기계)로 유충을 잡아낼 수 있다(그림 2).

유충이 제거되면 복통은 씻은 듯이 사라진다.

● 아니사키스증은 내시경으로 쉽게 치료할 수 있다.

그렇다면 아니사키스증에 걸리지 않으려면 어떻게 해야 할까? '회를 먹지 마라?' 이것이 가장 확실한 방법이다.

이 방법이 도저히 불가능(?) 하다면 가능한 한 열을 가해 조리해서 먹는 것이 가장 안전하다. 또 하나는 냉동시키는 방법. 그런데 유충을 죽이기 위해서는 강력한 저온이 필요하다. -35℃ 이하의 저온에 15시간 정도는 두어야 한다. 참고로, 살균작용이 있다는 식초에는 꿈쩍도 하지 않으므로 이 방법은 사용하지 말도록!

여러분께 오징어 잘 먹는 비법 하나를 소개한다. 먼저 오징어를 먹기 전에 밝은 빛에 비춰 주의 깊게 살펴본다. 만약 아니사키스 유충이 오징어에 붙어 있다면 육안으로도 볼 수 있으므로 그것을 부엌칼로 '싹둑' 동강내면 안전(?) 하지 않을까? 좀더 손쉬운 방법은 질근질근 씹어먹는 것이다. 유충도 함께 씹어먹는다는 마음으로!

● 아니사키스는 가정용 냉동실에서는 죽지 않는다.

physiology  32 프리온과 BSE

사망률 100%의 무시무시한 병

프리온병

일반 감염증은 세균이나 바이러스가 질병을 초래한다. 이들 병원체는 모두 유전자, 즉 핵산을 갖고 있다. 그런데 '광우병'이라는 질병의 병원체에는 특이하게도 단백질만 있고 핵산이 없다. 이를 '프리온(prion)'이라고 한다. 프리온이 원인이 되는 질병을 총칭해서 '프리온병'이라고 한다.

한편 '광우병'은 편의상 부르는 속칭으로, 공식 명칭는 '우해면양뇌증(牛海面樣腦症, bovine spongiform encephalopathy : BSE)'이라고 한다.

● BSE의 병원체는 '프리온'이라는 단백질이다.

대표적인 프리온병으로는 크로이츠펠트 야콥병(Creutzfeldt-Jakob disease : CJD)과 BSE 등이 있다. CJD는 1920년에 크로이츠펠트 씨가 최초로, 그리고 그 이듬해 야콥 씨가 보고한 질환으로, 병명에 두 사람의 이름을 붙인 것이다.

● CJD와 BSE는 대표적인 프리온병이다.

프리온병은 신경세포, 즉 뇌가 파괴되어가는 질병인데, 현재로서는 이렇다 할 치료법이 없기 때문에 사망률 100%에 이르는 무시무시한 질병이다. 그렇지만 발병빈도는 낮아서, CJD의 경우 100만 명에 1명꼴로 발병하는 희귀 질환이다.

양(羊)의 경우, 18세기부터 뇌가 손상되는 '스크래피(scrapie)' 라는 질병이 유럽을 중심으로 유행하여 전 세계를 공포에 떨게 했다. 그 뒤 수많은 연구 결과를 통해 스크래피도 프리온병의 일종이라는 사실을 밝혀냈다.

- 프리온병은 뇌가 파괴되어가는 질병이다.

정상 프리온과 이상 프리온

우선 프리온의 정체부터 알아보기로 하자. 프리온은 신경세포에 다량 함유되어 있는 극히 평범한 단백질이다. 질병을 유발하는 것은 정상 프리온에서 구조가 바뀐 이상(異常) 프리온이다.

- 프리온병의 원인은 이상 프리온이다.

이상 프리온의 특징은 두 가지로 정리할 수 있다. 하나는 지극히 안정적이고 분해되기 어렵다는 점, 또 한 가지는 정상 프리온과 접촉하여 접촉한 정상 프리온을 이상 프리온으로 변화시킨다는 점이다. 한편 정상 프리온은 단백질 분해효소로 쉽게 분해된다.

- 이상 프리온은 분해가 잘 되지 않는다.

정상 프리온만 존재하는 정상 세포에 이상 프리온이 섞이면, 그 이상 프리온은 우선 바로 옆에 있는 정상 프리온을 이상 프리온으로 바꾸고, 바뀐 이상 프리온은 다시 이웃의 정상 프리온을 이상 프리온으로 바꾸고……, 마치 도미노식으로 이상 프리온이 기하급수적으로 늘어나게 된다.

- 이상 프리온과 접촉한 정상 프리온은 이상 프리온으로 변한다.

정상적인 세포의 경우, 세포 안에 있는 단백질은 항상 합성과 분해를 되풀이하는데, 이러한 신진대사가 세포를 정상적으로 유지하는 역할을 한다. 그런데 앞서 얘기했듯이 이상 프리온은 지극히 안정적이고 분해되기 어렵다.

연쇄적으로 증식한 이상 프리온은 분해되지 않고 그대로 남는다. 그 결과 세포 내에 이상 프리온이 대량 축적된다. 결국 그 세포는 죽고 만다.

신경세포는 프리온이 다량 함유되어 있는 세포이다. 따라서 체내에 이상 프리온이 들어오면 우선 신경세포에 손상이 온다. 신경세포가 손상된다는 것은 뇌가 손상을 입는다는 것과 같은 말이다. 그러므로 프리온병에 걸린 인간이나 동물은 뇌신경에 먼저 장애가 나타나 사망에 이른다.

● 이상 프리온이 신경세포에 축적되고, 신경세포가 사멸함으로써 뇌가 파괴된다.

이상 프리온의 감염 경로

이상 프리온을 동물의 뇌에 접종하면, 프리온병에 걸릴 확률이 상당히 높아진다. 이는 인간의 경우도 마찬가지로, 뇌수술을 할 때 사용하는 수술 기구나 보전제(補塡劑, 수술 시 적출한 부위를 메우기 위한 것) 등에 이상 프리온이 섞이면 대단히 위험하다는 것을 의미한다.

실제로 뇌수술에 사용한 일부 인공 경막(硬膜)에 이상 프리온이 섞여서, 그 인공 경막을 사용한 환자가 프리온병에 걸린 사례가 있다.

● 이상 프리온을 뇌에 접종하면 프리온병에 걸린다.

그렇다면 이상 프리온을 먹어도 프리온병에 걸릴까?

이와 관련해서는 아직 정확한 사실이 밝혀지지 않았다.

보통 입으로 섭취한 단백질은 소화관에서 거의 완전하게 아미노산으로 분해되어 흡수된다. 소화되지 않은 단백질의 경우, 그대로의 형태로는 소화관에서 흡수되지 않는다. 즉 경구 섭취한 프리온 단백질이 질병으로 연결되기 위해서는 ① 소화관에서 분해되지 않고, ② 그대로 소화관에서 흡수되어, ③ 뇌까지 운반된다고 하는 최소한 세 단계가 필요하다.

::: 까까머리 전교생

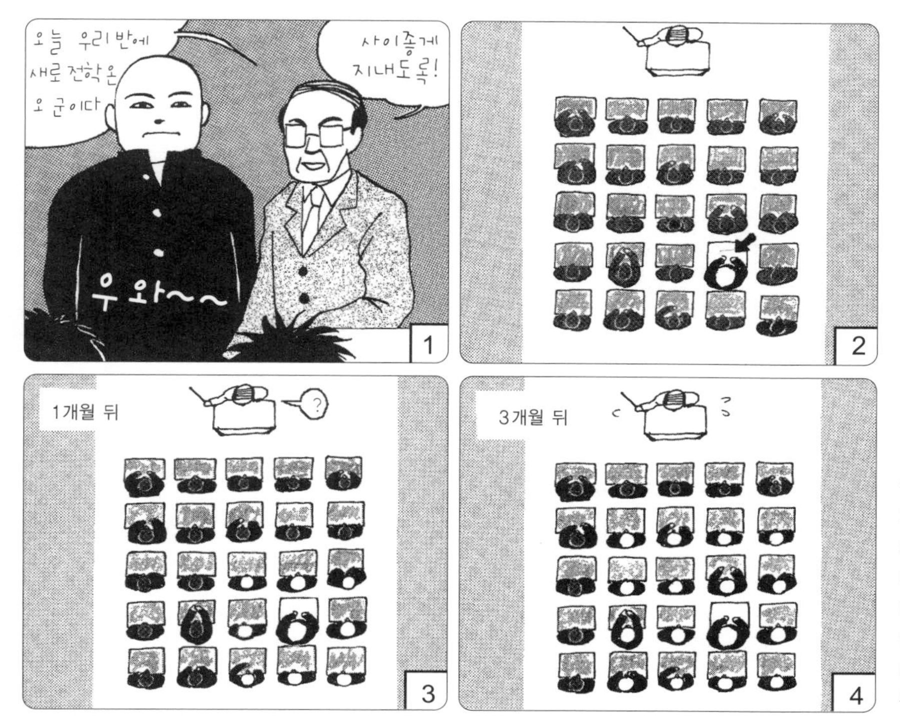

:::

정상 프리온은 이상 프리온과 접촉하면, 이상 프리온으로 변한다. 전교생인 까까머리 오 군도 이상 프리온? 그가 전학 온 뒤로 반 친구들이 하나 둘씩 헤어스타일을 바꾸더니, 3개월 뒤에는 대부분이 까까머리가 되었다.

먼저 첫 번째 단계의 경우, 이상 프리온은 소화효소에 크게 영향을 받지 않는다. 앞에서 얘기한 '이상 프리온은 지극히 안정적이고 분해되기 어렵다'는 사실을 떠올려보기 바란다. 즉 위나 장의 소화효소로는 분해되지 않는다.

두 번째 단계의 경우, 어쩌면 장에 있는 림프 조직에서 그대로 흡수될 수도 있다. 보통 장관(腸管) 벽에서는 아미노산으로 분해되지 않은 단백질은 흡수되지 않는다. 그런데 림프 조직에서는 분해되지 않고 그대로 흡수되고 있는 듯하다.

마지막의 세 번째 단계에 관해서는, 장의 림프 조직에서 신경을 매개로 뇌로 운반된다고 추측할 수 있다. 다만 이런 가설은 어디까지나 가설일 뿐, 완벽하게 증명할 수 있는 것은 아니다.

● 경구 섭취한 이상 프리온은 장에서 신경을 매개로 뇌에 도달하는 듯하다.

종의 벽을 넘어 – 양에서 소로, 소에서 사람에게로

일반적으로 병원체라는 녀석은 감염 대상인 생물을 엄격하게 선별하는 경향이 있다. 즉 동물 종(種)을 초월하면서까지 감염이 이루어지는 경우는 거의 없다. 이것이 바로 '종의 벽'이라고 하는 것이다.

예를 들면 천연두 바이러스는 사람에게만 감염되는 것이기 때문에, 천연두는 사람만 걸리는 질병이다. 앞서 소개한 스크래피(본문 249쪽)라는 병도 양에게 해당되는 질병으로 양 이외의 동물, 예를 들어 소나 사람에게는 감염되지 않는다. 옛날 사람들은 스크래피에 감염된 양을 먹어도 사람은 스크래피에 걸리지 않는다는 사실을 경험적으로 알고 있었다. 실제로 사람들은 100년 이상 양고기를 먹고서도 별 탈없이 지금까지 잘 지내왔다.

● 병원체는 감염 대상인 생물을 엄격하게 선별한다.

그런데 스크래피라는 양의 질병과 굉장히 흡사한 질병이 소에게서도 나타난 것이다.

이 질병의 발생 원인과 관련해서는, '스크래피가 종의 벽을 초월해 양에게서 소로 전이되었다'는 설과 '스크래피와 흡사한 질병이 소에게서 돌연 발생했다'는 두 가지 설이 있다. 어느 쪽 가설이 사실인지는 아직 정확하게 밝혀지지 않았지만, 현재까지는 전자가 다소 우위에 서 있는 것 같다.

● 소에게서도 프리온병이 발생했다.

전자 쪽 가설의 근거는 다음과 같다.

유럽에서는 1920년대부터 소에게 양의 뼈와 근육 등을 분쇄한 동물성 사료를 먹이곤 했다. 이것이 바로 육골분(肉骨粉)이다. 그런데 1986년 영국에서 스크래피와 흡사한 증상을 보이는 소가 발견되었다. 이것이 최초의 BSE에 대한 보고이다. 1980년대 초, 육골분의 정제방식이 변경되었다는 사실이 밝혀졌는데, 이를 토대로 하여 스크래피가 양의 육골분을 매개로 양에게서 소로 감염되었다는 가설이 나온 것이다.

이 가설을 통해서 우리는 중요한 점 두 가지를 알 수 있다. 하나는 이 질병은 양에게서 소로 감염되었다, 즉 종의 벽을 초월했다는 사실, 또 한 가지는 음식물을 매개로 감염되었다는 사실이다.

이는 'BSE 병원체를 가진 소를 먹으면 사람도 BSE에 걸린다'는 가능성을 시사하는 것이다. 그리고 1994년 영국에서 CJD와 흡사하지만, 고전적인 CJD와는 분명 다른 질병의 환자가 발생했다. 이것이 '변종 CJD'이다. 변종 CJD는 BSE가 사람에게 감염된 것으로 추정된다.

- 프리온병이 양에게서 소로, 그리고 소에게서 사람에게로 감염되었다는 설이 있다.

쇠고기는 안전한가?

그렇다면 지금까지 쇠고기를 즐겨 먹었던 우리 인간은 어떻게 될까? 앞으로 세상은 변종 CJD가 창궐하는 지옥으로 변할까? 정답은 아무도 모른다.

그러나 현재까지의 상황을 과학적으로 분석해보면, '쇠고기를 먹은 당신이 앞으로 변종 CJD에 걸릴 확률은 0은 아니지만, 0에 가깝다'는 답이 가장 일리가 있다.

- 쇠고기를 먹고서 변종 CJD에 걸릴 확률은 0이라고 생각해도 무방하다.

프리온병은 굉장히 희귀한 질환이다. 쇠고기를 전혀 먹지 않은 사람이 프리온병에 걸릴 확률은 100만 명 가운데 1명, 즉 100만분의 1이다. 그리고 쇠고기를 먹은 경우, 프리온병에 걸릴 확률은 100만분의 1.5로 증가한다. 즉 쇠고기를 먹으면 병에 걸릴 위험성은 100만분의 0.5배 증가한다. 이렇듯 작은 차이 때문에 쇠고기를 전혀 먹지 않는다는 건 너무 어리석고 비과학적인 행동이 아닐까?

현대사회 속에서 살아가는 우리는 수많은 위험을 안고 살아간다. 교통사고의 위험을 피하기 위해 두문불출하고 집 안에 꼭 박혀 있는 것이 과연 바람직한 태도일까?

어떤 위험이 높은가, 어떤 위험은 피해야 되는가, 어떤 위험은 받아들여야 하는가, 등등의 판단은 감정이 아니라 과학적으로 이루어져야 한다. 그것이 바로 교양일 것이다.

- 위험은 과학적인 시각으로 판단해야 한다.

physiology 33 외인성 내분비 교란 화학물질

생물에 치명적인 영향, 환경 호르몬))))

내분비 교란 화학물질이 생물에 미치는 영향

내분비 교란 화학물질(endocrine disrupting chemicals)이란 환경 속에 미량 존재하는 특정 화학물질이 우리 몸에서 호르몬과 흡사한 활동을 펼치거나, 암을 유발할 수도 있다는 사실에서 붙여진 명칭이다. 흔히 이런 물질을 '환경 호르몬'이라고 하는데, 체내의 세포에서 분비되는 물질이 아니면 호르몬이라고 해서는 안 된다(즉 '환경 호르몬'이라는 명칭은 비과학적인 명칭이다. 나는 생리학자의 한 사람으로서 이런 비과학적인 명칭을 온몸으로 거부한다). 이 화학물질의 정식 명칭은 '외인성(外因性) 내분비 교란 화학물질'이다.

● 환경 호르몬의 정식 명칭은 '외인성 내분비 교란 화학물질'이다.

'외인성 내분비 교란 화학물질'이란 극히 미량이지만, 동물의 건강에 치명적인 영향을 미치는 화학물질을 말한다. 이 물질은 우리가 사는 환경 속에 극히 미량 존재하며, 인공물질뿐 아니라 천연물질에도 들어 있다.

이들 화학물질 가운데는 성(性)호르몬과 비슷한 작용을 하는 물질이 많은데, 본래 인체에 존재하는 호르몬의 활동을 방해함으로써 생물에 나쁜 영향을 초래한다.

화학물질이 야기하는 건강장애는 크게 '생식장애'와 '일반 독성'으로 나눌 수 있다.

'생식장애'란 이들 화학물질이 체내에서 마치 성호르몬처럼 활동함으로써 생식기능에 장애를 불러일으키는 것을 말한다.

'일반 독성'이란 간기능 장애 · 신경장애 · 성장장애 · 발암성 등 성호르몬과는 직접적인 관계가 없는 독성을 총칭한다.

따라서 내분비 교란 화학물질 그룹에 이런 '일반 독성'이 주가 되는 물질을 포함시키는 것은 옳지 않다. 특히 이와 같은 물질을 '환경 호르몬'이라고 부르는 것은 더더욱 잘못이다. 이 두 가지 독성은 반드시 구분해서 생각할 필요가 있다.

- 건강장애는 크게 '생식장애'와 '일반 독성'으로 나눌 수 있다.

내분비 교란 화학물질이 야기하는 생식장애

우선 '생식(生殖)장애'부터 살펴보자.

생식장애의 경우 화학물질이 성호르몬, 특히 여성 호르몬과 흡사한 활동을 펼침으로써 생식계의 교란을 초래할 때가 많은데, 환경 호르몬이라는 이상한 이름은 이런 이유로 인해 붙여진 듯하다(그림 1).

플라스틱 관련 물질(원료 · 가소제 可塑劑 · 보류제 保留劑 등)이나 계면활성제(세제) 등의 화학물질 속에는 여성 호르몬과 비슷한 작용을 하는 성분이 많이 들어 있다. 실제로 이런 물질이 대량생산되기 시작했을 때부터 야생동물의 수컷이 암컷의 특성을 갖는 이상(異常) 현상이 대거 보고되기 시작했다. 양자가 시기적으로 일치하기 때문에 '수컷의 암컷화'라는 이상 현상에 대한 원인으로 이들 화학물질이 도마 위에 오르게 된 것이다. 그러나 단순한 정황만을 갖고서 특정 화학물질을 암컷화의 범인이라고 단정짓기에는 다소 무리가 있다.

- 생식장애를 일으키는 화학물질의 경우 여성 호르몬과 비슷한 작용을 하는 물질이 많다.

::: 그림 1 _ 내분비 교란 화학물질

● 내분비 교란 화학물질 속에는 여성 호르몬과 비슷한 작용을 하는 성분이 많이 들어 있다.

얼마 전 영국의 한 하천에서 살던 수컷 잉어에게서 난자가 발견되는, '말도 안 되는' 이상 현상이 보도되었다. 그런데 그 하천에서 '노닐페놀(공업용 세제)' 이라는 계면활성제가 검출되었다. 공교롭게도 이 물질 속에는 여성 호르몬과 흡사한 작용을 하는 성분이 들어 있어서, 노닐페놀이 범인으로 몰릴 수밖에 없었다.

그러나 지금은 이 물고기의 암컷화는 사람이나 가축이 배설한 여성 호르몬 때문일 것이라는 가설에 더 무게가 실리고 있다. 인간에게 투여한 여성 호르몬제(경구 피임약)가 소변으로 배설되어 하천으로 흘러 들어갔고, 그 배설물이 하천에 서식하는 수컷 물고기를 암컷으로 변화시켰다는 것이다.

경구 피임약을 사용하면 소변을 매개로 동물이 암컷으로 변하고, 그 동물을 먹는 인간의 정자가 감소하고, 결국 인류 전체가 불임에 빠진다는(?)…… 무시무시한 악순환. 이 재앙은 어쩌면 인류가 자초한 인과응보일지 모른다. 여기서 주목해야 할 사실은 가축에게도 여성 호르몬제가 투여되고 있다는 점이다.

● 경구 피임약도 환경오염에 '한몫' 하고 있는 것 같다.

또 다른 사례 하나.

긴 항해를 하다 보면 배의 밑면에 따개비가 달라붙는다. 조개가 배에 달라붙으면 속도가 떨어지기 때문에, 이를 방지하기 위해 배의 바닥에 유기주석화합물이 들어 있는 도료를 칠한다. 그런데 이 물질이 바다에 사는 암컷 조개를 수컷화시킨다는 사실이 뒤늦게 밝혀졌다. 이 경우는 아주 특수한 사례로, 암컷이 수컷화된 예이다.

생물에 대한 생식장애와 내분비 교란 화학물질과의 인과관계가 완벽하게 증명된 것은, 현 단계에서는 바로 이 선박에 사용된 방오제뿐이다.

- 유기주석화합물은 조개에 생식장애를 일으킨다.

'뭐 죽는 것도 아닌데, 생식장애 정도야!' 하며 대수롭지 않게 여기는 사람도 있을 것이다. 물론 생식장애가 생겨도 그 개체는 죽지 않는다. 그러나 거시적인 안목에서 봤을 때, 자손을 만들지 못한다면 그 생물 집단은 멸종(滅種) 위기에 처한 것이나 다름이 없다. 생식기능의 유지는 생리학적으로 무지무지 중요한 기능이다. 생물이 생존하기 위해 갖고 있는 그 어떤 기능보다 중요하다고 해도 과언이 아니다.

위에서 설명한 물고기나 조개 집단은 모두 멸종 위기에 처해 있다고 해도 과언이 아니다. 어쩌면 지금, 겉으로 보기에는 정상적으로 보이는 동물이라도 가벼운 생식계 이상을 앓고 있는지 모른다.

- 생물에게 있어서 생식장애는 멸종으로 이어진다.

다이옥신은 왜 독일까?

그럼 이번에는 일반 독성에 대해 알아보자.

일반 독성의 대표적인 물질로는 다이옥신(dioxin)을 들 수 있다. 다이옥신은 PCB(폴리염화비페닐)나 DDT · BHC 등 농약과 같은 계열인 유기염소계 화합물이다. 이들 화합물 자체에는 여성 호르몬과 유사한 작용은 없다.

그렇다면 왜 '유기염소화합물'을 독성 물질이라고 할까?

유기염소화합물에는 축적성과 발암성이 있다. 일단 섭취한 다이옥신은 체외로 배설되지 않고 체내, 특히 지방조직에 축적된다.

우리가 살아가는 자연환경 속에 존재하는 다이옥신의 농도는 매우 낮다. 하지만 그 미량의 다이옥신이 플랑크톤에 축적되고, 플랑크톤을 먹은 작은 물고기에는 좀더 많은 다이옥신이 축적되고, 또 작은 물고기를 잡아먹은 큰 물고기에는 좀더 많은 다이옥신이 축적된다.

결과적으로 먹이연쇄의 정점에 위치한, 인간이 먹는 생선에 가장 많은 양의 다이옥신이 축적된다.

암을 유발하는 다이옥신은 극소량으로도 태아의 여성 생식기에 이상을 초래한다는 연구 결과가 발표되었다. 현재 유기염소계 농약은 일본에서는 사용이 금지되었지만, 아직 허용하고 있는 나라도 더러 있다.

- 발암성 물질인 다이옥신은 극소량으로도 생식장애를 초래할 수 있다.

유해물질의 허용량

우리가 숨쉬는 자연환경 속에는 다양한 유해물질이 존재한다. 그렇다면 유해물질은 어느 정도까지 허용해야 안전한 걸까?

솔직히 유해물질의 허용량은 확실한 수치로 나타내기 어려운 면이 있다.

동물 실험에서 어떤 유해물질은 하루에 몇 그램을 장기간 섭취해도 별다른 영향이 없었다. 때문에 인간의 경우에는 안전율을 가늠해 그 100분의 1 정도라면 안전할 것이라고 판단한 것이다. 즉 이 정도의 양이라면 평생 섭취해도 문제가 되지 않을 것이라고 추정한 양이 바로 유해물질의 '1일 허용 섭취량'이다.

'1일 허용 섭취량'만 따진다면 거의 모든 유해물질은 이 기준을 밑돌고 있다. 하지만 세계 도처에서는 '말도 안 되는' 이상 현상이 야생동물에게서 속출하고 있다. 이 현실과 허용량의 괴리를 어떻게 설명할 것인가?

추측건대, 유해물질 하나하나가 생물계에 미치는 영향은 미미할지 모른다. 그러나 아직 밝혀지지 않은 미지의 유해물질을 포함해 다양한 유해물질이 공존하고 또 그 물질들이 서로 협력(?) 한다면, 결국 다량의 유해물질을 한꺼번에 섭취한 것과 똑같은 결과를 초래할지도 모르는 일이다.

또 다른 가능성으로는 유해 화학물질과는 관계없는, 생각지도 못한 신종 바이러스 때문에 이상 현상이 일어나는 것일 수도 있다는 것이다. 실제로 신종 바이러스 때문에 야생 사자가 떼죽음을 당하는 경우가 있다.

- 유해물질의 복합 감염으로 이상 현상이 나타나고 있다. 신종 바이러스도 하나의 가능성으로서 검토되고 있다.

식물도 내분비 교란 화학물질을 만든다

내분비 교란 화학물질은 인공물질에만 들어 있는 것이 아니다. 자연계에도 체내 호르몬과 비슷한 기능을 갖고 있는 물질이 존재한다.

그 대표가 콩! 콩 등의 콩과(科) 식물에는 여성 호르몬과 유사한 물질이 상당히 많이 들어 있다. 예전에 호주에서 양(羊)이 사산과 기형아를 낳는 이상 현상이 속출했는데, 원인은 양이 콩과 식물을 대량 섭취한 데 있었다.

콩에 여성 호르몬과 유사한 물질이 다량 들어 있다는 얘기는 콩을 원료로 만든 된장이나 두부에도 여성 호르몬이 들어 있다는 뜻이다. 그렇다면 콩이 독이란 말인가?

우리는 예로부터 콩 요리를 즐겨 먹었다. 그러나 콩 요리를 먹고 탈이 났다는 얘기는 한 번도 듣지 못했다. 오히려 콩과 된장을 먹고 건강해졌다는 얘기는 들어봤지만……. 콩은 최고의 건강식품이라고 나는 생각한다. 요컨대 '여성 호르몬 유사물질 = 독'이라는 도식은 옳지 않다는 말이다. 콩은 유방암이나 심근경색 등 성인병 예방에도 특효약이다.

결국 콩에 들어 있는 여성 호르몬에는 좋은 면과 나쁜 면이 있어서, 어느 쪽이 더 우세한지는 역학적으로 조사하지 않으면 알 수 없다(사춘기 남성의 경우,

∷ 딸을 뺏겼어!

∷ 내분비 교란물질인 '남자 친구'의 등장으로 아빠를 중심으로 돌아가던 김영철 씨 집 질서가 서서히 붕괴(?)되고 있는 것 같다. 그런데 남자친구 등장 이전에 김영철 씨 집에 질서가 과연 있었나?!

콩의 다량 섭취는 피해야 한다는 주장도 있다).

● 콩에도 여성 호르몬이 들어 있다.

생체의 필요악, 산소

활성산소

산소는 에너지를 얻기 위해 꼭 필요한 존재이다.

우리가 호흡을 하는 이유도 체내에 산소를 받아들여 에너지를 만들어내는 반응을 행하기 위해서이다. 일부 혐기성 균류를 제외하고 지구상 대부분의 생물은 산소를 이용해 에너지를 얻고 있다. 요컨대 생존을 위해서는 산소가 꼭 필요하다는 말이다.

산소가 화학반응을 일으키면 마지막에는 물이 되는데, 산소 분자가 물분자로 변하는 동안 일시적으로 반응성이 뛰어난 상태가 된다. 이는 화학반응이 진행될 때 반드시 일어나는 현상이다. 이렇듯 반응성이 뛰어난 산소를 '활성산소(活性酸素, oxygen free radical, 유해산소라고도 한다)' 라고 한다.

● 산소는 화학반응 과정에서 반응성이 뛰어난 상태로 변할 때가 있다.

프리 라디칼

산소뿐만 아니라 강력한 산화작용을 하는 화학 분자류를 '프리 라디칼(free radical, 자유 라디칼)' 이라고 한다. 사실 활성산소 · 활성산소종(種) · 라디칼 ·

프리 라디칼 등의 어휘 정의에는 미묘한 차이가 있지만, 이들은 모두 산소의 일종으로 반응성이 아주 높은 물질이다.

이 책에서는 '프리 라디칼'이라는 명칭을 사용하고자 한다.

흔히 볼 수 있는 곰팡이 제거용 표백제나 수돗물·수영장 물의 소독에 쓰이는 차아염소산(次亞鹽素酸)도 프리 라디칼의 일종이다. 체내에도 프리 라디칼이 존재한다. 즉 우리 몸 속에 곰팡이 제거제 같은 물질이 존재하는 셈이다.

프리 라디칼의 살균작용 : 곰팡이 제거제 안의 프리 라디칼이 곰팡이, 세균 등을 모두 산화시켜서 죽인다.

● 프리 라디칼에는 강력한 반응성이 있다.

생체는 프리 라디칼을 능수능란하게 이용하고 있다. 예를 들면 백혈구나 매크로파지는 프리 라디칼을 대량 생산한 뒤 이물질(몸 속에 들어온 바이러스나 세균, 암 등)을 세포 내에서 소화시킬 때, 바로 이 프리 라디칼을 이용한다. 말하자면 몸 속에서 탐식(?)한 세균을 세포 내 존재하는 프리 라디칼로 죽이는 것이다.

목욕탕 벽에 새까맣게 낀 곰팡이에 '곰팡이 제거제'를 뿌리면 곰팡이가 깨끗하게 없어지는 것과 마찬가지로, 백혈구 세포 내에서도 그와 같은 대청소가 일어나고 있는 것이다.

● 백혈구의 살균작용에는 프리 라디칼이 관여하고 있다.

프리 라디칼의 악영향

프리 라디칼은 세균을 죽인다는 장점도 있지만, 다양한 세포 장애를 초래하는 단점도 있다. 세포막 성분 중 하나인 정상 지질이 프리 라디칼로 인해 과산화지질로 변하는 반응은 널리 알려진 폐해의 하나이다.

이 이외에도 단백질이나 핵산(DNA나 RNA)의 변성(變成) 분해 등을 야기한다. 또 직접적인 장애뿐만 아니라, 어떤 물질에 프리 라디칼이 작용해서 새로운 물질을 만들고 그 새로운 물질이 더 강력한 성질을 갖는 경우도 있어서, 이런 이차적인 장애도 무시할 수 없는 심각한 문제이다.

질병이나 암, 노화 등도 프리 라디칼과 밀접한 관계가 있다. 말하자면 우리 몸에 스스로 '곰팡이 제거제'를 뿌리거나 마시는 일은 상상도 못할 일이겠지만, 그와 흡사한 일이 바로 몸 속에서 벌어지고 있는 셈이다.

● 프리 라디칼이 인체에 작용하면 다양한 장애를 야기한다.

예를 들면 방사선(放射線)은 유전자 이상을 초래한다. 이것은 세포 내에 존재하는 산소가 방사선의 영향을 받아서 프리 라디칼이 되고, 이 프리 라디칼이 유전자(DNA)를 변성시키는 것이다(본문 276쪽).

농약 중독의 경우, 폐에서 파라콰트(paraquat, 제초제의 일종)와 산소가 반응해 프리 라디칼이 다량 만들어지는데, 그 결과 폐에 심각한 장애를 초래한다.

그러나 이처럼 방사선을 쬐거나 파라콰트에 중독이 되지 않아도 생체가 산소를 이용하는 한 프리 라디칼은 반드시 생기게 마련이다. 그런데 이 프리 라디칼이 노화나 암을 유발할 수도 있다고 하니, 그야말로 산소는 필요악적인 존재이다.

● 프리 라디칼은 노화나 암에도 관여하고 있다.

호흡곤란을 일으키면 보통 산소를 투여한다. 그러나 고농도 산소를 장시간 투여하면 폐에 장애를 유발한다. 인간은 100%의 순수한 산소를 계속 들이마시면 며칠 만에 폐가 엉망이 된다. 이는 고농도 산소가 프리 라디칼을 대량으로 만들기 때문인데, 결과적으로 폐 조직에 심각한 장애를 초래한다. 따라서 인공호흡기를 장기간 사용할 때는 고농도의 산소는 가능한 한 피하는 것이 좋다.

● 100% 순수한 산소로 호흡하면 프리 라디칼로 인해 폐에 장애가 일어난다.

일반적으로 지질은 프리 라디칼의 영향을 받기 쉬운 성질을 갖고 있으며, 프리 라디칼로 인해 산화된다. 이 산화된 지질을 '과산화지질(過酸化脂質)'이라고 한다. 세포막은 지질로 구성되어 있는데, 세포막의 지질이 과산화지질이 되면 막(膜) 구조가 파괴되기 쉬운 형태로 변하므로 세포 전체가 장애를 받는다. 그 결과 해당 장기에 장애를 일으킨다. 또 이 과산화지질은 혈액 속에도 흘러들어가 혈관 이상이나 기타 장기에 장애를 일으킨다.

● 프리 라디칼에 의해 산화된 지질을 '과산화지질'이라고 한다.

프리 라디칼에 대한 방어 시스템

그렇다면 생체는 프리 라디칼에게 무력하게 당하고만 있는 걸까?

물론 아니다. 생체도 프리 라디칼에 맞서 싸우는 야무진 방어 시스템을 갖고 있다. 그것도 삼중 막강 방어 시스템으로!

우선 프리 라디칼의 생성을 억제하는 시스템이 있다. 하지만 만약 프리 라디칼이 생겼다면 생성된 프리 라디칼을 안정화시키는 시스템이 작동하고, 세 번째로 이미 생성된 장애를 복구하는 시스템까지 완벽하게 갖고 있다.

● 생체는 프리 라디칼에 맞서 싸우는 방어 시스템을 갖고 있다.

프리 라디칼을 안정화시키는 시스템이란, '환원제(還元劑, 항산화제와 같은 뜻)'를 의미한다.

환원제로는 카탈라제(catalase, 과산화수소를 물과 산소로 분해한다)와 슈퍼옥시드 디스뮤타제(superoxide dismutase : SOD, 슈퍼옥시드를 불활성화시킨다)라는 효소가 유명하며, 비타민 C나 비타민 E도 바로 이 환원제이다. 또한 환원제의 기능이 겉으로 드러나는 것은 아니지만, 혈액 속의 헤모글로빈이나 빌리루빈, 요산, 알부민 등도 프리 라디칼의 제거에 가담하고 있다.

레드와인에 함유되어 있는 폴리페놀에도 환원작용이 있다. 레드와인이 프리 라디칼의 해를 억제하고 암이나 노화를 방지한다는 이론이 성립하는 것도 이 때문이다. 그러나 그렇다고 해서 레드와인을 마시면 불로장생한다는 것은 너

::: 캠프 파이어

:::
산소를 이용하는 한 반드시 프리 라디칼은 생긴다. 생체는 프리 라디칼에 대한 방어 시스템을 갖고 있는데, 시스템 기능의 강약에는 부위별로 차이가 있다. 여기서는 모닥불이 산소, 불꽃이 프리 라디칼에 해당한다.

무 성급한 결론 아닐까?

● 환원작용이 있는 물질은 프리 라디칼의 해를 줄여준다.

physiology 35 방사선과 의학

영상진단으로 한눈에 알 수 있다

전자파의 종류

X선은 질병의 진단이나 치료에 널리 이용되고 있다. 건강검진 시의 흉부 뢴트겐 촬영이나 치과 치료 시의 뢴트겐 촬영 등이 그 실례로, 이들은 모두 X선을 이용한다.

X선은 전자파라고 하는 '파(波)'의 하나로, 빛과 전파의 일종이다. '파'의 일종이므로 전자파는 그 종류를 파장으로 분류할 수 있으며, 각기 독특한 성질을 갖고 있다.

그림 1_ 전자파의 종류

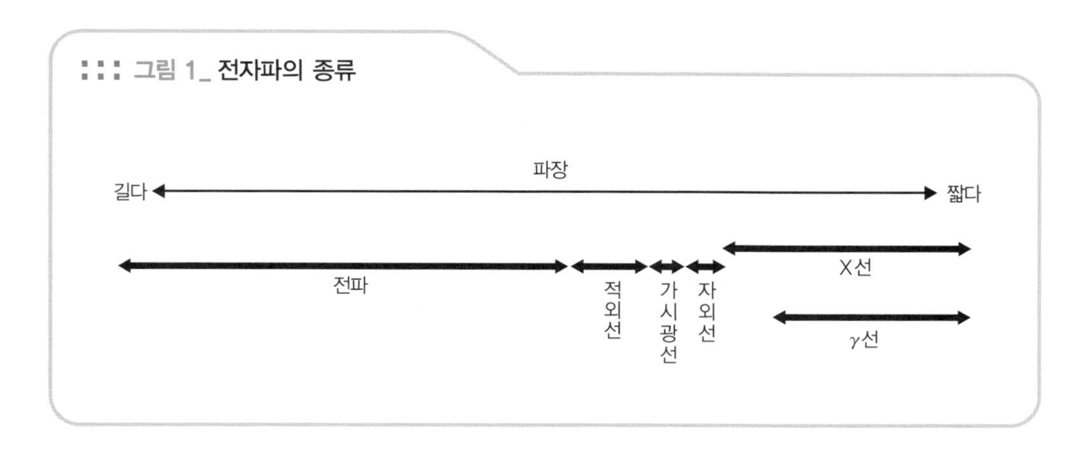

전자파는 파장의 길이에 따라 전파 〉 적외선 〉 가시광선 〉 자외선 〉 X선으로 나눌 수 있다(그림 1).

● X선은 빛과 전자파의 일종이다.

금속 막대기, 예를 들면 부젓가락을 불 속에 던졌다고 하자. 부젓가락이 빨갛게 타기 시작할 것이다. 잠시 후 부젓가락을 집어올려서 관찰해보자. 우선 손을 대면 뜨거운 열기가 느껴질 것이다. 그리고 빨갛게 빛을 낼 것이다. 이것은 무엇을 의미하는 것일까?

뜨겁다는 것은 열을 방출하고 있다는 사실을, 빨갛게 빛난다는 것은 빛을 내고 있다는 사실을 의미한다. 그리고 불에 던진 행위는 부젓가락에 에너지를 가했다는 뜻이다.

이야기를 정리하면, 부젓가락에 에너지를 가하면 열과 빛을 낸다는 것이다. 이 부젓가락에서 나온 붉은 빛이 바로 전자파이다. 이처럼 부젓가락에 에너지를 가하면 전자파가 생긴다. 즉 X선의 일종인 전자파가 발생한다.

● 부젓가락에 에너지를 가하면 가시광선이라는 전자파가 생긴다.

X선의 발생구조

뢴트겐 사진을 찍는 X선도 불타는 부젓가락과 같은 이치로 만들어진다. 금속 막대에 열을 가하면 붉은 빛의 전자파가 생기듯이, 특수한 금속제 전극에 수만 볼트의 고압 전류를 통과시키면 X선이라는 전자파가 생긴다.

고압 전류를 통과시킨다는 얘기는 에너지를 가한다는 의미로, 부젓가락을 불꽃 속에 던지는 행위와 상통한다. 이때 전압을 올리면 올릴수록 파장이 짧은 X선이 나온다.

● 특수한 전극에 전압을 가하면 X선이라는 전자파가 생긴다.

모든 물질은 '원자(原子, atom)'가 모여 이루어진 것이다. 수소 원자, 산소

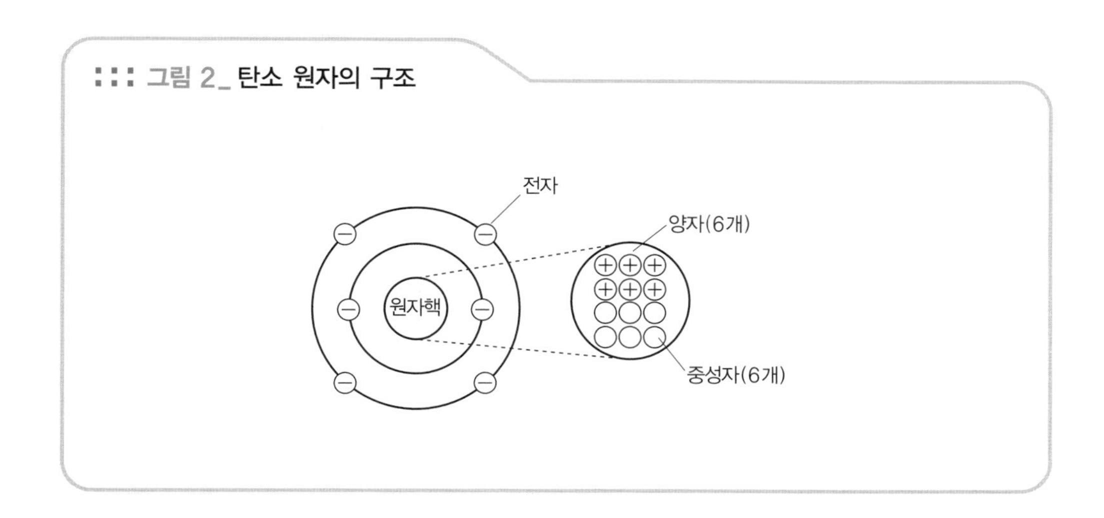

::: 그림 2_ 탄소 원자의 구조

원자, 탄소 원자 등등.

원자는 원자핵과 그 주위를 돌고 있는 전자로 구성되어 있다. 원자핵은 양자와 중성자의 집단이다. 원자의 종류는 양자의 수로 결정되는데, 수소는 1개, 탄소는 6개, 산소는 8개이다. 이 숫자가 바로 원자 번호이다.

그리고 원자핵 주위에는 언제나 양자와 같은 수의 전자가 빙글빙글 돌고 있다(그림 2).

● 원자는 원자핵과 그 주위를 돌고 있는 전자로 구성되어 있다.

X선과 γ선(감마선)은 모두 파장이 짧은 전자파이다. 에너지를 가했을 때 전자에서 나온 전자파를 X선, 원자핵에서 나온 전자파를 γ선이라고 한다. 즉 발생장소가 다를 뿐, 생성된 전자파 자체는 동일하다.

뢴트겐용 X선의 발생장치는 전기(전자의 흐름)로, 원자핵 주위를 돌고 있는 전자에 에너지를 가해서 전자파(X선)를 방출시킨다.

라듐(Ra)의 경우 라듐 자체에 이미 대단한 양의 에너지가 존재하며, 원자핵에서 전자파(γ선)가 나온다. 돌멩이가 처음부터 시뻘겋게 불타는 장면을 상상하면 될 것이다. 이 뜨거운 돌이 식으려면 수만 년이 걸리는 경우도 있다.

● 전자에서 나온 전자파를 X선, 원자핵에서 나온 전자파를 γ선이라고 한다.

단순 X선 촬영

뢴트겐 촬영 시에는 X선을 인체에 접촉시켜 투과된 X선에 형광체를 비추어, 그 형광체에서 나온 빛을 필름이나 카메라에 담는다. X선에서 직접 필름을 감광(感光)시키는 것이 아니다. 투과되는 X선의 양은 각 신체 부위별로 차이가 있는데, 그 차이가 바로 영상을 만든다.

X선의 투과 정도는 물질의 조성 성분 및 밀도와 깊은 관련이 있다. 원자 번호가 작은 원소일수록, 그리고 밀도가 낮을수록 쉽게 투과된다. 따라서 공기 〉 물 〉 뼈의 순으로 투과가 잘 된다.

우리 인체는 대부분 물로 이루어져 있다. 장기, 근육, 혈관 등의 주성분 역시 모두 물(수소와 산소)이다. 뢴트겐 사진에서 각각의 장기가 구분되지 않고 거의 비슷하게 보이는 이유는 이 때문이다.

반면에 뼈는 주성분이 칼슘(원자 번호 20)이다. 또한 고밀도이다. 때문에 선명하게 잘 찍힌다. 또 폐에는 공기가 많이 들어 있어서 폐의 혈관은 마치 둥둥 떠 있는 것처럼 보인다. 폐렴에 걸리면 특히 그 부위에 수분이 많아지고, 결핵 등으로 공동이 생기면 그 부위에는 공기만 존재한다. 이런 변화는 영상으로 쉽게 포착할 수 있다.

- X선은 공기 〉 물 〉 뼈의 순으로 투과가 잘 된다.

X선은 엄청난 투과력을 갖고 있다. 하지만 진료 시 사용되는 X선의 투과력은 그다지 강력하지 않다. 물의 경우 두께가 2cm 정도라면, 그 반밖에 통과되지 않는다. 즉 투과되는 X선의 양은 2cm 정도 뚫고 지나가면서 반으로 줄어든다. 두께가 4cm의 팔이라면 통과한 뒤에는 4분의 1로 줄어들고, 두께가 20cm 정도의 복부는 불과 2분의 1의 10승, 즉 1000분의 1의 X선밖에 통과되지 않는다. 진료 시 사용하는 촬영 시스템에는 이 1000분의 1로 줄어든 X선으로 영상을 형성하는 능력이 필요하다.

- 진료용 X선의 인체 투과력은 그다지 강력하지 않다.

조영법

위(胃)나 위 주변의 조직도 주성분은 마찬가지로 물이다. 따라서 X선 촬영을 하면 위의 모양새를 제대로 포착할 수가 없다. 하지만 X선이 통과하기 어려운 물질을 복용하면 그림자가 생겨서 결과적으로 위만 도드라지게 찍을 수 있다. 이것이 '조영법(造影法)' 이다.

X선이 잘 통과되지 않는 물질을 '조영제(造影劑)' 라고 한다. 원자 번호가 높은 원소일수록 X선이 잘 통과되지 않기 때문에 조영제의 주성분은 바륨(Ba, 원자 번호 56)이나 요오드(I, 원자 번호 53)와 같이 원자 번호가 높은 원소를 사용한다.

소화관의 경우, 바륨 화합물을 사용할 때가 많다. 위장에 이상이 생겨 검사를 받을 때 하얀색 액체를 마신 적이 있을 것이다. 바로 그 액체가 바륨 화합물이다.

또 폐 이외의 조직은 혈관이나 그 주위 조직이나 주성분이 모두 물이기 때문에 촬영을 해도 혈관의 모습을 포착할 수가 없다. 그래서 혈관을 관찰하기 위해서는 혈관 내에 조영제를 넣고 혈관의 모습이 선명하게 드러나도록 한다. 혈관 조영제로는 요오드 화합물을 사용한다. 바륨은 물에 녹지 않기 때문에 혈관 내에 주입할 수가 없다. 암이 의심스런 환자에게 혈관 조영을 통해, 암 조직의 특이한 혈관 모양을 촬영함으로써 암 진단을 내리는 경우도 있다.

아연(Zn, 원자 번호 30)은 X선이 거의 통과되지 않기 때문에 X선을 차단할 때는 아연을 이용한다.

- 소화관이나 혈관은 조영법을 이용해 그 모양이 선명하게 나타나도록 한 후 찍는다.

X선 CT

보통 뢴트겐 영상은 인체를 투과한 X선을 한 장의 사진에 담는다.

가령 흉부 정면에서 X선 촬영을 했을 때, 사진상으로 좌우 구별은 가능하지만, 사진에 찍힌 부위가 앞(배 쪽)인지, 뒤(등 쪽)인지는 정면에서 찍은 사진 한 장으로는 파악할 수가 없다. 이때 옆에서 사진을 다시 한 장 찍어보면 앞과 뒤 중 어느 쪽인지 알 수 있다. 좀더 정확한 위치나 형태의 정보를 알기 위해서 45도 경사진 지점에서 사진을 한 장 더 찍어보는 것이다.

그렇다면 이보다 좀더 정확하고 자세한 정보를 얻고 싶다면 어떻게 하면 좋을까?

1도씩 방향을 틀어 모든 방향에서 빠짐없이 180장의 사진을 찍어보는 방법이 있다. 그리고 전 방향의 영상을 컴퓨터를 이용해 조합하면 아주 치밀한 구성의 인체 영상을 합성할 수 있다. 이와 같은 방법을 사용하면 인체의 원통형 단면 영상이나 인체 내부의 3차원 영상도 만들 수 있다. 게다가 뼈는 물론이고 지방 · 근육 · 혈관 · 장기까지도 구별할 수 있다. 이를 X선 CT(computed tomography, 컴퓨터 단층촬영, 그림 3)라고 한다. CT는 의학의 진단방법에 가히 혁명을 일으킨 대사건이라고 해도 과언이 아니다.

CT의 원리는 1950년대 일본인이 생각해냈지만, 실용화시킨 것은 영국으로

::: 그림 3_ 뇌의 X선 CT 영상

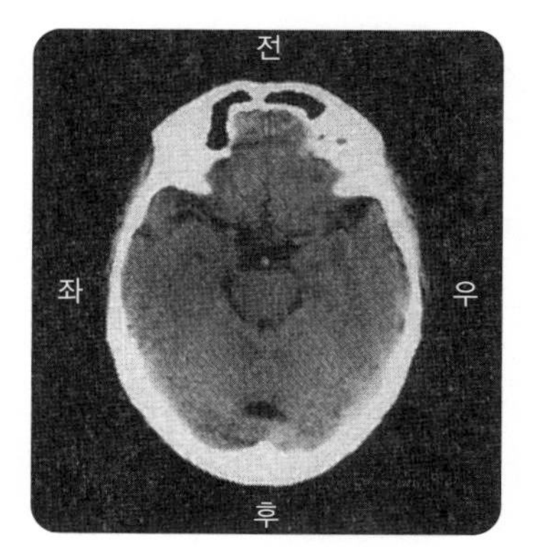

1970년대부터 본격적으로 이용되기 시작했다. 실용화가 될 때까지 이처럼 오랜 시간이 걸린 이유는 영상 합성에는 컴퓨터를 이용한 복잡한 계산이 필요한데, 1970년대에 이르러서야 컴퓨터의 발달이 가속화되었기 때문이다.

CT 기기는 지금도 하루가 다르게 개발되고 있으며, 속속 최신형 기기가 나오고 있다(본문 276쪽 그림 6).

- CT로 몸의 원통형 단면 영상을 얻을 수 있다.

MRI

MRI(magnetic resonance imaging, 자기공명영상법)로도 X선 CT와 비슷한 영상을 얻을 수 있다(그림 4). MRI에서는 방사선을 이용하지 않는다. 이 방법은 자석을 이용하는 것으로, 인체를 강한 자장(磁場, electric field) 속에 넣으면 몸을 구성하는 물의 수소 원자핵이 일정한 방향으로 배열된다. 여기에 고주파를 발사하여 공명현상을 일으키고, 이때 나오는 에너지를 컴퓨터에서 계산하여 인체 조직의 영상을 만들어내는 것이다.

::: 그림 4 _ 뇌의 MRI 영상

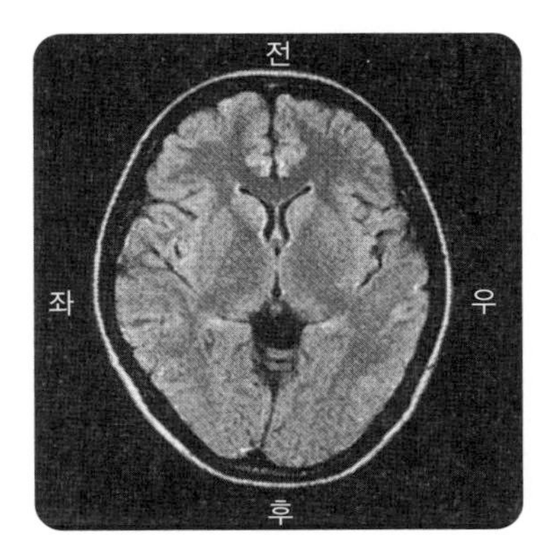

MRI에서는 조직의 미묘한 변화를 감지할 수 있을 뿐 아니라, 방사선 피폭도 없다. 다만 X선 CT보다 장비가 고가이다. 굉장히 강력한 자석이 필요하기 때문에 초전도식 전자석을 이용하는 경우도 있다.

● MRI는 자석을 이용해 몸의 원통형 단면 영상을 얻는다.

핵의학 검사와 PET 검사

방사선을 방출하는 물질(방사성 동위원소, radioisotope : RI)을 극히 소량 체내에 주사해서, 거기서 나오는 방사선을 전용 카메라로 찍으면 암의 병소(病巢)나 간, 심장만을 선별 추출해서 영상화할 수 있다. 이를 '핵의학 검사' 라고 한다.

핵의학 검사 중에서도 양전자(positron, 플러스 전하를 가진 전자)를 방출하는 방사성 동위원소를 투여해서, 체내 분포를 영상화하는 새로운 진단법을 PET(positron emission tomography, 페트)라고 한다.

종양의 성질(악성도)을 진단하거나 전이 · 재발 상태를 진단하는 데 효과적이다. 또 이 검사를 통해서 뇌의 활동 정도도 영상으로 관찰할 수가 있다. 예를 들어 피험자에게 수치를 계산하게 하면 좌뇌가 빨갛게 보이고, 음악을 듣게 하면 우뇌가 빨갛게 보인다. PET는 MRI보다 고가의 장비이다.

● PET로 뇌의 활동 정도를 알 수 있다.

초음파 검사

소리는 진동이다. 청각 시스템을 상기하기 바란다. 사람의 몸은 장기나 조직별로 소리를 전달하는 방식이 미묘하게 다르다. 소리에 대한 이런 차이를 이용해 초음파(주파수가 매우 높은 소리)로 몸의 단면을 볼 수 있는 것이 바로 '초음파 검사' 이다. 고기잡이 배에서 사용하는 어군 탐지기와 같은 원리이다.

소리의 반사(反射)를 조사(照射)하기 때문에 '에코(echo)' 라고도 한다. 체표

::: 그림 5_ 담낭의 초음파 사진

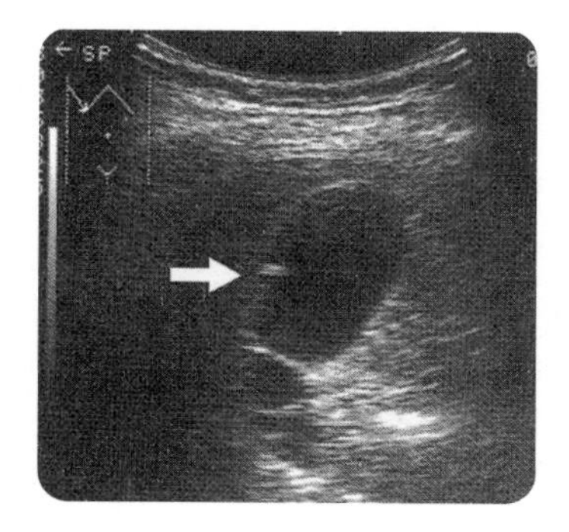

● 담낭 안에 작은 폴립(polyp, 물주머니)이 보인다(화살표).

면에 닿은 소리는 공기나 고체에는 전달되지 않는다. 따라서 초음파 검사는 폐와 장(폐와 장은 모두 안에 공기가 들어 있다), 뼈 이외의 모든 장기를 그 대상으로 한다. 그 가운데서도 특히 심장, 간, 담낭(그림 5), 자궁 등의 검사에서 위력을 발휘하고 있다.

초음파 검사의 가장 큰 장점은 조사(照射)하는 것이 단순한 소리이기 때문에 심각한 부작용이 없다는 점이다.

● 초음파 검사에서는 소리를 이용해 몸의 단면 영상을 얻는다.

영상진단

일반 혈액검사에서는 혈액 속에 들어 있는 다양한 물질의 양을 조사해 그 검사 결과를 수치로 나타낸다. 예를 들면 혈당치는 100mg/dl, AST는 30단위/l 식이다.

반면에 단순 X선 사진, X선 CT, MRI, 초음파 검사 등에서 검사 결과는 '영상'으로 나타난다. 따라서 X선 검사, MRI, 초음파 검사 등을 '영상진단(影像

::: 그림 6 _ 단순 X선, X선 CT, MRI 영상의 차이

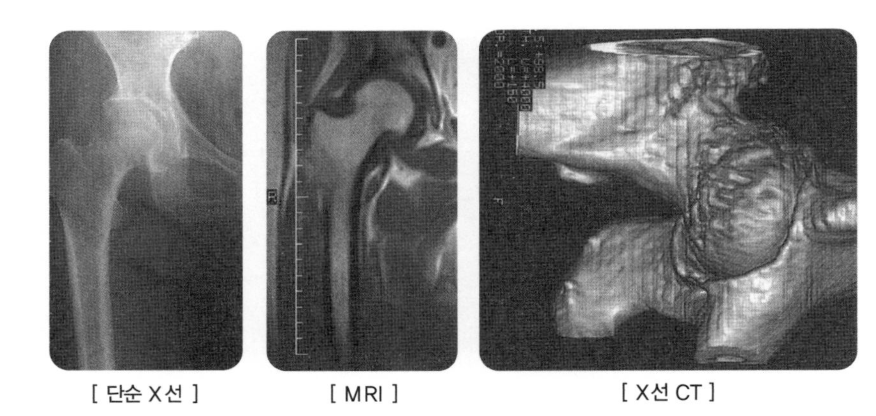

[단순 X선] [MRI] [X선 CT]

● 이 3장의 사진은 같은 환자의 우측 고관절을 세 가지 방법으로 촬영한 것이다. 여기에 실린 X선 CT는 〈그림 3〉(본문 272쪽)과 같이 단순한 단면이 아니라, 뼈 부분만을 컴퓨터를 이용해 3차원으로 재구축한 것이다.

診斷)' 이라고 한다(그림 3～6).

의료 분야에서 영상진단이 차지하는 위치는 매우 크며, 지금도 눈부신 발전을 거듭하고 있다.

- 영상진단법에는 단순 X선 사진, 혈관 조영, X선 CT, MRI, 초음파 검사 등이 있다.

방사선 치료

방사선(放射線)은 세포에 장애를 일으킨다. 이는 방사선은 세포 내에 프리 라디칼을 만드는데, 이 프리 라디칼이 세포에 손상을 입히기 때문이다. 특히 유전자에 미치는 손상의 정도가 심한 것 같다. 대량의 방사선을 세포에 쪼이면 세포는 죽는다. 이런 원리를 이용해 방사선으로 암세포를 죽일 수 있다. 이것이 암의 방사선 치료이다.

암의 종류에 따라 방사선에 강한 암과 약한 암이 있다. 이는 암 조직 내의 산소 농도와 관련이 있는 듯하다. 당연한 얘기겠지만, 방사선에 약한 암이 방사선 치료 효과가 높게 나타난다.

방사선 치료를 할 때는 방사선을 암 조직에만 집중적으로 쪼이고, 정상 세포에는 방사선이 가능한 한 조사되지 않도록 하고 있다. 치료에 이용하는 방사선에는 γ선과 같은 전자파뿐 아니라, 전자선 · 양자선 · 중립자선(線)이라는 특수한 방사선도 이용되고 있다.

● 방사선을 이용해 암세포를 죽이는 것이 암의 방사선 치료이다.

physiology 36 전자파와 의료기기

휴대전화기와 심장 페이스메이커는 천적?

자기장이 생체에 미치는 영향

결론부터 말하자면 자기장이 생체에 미치는 영향은 아직 확실히 밝혀진 바가 없다.

자기장에는 '정상 자기장'과 '변동 자기장'이 있다.

보통 일반인이 한번쯤 접할지도 모르는 강력한 정상 자기장을 꼽는다면, MRI(본문 273쪽) 정도가 아닐까 싶다. MRI보다 훨씬 강력한 자기장(그만큼 강력한 자기장을 만날 기회가 일반인들은 거의 없을 테지만)에 머리를 쪼이면 현기증이 일어나거나, 금속 맛을 느끼는 경우가 있다고 한다. 아마도 머리를 움직임으로써 유도전류(이는 플레밍 J. A. Fleming의 오른손 법칙인데, 유도전류의 의미를 모른다고 괜히 끙끙 앓지 마라)가 뇌에서 발생했기 때문이리라. 이 밖에 정상 자기장이 인체에 미치는 영향에 대해서 알려진 바는 거의 없다.

자기장에 의한 직접적인 영향보다 이런 강력한 자기장하에서는 금속이 자석에 이끌려 갑자기 날아오기 때문에, 튀어나오는 금속류에 상처를 입지 않도록 주의해야 한다. 드라이버가 쑤웅 날아오거나 산소 봄베(고압 기체 등을 수송 · 저장하는 데 쓰는 원통형의 용기)가 느닷없이 날아오는 경우도 있다.

한편 변동 자기장이 인체에 미치는 영향도 확실하게 알려진 것은 현재까지 없다. 고압 송전선이나 가정용 전기제품 주위가 변동 자기장이 발생하는 대표적인 곳이다. 고압 송전선 근처에 사는 사람들이 백혈병에 걸릴 확률이 조금 높다는 보고는 있지만, 변동 자기장의 발암성이 증명될 정도의 과학적인 데이터는 아직 없다.

- 자기장이 생체에 미치는 영향은 확실치 않다.

심장 페이스메이커와 자석

심장 페이스메이커(pacemaker, 심장박동 조절기)는 전자기기로, 보통은 왼쪽 흉부 위쪽의 쇄골 부근 피하에 이식한다(그림 1). 기기 전체를 체내에 넣기 때문에 이식된 뒤의 조절, 예를 들면 심박동 수를 바꿀 때는 자석으로 조작한다. 강한 자석 손잡이를 심장 페이스메이커가 이식된 피부 위에 대고 설정조건을

::: 그림 1 _ 이식형 심장 페이스메이커

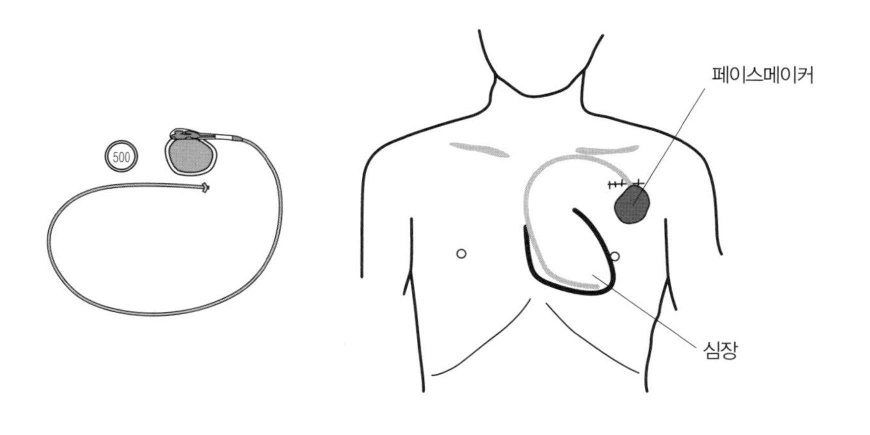

- 왼쪽 : 전체 모양. 본체와 리드 선으로 구성되어 있다. 옆에 있는 건 500원짜리 주화.
- 오른쪽 : 심장 페이스메이커를 이식한 모습. 본체는 왼쪽 흉부 위쪽 피하에, 리드 선은 정맥을 매개로 연결되어 있으며, 그 끝은 좌심실에 있다.

조절한다.

따라서 심장 페이스메이커 사용자가 강한 자기장이 작용하는 곳에 있는 것은 절대 금물이다. 오작동을 일으킬 위험성이 있기 때문이다. 따라서 심장 페이스메이커 사용자는 MRI를 찍을 수가 없다.

● 심장 페이스메이커 사용자는 MRI를 찍을 수 없다.

휴대전화기와 의료기기

'심장 페이스메이커에 악영향을 미칠 수 있으므로 휴대전화기의 전원을 꺼주십시오' 라는 멘트의 안내방송을 심심찮게 들을 수 있다. 정말로 휴대전화기가 심장 페이스메이커에 나쁜 영향을 미칠까?

심장 페이스메이커는 전자기기이다. 그런데 휴대전화기에서는 전자파가 나온다. 강한 전자파는 전자기기에 오작동을 일으킬 수 있다. 그러나 심장 페이스메이커에도 나름대로 방어책이 마련되어 있기 때문에, 휴대전화기를 가슴에 밀착시키지 않는 한 오작동의 위험은 거의 없다. 말하자면 전철 맞은편에 앉아 있는 사람이 휴대전화를 사용한다고 해서 자신의 심장 페이스메이커가 이상 작동할 위험은 거의 없다는 얘기이다.

다만 심장 페이스메이커는 보통은 왼쪽 흉부 쇄골 주위의 피하에 이식되기 때문에, 휴대전화기를 웃옷 왼쪽 주머니에 넣거나, 만원 전철에서 옆자리에 서 있는 사람이 휴대전화기가 들어 있는 가방을 심장 페이스메이커가 이식된 사람의 왼쪽 가슴에 가까이 댄 경우에는 오작동을 일으킬 가능성도 있다.

● 심장 페이스메이커에 휴대전화기를 가까이 대면 오작동을 일으킬 위험성이 있다.

휴대전화기 이외에 전자파를 방출하는 기기는 우리 주변에서도 흔하게 볼 수 있다. 우리가 자주 접하는 전자조리기, 인공지능 밥솥, 전기 욕조, 자동차의 엔진, 공항의 금속 탐지기, 점포 출입문에 있는 도난 방지 시스템 등이 그 예이다. 심장 페이스메이커 사용자는 이런 전자제품을 가능한 한 멀리하는 것이 좋다. 도난 방지 시스템은 눈에 띄지 않는 곳에 설치되어 있기 때문에 특히 주의할 필요가 있다.

심장 페이스메이커뿐 아니라, 전기를 사용하는 의료기기는 모두 전자파의 영향을 받는다. 의료기기의 오작동은 목숨과 직결되는 경우가 많다. 때문에 휴대전화기를 비롯해 전자파가 나오는 기기류는 병원 내에서 가급적 사용하지 않도록 해야 한다.

- 휴대전화기는 의료기기에 오작동을 일으킬 위험성이 있다.

참고문헌))))

- 『イラストでまなぶ生理學』, 田中越郎, 醫學書院, 1993年
- 『圖解生理學 第2版』, 中野昭一 編輯, 醫學書院, 2000年
- 『ガイトン 臨床生理學(原書 9版)』, Authur C. Guyton, 早川弘一 監譯, 醫學書院, 1999年
- 『醫科生理學展望(原書 19版)』, William F. Ganong, 星猛ら譯, 丸善, 2000年
- 『オックスフォード 生理學』, Gillian Pocock, 植村慶一 監譯, 丸善, 2001年
- 『標準生理學 第5版』, 本鄉利憲, 廣重 力監, 豊田順一 編, 醫學書院, 2000年
- 『なりたちからわかる! '反=紋切型' 醫學用語「解體新書」』, 小川德雄, 永坂鐵夫著, 診斷と治療社, 2001年

가

나

다

라

아

자

차

카

타

파

옮긴이 _ 황소연

대학에서 일본어를 전공하고 첫 직장이었던 출판사와의 인연 덕분에 지금까지 10여 년간 전문 번역가로 활동하면서 〈바른번역 아카데미〉에서 출판번역 강의도 맡고 있다. 어려운 책을 쉬운 글로 옮기는, 그래서 독자를 미소 짓게 하는 '미소 번역가'가 되기 위해 오늘도 일본어와 우리말 사이에서 행복한 씨름 중이다.
옮긴 책으로는《내 몸 안의 작은 우주, 분자생물학》,《내 몸 안의 주치의, 면역학》,《내 몸 안의 두뇌탐험, 정신의학》,《내 몸 안의 생명원리, 인간생물학》,《면역습관》,《유쾌한 공생을 꿈꾸다》,《우울증인 사람이 더 강해질 수 있다》등 80여 권이 있다.

내 몸 안의 지식여행, 인체생리학

개정판 1쇄 발행 | 2019년 9월 27일
개정판 4쇄 발행 | 2023년 2월 10일

지은이 | 다나카 에츠로
감　수 | 권오길
옮긴이 | 황소연
펴낸이 | 강효림

편　집 | 이신혜
디자인 | 채지연
마케팅 | 김용우

종　이 | 한서지업(주)
인　쇄 | 한영문화사

펴낸곳 | 도서출판 전나무숲 檜林
출판등록 | 1994년 7월 15일 · 제10-1008호
주　소 | 10544 경기도 고양시 덕양구 으뜸로 130
위프라임트윈타워 810호
전　화 | 02-322-7128
팩　스 | 02-325-0944
홈페이지 | www.firforest.co.kr
이메일 | forest@firforest.co.kr

ISBN | 979-11-88544-35-6 (44470)
ISBN | 979-11-88544-31-8 (세트)

※ 책값은 뒷표지에 있습니다.

※ 잘못된 책은 구입하신 서점에서 바꿔드립니다.